石油高职高专规划教材

石油化工设备防腐

主　编　薛　峥　高颜儒
副主编　邢志敏　杨秋悦　刘达京

石油工业出版社

内 容 提 要

本书在阐述腐蚀过程的本质及腐蚀防护重要性的基础上，较为全面详细地介绍了腐蚀电化学基本理论、腐蚀破坏形式中常见的局部腐蚀、腐蚀典型环境及其影响因素、常用的腐蚀控制方法及防腐方法的选择、腐蚀检测方法和腐蚀监测方法等。

本书适合高职学校石油、化工、材料、过程装备与控制等相关专业教学使用，也可作为在职员工的培训教材或有关企业工程技术人员的参考用书。

图书在版编目（CIP）数据

石油化工设备防腐／薛峥，高颜儒主编. -- 北京：石油工业出版社，2025.2. -- （石油高职高专规划教材）. -- ISBN 978-7-5183-7171-6

Ⅰ. TE98

中国国家版本馆 CIP 数据核字第 2024CR5798 号

出版发行：石油工业出版社
（北京市朝阳区安华里二区1号楼　100011）
网　　址：www.petropub.com
编辑部：（010）64251610
图书营销中心：（010）64523633
经　　销：全国新华书店
排　　版：三河市聚拓图文制作有限公司
印　　刷：北京中石油彩色印刷有限责任公司

2025年2月第1版　2025年2月第1次印刷
787毫米×1092毫米　开本：1/16　印张：13.5
字数：339千字

定价：35.00元
（如发现印装质量问题，我社图书营销中心负责调换）
版权所有，翻印必究

前　言

腐蚀是人们在生产实践和生活中经常见到的一种现象。从天上到地下、从海洋到陆地，均有腐蚀现象发生，大到巨轮、人造卫星，小到电脑中的芯片，各行各业只要涉及材料就会出现腐蚀和如何控制腐蚀的问题。在石油化工领域，由于生产环境的特殊性，腐蚀现象的发生更为普遍，由此造成的经济损失也更加严重，因此，了解腐蚀基本规律和掌握各种常见防腐方法具有非常重要的意义。

本书内容分为七章，第一章阐述了腐蚀过程的本质、腐蚀的危害以及腐蚀防护的重要性；第二章介绍了腐蚀电池、极化与去极化、金属钝化等腐蚀基本理论；第三章描述了腐蚀破坏形态，介绍了电偶腐蚀、小孔腐蚀、晶间腐蚀、选择性腐蚀、应力腐蚀等常见局部腐蚀的特征、腐蚀机理及控制方法；第四章对环境腐蚀性和影响因素进行了概括，介绍了常见腐蚀环境（自然环境）下的金属腐蚀，同时也对石油化工生产中特殊介质的金属腐蚀机理和预防措施进行了介绍；第五章详细叙述了腐蚀控制的方法，即通过正确选材和优化结构，以及采用覆盖层、电化学及缓蚀剂等措施进行防腐保护；第六章介绍了几种常用的腐蚀检测技术；第七章介绍了腐蚀监测的任务要求以及常用的物理、化学监测技术的工作原理及监测方法。

本书主编为大庆职业学院薛峥、高颜儒，副主编为大庆职业学院邢志敏、杨秋悦和沈阳工业大学刘达京，另外，大庆职业学院刘超、韩嘉文也参与了编写。其中，第一章由刘达京、杨秋悦共同编写；第二章由高颜儒编写；第三章由邢志敏编写；第四章由刘超编写；第五章由薛峥编写；第六章由杨秋悦编写；第七章由韩嘉文、刘超共同编写；全书由薛峥统稿。

《石油化工设备防腐》基于黑龙江省石油工程高水平专业群等一系列成果，进行教材建设，在编写过程中参考了许多腐蚀专家、学者的著作和研究成果，在此表示衷心的感谢。

由于编者水平有限，书中难免有疏漏和不当之处，敬请读者批评指正。

编者

2024 年 11 月

目 录

第一章　绪论 ... 1
第一节　腐蚀研究的意义 ... 1
第二节　腐蚀的定义及特点 ... 3
第三节　腐蚀的分类 ... 5
第四节　腐蚀程度表示方法 ... 10
第五节　腐蚀与防腐学科的研究内容与任务 ... 12
【思考与练习】 ... 13

第二章　电化学腐蚀基本原理 ... 14
第一节　电化学腐蚀概述 ... 14
第二节　腐蚀电池 ... 18
第三节　电极电位 ... 24
第四节　极化与去极化 ... 30
第五节　金属的钝化 ... 43
【思考与练习】 ... 49

第三章　腐蚀破坏形式 ... 50
第一节　电偶腐蚀 ... 51
第二节　小孔腐蚀 ... 57
第三节　缝隙腐蚀 ... 61
第四节　晶间腐蚀 ... 66
第五节　选择性腐蚀 ... 68
第六节　应力腐蚀 ... 70
第七节　腐蚀疲劳 ... 74
第八节　磨损腐蚀 ... 77
【思考与练习】 ... 80

第四章　腐蚀典型环境 ... 82
第一节　大气腐蚀 ... 82
第二节　水的腐蚀 ... 87
第三节　土壤腐蚀 ... 92

第四节　高温气体腐蚀 …………………………………………………… 97
　　第五节　石油化工生产中特殊介质的腐蚀 ……………………………… 99
　　【思考与练习】 ………………………………………………………………… 108
第五章　腐蚀控制方法 ……………………………………………………………… 109
　　第一节　选材与设计 …………………………………………………… 109
　　第二节　覆盖层保护 …………………………………………………… 115
　　第三节　电化学保护 …………………………………………………… 132
　　第四节　缓蚀剂保护 …………………………………………………… 155
　　【思考与练习】 ………………………………………………………………… 162
第六章　腐蚀检测方法 ……………………………………………………………… 163
　　第一节　阴极保护检测 ………………………………………………… 163
　　第二节　涂层检测 ……………………………………………………… 180
　　第三节　缓蚀剂测试评定 ……………………………………………… 187
　　【思考与练习】 ………………………………………………………………… 191
第七章　腐蚀监测方法 ……………………………………………………………… 192
　　第一节　腐蚀监测概述 ………………………………………………… 192
　　第二节　腐蚀监测的物理方法 ………………………………………… 195
　　第三节　腐蚀监测的电化学—化学方法 ……………………………… 199
　　第四节　无损检测技术 ………………………………………………… 203
　　【思考与练习】 ………………………………………………………………… 206
参考文献 …………………………………………………………………………… 207

第一章 绪 论

【学习目标】
1. 了解腐蚀的危害及防腐的重要性。
2. 熟悉金属腐蚀特点,理解金属腐蚀过程的本质。
3. 掌握腐蚀的定义与分类,树立腐蚀防护及安全环保理念。

腐蚀是人们在生产实践和生活中经常见到的一种现象。材料遭受腐蚀后,在外形、色泽以及机械性能等方面都将发生变化,严重时将导致其不能继续使用,甚至造成设备事故和人员伤亡。腐蚀涉及面很广,从天上到地下、从海洋到陆地,均有腐蚀现象发生,大到巨轮、人造卫星,小到电脑中的芯片,包括石油、化工、电力、城市管线等各行各业,只要涉及材料就有腐蚀问题。腐蚀不但会造成巨大的经济损失,而且严重阻碍科学技术的发展,同时对人的生命、自然环境构成极大的威胁。因此"腐蚀"这一学科越来越受到人们的重视,学习掌握腐蚀基础知识和常用的防腐蚀技术,减少因选材、设计、安装等原因造成的腐蚀损坏,及时推广防腐蚀新技术和新方法,将腐蚀损失降至最低程度是非常必要的。

第一节 腐蚀研究的意义

一、腐蚀的危害

腐蚀的危害,英文称为 cost of corrosion,在我国称为腐蚀损失。世界上不管是发达国家还是发展中国家都会遭受不同程度的腐蚀之苦,腐蚀造成的危害主要包括以下四个方面。

1. 腐蚀会造成巨大的经济损失

腐蚀造成的经济损失包括直接损失和间接损失。直接损失包括防护技术的费用及发生腐蚀破坏以后的更换设备和构件费、修理费和防蚀费等。间接损失包括设备发生腐蚀破坏造成停工、停产,跑、冒、滴、漏造成物料流失,腐蚀使产品受到污染、质量下降,设备效率降低,能耗增加,造成材料浪费等。间接损失远超直接损失,且难以估量。

2020 年,我国 GDP 为 101.357 万亿元人民币,腐蚀造成的损失保守估计(按平均值 3%计算),约为 3.04 万亿元人民币。2020 年,美国 GDP 为 21.323 万亿美元,腐蚀损失为 3000 多亿美元,约占 GDP 的 1.4%,不论中国、美国,这个数据都是非常惊人的。

2. 腐蚀会造成金属资源和能源的浪费

地球储藏的可用金属矿藏是有限的,腐蚀使金属变成了无用的、无法回收的散碎氧化物等,造成自然资源大量浪费。据估计,全世界每年因腐蚀报废的钢铁产品相当于其年产量的 30%~40%,假如其中的 2/3 可回炉再生,仍约有 10%的钢铁由于腐蚀而失去效用。全世界每 90 秒就有 1 吨钢被腐蚀成铁锈,而炼制 1 吨钢所需的能源可供一个家庭使用 3 个月。

就我国而言，1986年，全国钢产量5000多万吨，取下限10%，则每年也要有500万吨钢被腐蚀。2012年，全国钢产量7亿多吨，当年被完全腐蚀的钢达7000多万吨。2020年，全国钢产量10.53亿吨，当年被完全腐蚀的钢达1亿吨以上。

3. 腐蚀会严重阻碍新工艺、新技术的发展

随着现代工业的发展，新工艺、新技术的出现可以提升产品质量、降低能耗、减少污染和提高劳动生产率。但在一项新工艺、新技术的产生过程中，往往会遇到腐蚀问题，腐蚀的存在导致材料无法适应新工艺、新技术的要求，从而影响新工艺、新技术的发展应用。

比如，由氨与二氧化碳合成尿素工艺早在1915年就试验成功了，却一直未能工业化生产，直到1953年，在发明了设备的耐蚀材料（316L不锈钢）后，才得以大规模生产。

在我国四川石油天然气开发初期，如果没有腐蚀工作者的努力，及时解决钢材硫化氢应力腐蚀开裂问题，我国天然气工业不会如此迅速发展。同样，由于缺乏可靠技术（包括防腐蚀技术），我国有一批含硫80%~90%的高硫化氢气田至今仍静静地埋在地下，无法被开采利用。

4. 腐蚀易引发安全问题和环境危害

在石油化工行业生产过程中，多数石油化工设备在高温高压下运行，腐蚀也悄然发生，此过程极易造成设备的跑、冒、滴、漏，污染环境而引起公害，甚至发生中毒、火灾、爆炸等恶性事故。这些损失比起设备的价值通常要大得多，有时无法统计清楚。

二、腐蚀对石油化工行业的影响

石油化工行业是遭受腐蚀破坏威胁较为严重的行业之一。腐蚀破坏会引起突发的恶性事故，往往造成巨大的经济损失和严重的社会后果。

比如，1975年挪威艾柯基斯克油田阿尔法平台APIX52高温立管由于管中原油含有1.5%~3%的CO_2和6%~8%的Cl^-，以及飞溅区的腐蚀，投产仅2个月就被腐蚀得薄如纸张，导致了严重的爆炸、燃烧和人身伤亡事故。

在美国阿拉斯加有一条1977年完成的，长约1287km、管径1219.2mm的原油输送管道，一半埋地一半裸露，每天输送原油约$200×10^4$桶，造价80亿美元，由于对腐蚀研究不充分和施工时采取的防腐措施不当，12年后发生腐蚀穿孔达826处之多，仅修复这一项就耗资15亿美元。

又如我国某油田，1993年一年内管线、容器穿孔8345次，更换油管总长590km，直接经济损失7000多万元，而产品流失、停产、效率损失和环境污染等造成的腐蚀间接损失高达2亿元。

三、腐蚀防护的重要性

腐蚀问题在科技进步和工业化发展进程中扮演了极其关键的角色，它既是科技进步过程中的瓶颈，又是推动材料科学和防腐技术不断创新的动力。无论是过去的熔盐原子能反应堆项目，还是当下的石油化工、能源开采等行业，腐蚀问题的解决与否直接决定了新技术和新工艺的可行性与持久性。

腐蚀防控涉及材料研究、金属制造、表面处理、设备制造等多个领域。各种成熟的防腐蚀工艺技术在各个领域推广应用，能有效解决石油天然气、海洋工程、电解铜箔、氯碱等领

域工艺设备的腐蚀破坏问题，达到延长设备使用寿命、减少物料消耗、提高工作效率以及降低安全事故发生率的目的，对于循环经济、节能降碳的发展具有重要意义。

第二节　腐蚀的定义及特点

一、腐蚀的定义

一般来说，材料在环境中有三种基本失效形式，见表1-1。腐蚀是其中较重要的一种，是材料研究的重要组成部分。

表1-1　材料的失效形式

失效形式	失效致因	变化方式	宏观表象	相应学科
断裂	力学	突变	韧性断裂，先变形、后断裂；脆性断裂，没有宏观塑变；先形成裂纹，扩展到一定程度后断裂，如疲劳、应力腐蚀、氢脆等	断裂力学
腐蚀	电化学、化学	渐变	损伤由表及里，材料耗损，出现腐蚀产物，材料增重或失重，失去金属光泽	腐蚀科学
磨损	机械运动、力学		产生磨屑使材料消耗，表面划伤，形状和尺寸改变	摩擦学、磨损理论

广义的腐蚀是指材料（包括所有的天然材料和人造材料）与环境发生化学或电化学作用而导致材料功能损伤的现象，包含了以下三个方面的研究内容：

（1）腐蚀研究的着眼点在材料。材料包括金属材料和非金属材料。材料是腐蚀发生的内因。如在稀硫酸中，铅很耐蚀，而碳钢腐蚀剧烈，说明不同材料间的腐蚀行为差异是很大的。金属材料通常指纯金属及其合金，工程结构材料中纯金属是很少见的，绝大多数为合金。非金属材料又可分为有机非金属材料与无机非金属材料，种类繁多，性能各异，但它们大多具有良好的耐蚀性能，非金属材料在防腐蚀中起着相当重要的作用。

（2）腐蚀是材料与环境发生反应的结果。金属材料与环境通常发生化学或电化学反应，非金属材料与环境则会发生溶胀、溶解、老化等反应。材料的损伤宏观上可表现为材料重量流失、强度等性质退化等；微观上可表现为材料相改变、价态改变或组织改变，人们靠这些变化来发现腐蚀或评价腐蚀程度。

（3）腐蚀的外部条件是环境，任何材料在使用时总是处于特定的环境中。对腐蚀起作用的环境因素主要有如下四个方面。

① 介质：介质的成分、浓度对腐蚀有很大影响，有时介质中有很多种物质，要找出对腐蚀起作用的成分以及这些成分的浓度。这些物质随着浓度的变化，其腐蚀行为有可能发生相当大的改变，或加剧腐蚀或使腐蚀速率下降。

② 温度：对腐蚀而言，温度是一个非常重要的因素，随着温度的升高，反应的活化能增加，因此多数情况下温度的升高会加速腐蚀。工程材料都有一个极限使用温度，许多材料的极限使用温度大大低于它的蠕变温度，就是根据腐蚀决定的。

③ 流速：合适的流速对防腐是有好处的。对某些软的材料（如铅），流速过高易引起冲刷腐蚀；对易钝化材料，较高流速可加速氧的输送，使管道或设备处于钝化状态。

④ 压力：压力产生应力。许多金属材料在特定介质中，在应力高于某个值时就会产生应力腐蚀破裂。若设备在制造安装过程中就存在应力，则会使发生应力腐蚀所允许的操作压力下降。化工装备过程中的操作压力就是应力的主要来源，控制压力在允许的范围内可以有效地防止应力腐蚀的发生。

目前习惯上所说的腐蚀大多还是指金属腐蚀，因为金属材料至今仍然占主导地位，同时金属材料极易遭受腐蚀，因此金属腐蚀与防护是研究的重点。考虑到金属腐蚀的本质，通常把金属腐蚀定义为金属表面与其周围环境（介质）发生化学或电化学作用而产生的破坏或变质。由腐蚀的定义可知，腐蚀过程有三个基本要素，即：(1) 腐蚀的对象——材料；(2) 腐蚀的性质——化学或电化学作用；(3) 腐蚀的后果——材料是否被破坏或变质。这三个要素既是腐蚀的内容，也是腐蚀防护的切入点。

二、腐蚀的特点

腐蚀现象的特点可归纳为自发性、普遍性和隐蔽性三点。

1. 自发性

热力学第二定律告诉我们，物质总是寻求最低的能量状态。金属处于热力学不稳定状态，而金属的化合物处于热力学稳定状态，所以金属趋向于寻求一种较低的能量状态，即有形成氧化物或其他化合物的趋势。因此，自然界中大多数的金属常以矿石形式，即金属化合物的形式（稳定状态）存在。而腐蚀则是一种金属（不稳定状态）回到自然状态的过程。例如，铁在自然界中大多为赤铁矿（主要成分为 Fe_2O_3），而铁的腐蚀产物即铁锈主要成分也是 Fe_2O_3，可见，铁的腐蚀过程正是回到它的自然状态即铁矿石的过程。由此可知，腐蚀的本质就是金属在一定的环境中经过反应回到其化合物状态的过程。

从能量观点来看，金属化合物通过冶炼还原出金属的过程是吸热过程，那么根据能量守恒定律，在腐蚀环境中金属变为化合物就是释放能量的过程，正好与冶炼过程相反。但为什么铁腐蚀时感觉不到有能量放出呢？实际上这些能量以热量形式被分散到周围环境中，并未引起注意或加以利用。图 1-1 以图解形式表示了从铁矿石中提炼铁和铁腐蚀过程之间的关系。

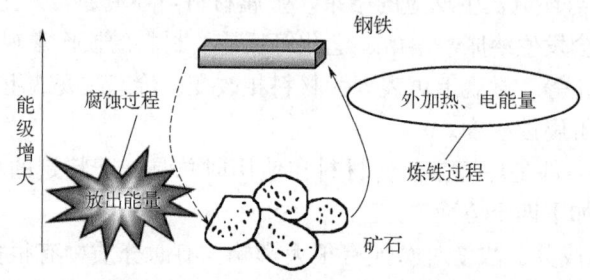

图 1-1 金属腐蚀和冶金互为逆过程

显而易见，能量上的差异是产生腐蚀反应的推动力。从热力学的角度腐蚀过程可表述为：在一般大气条件下，单质状态的铁比它的化合态具有更高的能量，金属铁存在着释放能量而变为能量更低的稳定状态化合物的倾向，这时能量将降低，过程自发地进行。这个从不稳定的高能态变为稳定的低能态的腐蚀过程，就像水从高处向低处流动一样，是自发进行的。

2. 普遍性

元素周期表中的金属元素，除金（Au）和铂（Pt）在地球上可能以纯金属单体的形式天然存在外，其他金属均以它们的化合物（各种氧化物、硫化物或更复杂的复合盐类）形式存在。在地球形成和演变的漫长历史中，能稳定保存下来的物质一般都是它的最低能级状态。这说明，除 Au 和 Pt 外，其他金属能级都要高于它们的化合物，都具有自发回到低能级矿石状态的倾向。另外，地球上普遍存在的空气和水是两类主要的腐蚀环境。所以，地球环境下金属腐蚀不是个别现象，而是普遍面临的问题。幸好有不少金属虽有大的腐蚀倾向，但实际腐蚀程度十分微小，否则人类可能会面临没有稳定金属材料可用的尴尬局面。

3. 隐蔽性

腐蚀的隐蔽性不仅体现在物理层面的难以直观发现，还涉及化学、电化学及环境因素的复杂交织，使得腐蚀过程在初期往往被忽视，直至造成显著损害时才被注意到。

腐蚀的隐蔽性包含几个方面：一是表面无明显变化。在腐蚀初期受损材料表面可能仅出现微小的颜色变化、光泽度降低或产生细微的斑点，这些变化对于非专业人士来说可能难以察觉，通过肉眼直接观察也难以发现。二是内部结构破坏。腐蚀往往从材料内部开始，特别是当涉及金属材料的电化学腐蚀时。这种内部腐蚀会削弱材料的力学性能，如强度、韧性等，而这些变化在外部可能没有任何明显迹象。直到结构完整性受到严重威胁，如发生断裂、泄漏等事故时，才暴露出腐蚀的严重后果。三是环境因素的掩盖。腐蚀过程常受到环境因素的影响，如湿度、温度、酸碱度、盐雾等。这些环境因素不仅加速了腐蚀进程，还可能通过形成保护层（如锈层）、改变材料表面状态等方式，进一步掩盖了腐蚀的真实情况。

由于腐蚀的隐蔽性，人们往往容易忽视其存在或低估其危害程度。这种忽视和延误不仅可能导致腐蚀问题的加剧，还可能造成更严重的安全事故和经济损失。因此，提高腐蚀防护意识、加强腐蚀监测和评估、及时采取有效的防护措施是减少腐蚀隐蔽性危害的重要途径。

第三节 腐蚀的分类

由于受各种不同因素的影响，金属腐蚀过程千差万别，因此金属腐蚀的分类方法和类型众多。常用的分类方法如下。

一、按照腐蚀机理分类

1. 化学腐蚀

化学腐蚀是指金属表面与介质（非电解质）直接发生化学作用而引起的破坏或变质。其反应过程的特点是金属表面的原子与介质中的氧化剂直接发生氧化还原反应，形成腐蚀产物。腐蚀过程中电子的转移是在金属与氧化剂之间直接进行的，因而没有电流的产生。纯化学腐蚀的情况并不多见，一般所说的化学腐蚀主要是指金属在干燥或高温气体中的腐蚀或在无水的有机溶液中的腐蚀。

1) 在气体中的腐蚀

金属在干燥或高温气体中（表面没有湿气冷凝）发生的腐蚀称为气体腐蚀，例如轧钢时生成的厚的氧化铁皮、燃气轮机叶片在工作状态下的腐蚀、用氧气切割和焊接管道时在金属表面产生的氧化皮等。

2) 在非电解质溶液中的腐蚀

在非电解质溶液中的腐蚀是指金属材料在不导电的非电解质溶液（如无水的有机物介质）中的腐蚀，例如铝在四氯化碳、三氯甲烷或无水乙醇中的腐蚀。

2. 电化学腐蚀

电化学腐蚀是指金属与电解质溶液（大多数为水溶液）发生电化学反应而发生的腐蚀。其特点是：在腐蚀过程中同时存在两个相对独立的反应过程，即阳极反应和阴极反应，并与流过金属内部的电子流和介质中定向迁移的离子联系在一起，即在反应过程中伴有电流产生。阳极反应是金属原子从金属转移到介质中并放出电子的过程，即氧化过程。阴极反应是介质中的氧化剂得到电子发生还原反应的过程。

电化学腐蚀实际上是一个短路的原电池电极反应的结果，这种原电池又称为腐蚀原电池，后文还将详细介绍。腐蚀原电池与一般原电池的区别仅在于原电池把化学能转变为电能，做有用功，而腐蚀原电池只导致材料的破坏，不对外做有用功。一般来说，电化学腐蚀比化学腐蚀强烈得多。金属的电化学腐蚀是普遍的腐蚀现象，它所造成的危害和损失极为严重。电化学腐蚀与化学腐蚀的区别见表1-2。

表1-2 电化学腐蚀与化学腐蚀的区别

	化学腐蚀	电化学腐蚀
条件	金属与氧化剂直接接触	不纯金属与电解质溶液接触
现象	无电流	有微电流
本质	金属被氧化	较活泼金属被氧化
关系	都是金属被氧化（两种腐蚀往往同时发生，但以电化学腐蚀为主）	

3. 物理腐蚀

物理腐蚀是指金属由于单纯的物理作用而引起的破坏。熔融金属中的腐蚀就属于此类腐蚀，它是固态金属与熔融金属（如铅、锌、钢、汞等）相接触引起的金属溶解或开裂。这种腐蚀不是由于化学反应，而是由于物理溶解作用形成合金或液态金属渗入晶间造成的。如盛放熔融锌的铁锅，由于液态锌的溶解作用，可使铁锅腐蚀。

4. 微生物腐蚀

微生物腐蚀是指金属表面在某些微生物生命活动的影响下所发生的腐蚀。这类腐蚀很难单独进行，但它能为化学腐蚀、电化学腐蚀创造必要的条件，促进金属的腐蚀。微生物进行生命代谢活动时会产生各种化学物质，如硫细菌在有氧条件下能使硫或硫化物氧化，反应最终将产生硫酸，这种细菌代谢活动所产生的酸会造成水泵等机械设备的严重腐蚀。

二、按照腐蚀破坏的形态分类

1. 全面腐蚀

全面腐蚀也叫均匀腐蚀，是指腐蚀分布在整个金属表面上，如图1-2(a)所示。全面腐蚀可能是均匀的，也可能是不均匀的，它使金属含量减少，金属变薄，强度降低。如碳钢在强酸中发生的腐蚀就属于均匀腐蚀。均匀腐蚀的阴极、阳极是微观变化的。在均匀腐蚀的情况下，依据腐蚀速率可进行相关金属构件的设计。

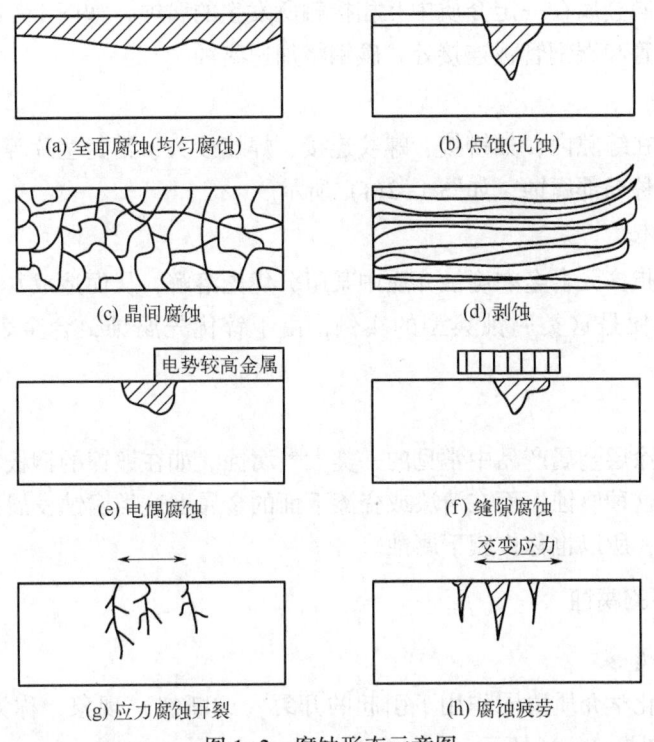

图 1-2 腐蚀形态示意图

(a) 全面腐蚀(均匀腐蚀)　(b) 点蚀(孔蚀)　(c) 晶间腐蚀　(d) 剥蚀　(e) 电偶腐蚀　(f) 缝隙腐蚀　(g) 应力腐蚀开裂　(h) 腐蚀疲劳

2. 局部腐蚀

局部腐蚀是指发生在金属表面某一局部区域的腐蚀，其他部位几乎不被破坏。局部腐蚀的阴极、阳极是截然分开的，通常是阳极区表面积很小，阴极区表面积很大，可以进行宏观检测。由于这种腐蚀的分布、深度和发展很不均匀，常在整个设备较好的情况下，发生局部穿孔或破裂而引起严重事故，所以危险性很大。

1) 点蚀（孔蚀）

点蚀主要集中在金属某些活性点上并向内部深处发展，通常腐蚀深度大于孔径，严重的可使设备穿孔，如图 1-2(b) 所示。不锈钢和钼合金在含氯离子的水溶液中常发生此种破坏形式。

2) 晶间腐蚀

晶间腐蚀发生在金属的晶界上，并沿晶界向纵深处发展，如图 1-2(c) 所示。虽然从金属外观看不出明显变化，但它的晶粒间的结合力显著减小，内部组织变得松弛，从而力学性能明显下降。通常出现于奥氏体不锈钢、铁素体不锈钢和铝合金的构件中。

3) 剥蚀

剥蚀又称剥层腐蚀。这类腐蚀在表面的个别点上产生，随后在表面下进一步扩展，并沿着与表面平行的晶界进行，如图 1-2(d) 所示。由于腐蚀产物的体积比原金属体积大，从而导致金属鼓胀或者分层剥落。某些合金、不锈钢的型材或板材表面和涂金属保护层的金属表面可能发生这类腐蚀。

4) 电偶腐蚀

电偶腐蚀指不同金属在一定介质中互相接触所发生的腐蚀,如图 1-2(e) 所示。例如在热交换器的不锈钢管和碳钢管板连接处,碳钢将加速腐蚀。

5) 缝隙腐蚀

缝隙腐蚀发生在缝隙内,如铆接、螺纹连接、焊接接头、密封垫片等处,是多数金属材料普遍会发生的一种局部腐蚀,如图 1-2(f) 所示。

6) 选择性腐蚀

选择性腐蚀是指多元合金在腐蚀介质中某组分优先溶解,从而造成其他组分富集在合金表面上。黄铜脱锌便是这类腐蚀典型的实例,由于锌优先腐蚀,合金表面上富集铜而呈红色。

7) 丝状腐蚀

丝状腐蚀是有涂层金属产品中常见的一类大气腐蚀。如在镀镍的钢板上、在镀铬或搪瓷的钢件上都曾发现这种腐蚀,而在清漆或瓷漆下面的金属上这类腐蚀发展得更为严重。因多数发生在漆膜下面,所以也称作膜下腐蚀。

3. 应力作用下的腐蚀

1) 应力腐蚀开裂

金属在应力与化学介质协同作用下引起的开裂(或断裂)现象,称为金属应力腐蚀开裂(或断裂),如图 1-2(g) 所示。

2) 氢致开裂和氢脆

若阴极反应析氢进入金属后,对应力腐蚀开裂起了决定性或主要作用,称为氢致开裂;由于氢进入金属内部而引起的韧性或延性降低的过程,称为氢脆。

3) 腐蚀疲劳

金属在腐蚀环境与交变应力的协同作用下引起材料破坏,称为腐蚀疲劳,如图 1-2(h) 所示。

4) 磨损腐蚀

金属表面受高流速和湍流状的流体冲击,同时遭到磨损和腐蚀破坏的现象,称为磨损腐蚀。其主要形式有湍流腐蚀、冲刷腐蚀等。

5) 空泡腐蚀

空泡腐蚀(空蚀和气蚀)是一种特殊形式的冲刷腐蚀,是金属表面附近的液体中空泡溃灭造成表面粗化、出现大量直径不等的火山口状的凹坑,最终丧失使用性能的一种破坏。

6) 微振腐蚀

承受载荷、互相接触的两表面由于振动和滑动(反复的相对运动)引起的破坏,称为微振腐蚀(摩振腐蚀)。

统计结果表明,在以上所有腐蚀中腐蚀疲劳、全面腐蚀和应力腐蚀开裂引起的破坏事故所占比例较高,分别为 23%,22% 和 19%,其他十余种形式腐蚀合计占 36%。由于应力腐蚀开裂和氢脆具有突发性,其危害性最大,常常造成灾难性事故,因此在实际生产和应用中应引起足够的重视。

三、按照腐蚀环境分类

1. 干腐蚀

1）失泽

失泽是指金属在露点以上的常温干燥气体中发生腐蚀（氧化），表面生成很薄的腐蚀产物，使金属失去光泽。干腐蚀的腐蚀机理为化学腐蚀机理。

2）高温氧化

金属在高温气体中腐蚀（氧化），有时生成很厚的氧化皮，在热应力或机械应力作用下可引起氧化皮剥落，属于高温腐蚀。

2. 湿腐蚀

湿腐蚀主要是指在潮湿环境或含水介质中发生的腐蚀。绝大部分常温腐蚀属于这一种，其腐蚀机理为电化学腐蚀机理。湿腐蚀又可分为：

1）自然环境中的腐蚀

（1）大气腐蚀：金属在大气中发生腐蚀的现象称为大气腐蚀，是金属腐蚀中最普遍的一种。

（2）土壤腐蚀：金属在土壤中发生腐蚀的现象称为土壤腐蚀。

（3）海水腐蚀：金属与海水发生电化学反应而损耗和变质的现象称为海水腐蚀。

（4）微生物腐蚀：由微生物引起的腐蚀或受微生物影响引起腐蚀的现象称为微生物腐蚀。

2）工业介质中的腐蚀

（1）酸、碱、盐溶液中的腐蚀：金属在酸、碱、盐溶液中发生腐蚀的现象称为酸、碱、盐溶液中的腐蚀。

（2）工业水中的腐蚀：金属在含有各种离子的工业水中发生腐蚀的现象称为工业水中的腐蚀。

（3）高温高压水中的腐蚀：金属在高温高压水中发生腐蚀的现象称为高温高压水中的腐蚀。

四、按照腐蚀的温度分类

根据腐蚀发生的温度可把腐蚀分为常温腐蚀和高温腐蚀两类。

1. 常温腐蚀

常温腐蚀是指在常温条件下与环境发生化学反应或电化学反应引起的破坏。常温腐蚀到处可见，如金属在干燥大气中的腐蚀是一种化学反应；金属在潮湿大气或常温酸、碱、盐溶液中的腐蚀，则是一种电化学反应。

2. 高温腐蚀

高温腐蚀是指在高温条件下金属与环境发生化学反应或电化学反应引起的破坏。通常把环境温度超过100℃的腐蚀划为高温腐蚀的范畴。

目前，对于腐蚀分类方法还没有统一的意见，为了掌握腐蚀与防护各方面的基本概念，我们将不局限于某一种分类方法，而是根据具体情况从各个方面进行讨论。

第四节 腐蚀程度表示方法

金属被腐蚀后，其重量、厚度、机械性能、组织结构以及电极过程均发生变化。这些物理性能的变化率可以用来表示金属腐蚀的程度。在均匀腐蚀情况下通常采用重量、深度以及电流作为评价指标。

一、重量法

1. 失重法

失重法适用于表面腐蚀产物易于脱离和清除的情况。失重时的腐蚀速率计算公式如下：

$$V^- = \frac{m_0 - m_1}{St}$$

式中 V^-——失重时的腐蚀速率，$g/(m^2 \cdot h)$；

m_0——腐蚀前样品的质量，g；

m_1——清除了腐蚀产物后的样品质量，g；

S——样品表面积，m^2；

t——经历时间，h。

2. 增重法

当腐蚀后试样质量增加且腐蚀产物完全牢固地附着在试样表面时，可采用增重法。腐蚀速率计算公式如下：

$$V^+ = \frac{m_2 - m_0}{St}$$

式中 V^+——增重时的腐蚀速率，$g/(m^2 \cdot h)$；

m_2——带有腐蚀产物的金属质量，g。

采用失重法还是增重法，可根据腐蚀产物是否容易除去或完全牢固地附着在试样表面来确定。

二、深度法

对于密度不同的金属，在重量损失和表面积相同时，金属的腐蚀深度是不同的，显然密度大的金属，其腐蚀深度浅。材料的腐蚀深度或构件腐蚀变薄的程度均直接影响材料部件的寿命，因此深度表征腐蚀程度更具实际意义。

金属腐蚀的深度变化率，即年腐蚀深度，用下式表示：

$$V_L = \frac{V^-}{\rho} \times \frac{24 \times 365}{1000} = 8.76 \frac{V^-}{\rho}$$

式中 V_L——年腐蚀深度，mm/a；

ρ——金属密度，g/cm^3。

根据金属年腐蚀深度的不同，可将金属的耐蚀性分成10级标准或3级标准，见表1-3和表1-4。

表 1-3 金属耐蚀性 10 级标准分类

耐蚀性评定	耐蚀性等级	腐蚀深度/(mm/a)
Ⅰ. 完全耐蚀	1	<0.001
Ⅱ. 很耐蚀	2	0.001~0.005
	3	0.005~0.01
Ⅲ. 耐蚀	4	0.01~0.05
	5	0.05~0.1
Ⅳ. 尚耐蚀	6	0.1~0.5
	7	0.5~1.0
Ⅴ. 欠耐蚀	8	1.0~5.0
	9	5.0~10.0
Ⅵ. 不耐蚀	10	>10.0

表 1-4 金属耐蚀性 3 级标准分类

耐蚀性评定	耐蚀性等级	腐蚀深度/(mm/a)
优良	1	<0.1
可用	2	0.1~1.0
不可用	3	>1.0

三、电流密度法

在电化学腐蚀中，金属的腐蚀是由阳极溶解造成的。根据法拉第定律，若电流强度为 I，通电时间为 t，则通过的电量为 It，阳极溶解的金属量 Δm 为：

$$\Delta m = \frac{AIt}{nF}$$

式中　A——金属的摩尔质量，g/mol；

　　　n——价数，即金属阳极反应方程式中的电子数；

　　　F——法拉第常数，$F=96500\text{C/mol}$。

金属的腐蚀电流密度 i_{corr} 可用下式来表示：

$$i_{corr} = \frac{I}{S}$$

式中　i_{corr}——阳极的电流密度，A/cm²；

　　　S——阳极面积，cm²。

对于均匀腐蚀来说，整个金属表面积可以看作阳极面积，可得到腐蚀速率 V^- 与腐蚀电流密度 i_{corr} 间的关系如下：

$$\frac{\Delta m}{A}nF = It = \frac{V^- St}{A}nF$$

得到：

$$\frac{I}{S} = \frac{V^-}{A}nF = i_{corr}$$

即：

$$i_{corr} = \frac{V^-}{A}nF$$

可见，腐蚀速率与腐蚀电流密度成正比，因此可以用腐蚀电流密度 i_{corr} 表示金属的电化学腐蚀速率。

第五节　腐蚀与防腐学科的研究内容与任务

一、腐蚀与防护学科的研究内容

腐蚀科学是人类在不断同腐蚀做斗争的过程中发展起来的。人类很早就知道采取措施来防止腐蚀对材料的危害。

早在公元前，古希腊和古罗马均提出了用锡防止铁腐蚀的观点。我国商朝（公元前16世纪至公元前11世纪）利用锡改善铜的耐蚀性，冶炼出了青铜，且冶炼技术相当成熟。现在发现的商朝最大的青铜器后母戊鼎重达875千克。1965年在我国湖北出土的春秋时期越王勾践剑，表明两千多年前古人已掌握用铬酸盐进行金属表面防腐的技术，可以说是中国文明史上的一个奇迹。

腐蚀与防护作为一门独立的学科是在20世纪初发展起来的。它是以金属学与物理化学两门学科为基础，同时还与冶金学、工程力学、机械工程学和生物学等有关学科有密切关系。近年来，腐蚀与防护学科领域不断扩大，与许多学科交叉渗透，形成一个"大学科"领域。只有多学科协同攻关，才能收到显著的效果。由此可见，腐蚀与防护实质上是一门综合性很强的边缘科学。

随着工业生产高速发展，腐蚀控制新技术大量涌现，促进了现代工业的迅猛发展。然而直到今天，仍有大量的腐蚀机理还未搞清楚，许多腐蚀问题未得到很好的解决，这都是需要当代腐蚀科技工作者为之奋斗的。

二、腐蚀与防护学科的任务

学习和研究金属腐蚀学的主要目的和任务包括以下五个方面。

（1）通过研究腐蚀性环境中金属材料在其界面或表面上发生的化学和电化学反应，探索腐蚀破坏的作用机理及普遍规律。不仅考察腐蚀过程热力学，而且要从腐蚀过程动力学方面研究腐蚀进行的速度及机理。

（2）发展腐蚀控制技术及其使用技术。腐蚀与防护科学是一门工程应用科学，腐蚀研究的最终目的是控制腐蚀。因此，腐蚀学科的任务包括研究腐蚀过程和寻找腐蚀控制方法。

（3）研究、开发腐蚀监测技术，制订腐蚀鉴定标准和实验方法。

（4）根据学到的知识能够分析、判断腐蚀发生的原因，并能提出符合实际的防护措施。熟悉重要的防腐技术，并根据施工和验收规范对施工质量进行验收。

（5）大力宣传全面腐蚀控制理念，在不增加太多投入的情况下，充分利用现有的成熟技术和新材料，加强管理，使腐蚀防护工作达到先进水平。

【思考与练习】

1. 什么是腐蚀？腐蚀的特点包含哪三个方面？
2. 腐蚀有哪些危害？腐蚀的直接经济损失包括哪些方面？
3. 研究设备腐蚀与防护的目的、意义是什么？
4. 腐蚀的分类方法有哪些？按腐蚀形态可将腐蚀分为哪些类型？
5. 什么腐蚀现象属于化学腐蚀？什么腐蚀现象属于电化学腐蚀？它们的根本区别是什么？
6. 表示腐蚀速率的指标有哪些？

第二章　电化学腐蚀基本原理

【学习目标】
1. 了解电化学腐蚀反应的本质和反应过程。
2. 熟知腐蚀原电池的构成条件、工作过程及分类。
3. 掌握电极电位基本概念，能够进行金属腐蚀倾向的判断。
4. 理解极化现象和极化的原因，会分析腐蚀极化图。
5. 掌握析氢腐蚀与吸氧腐蚀的反应机理、影响因素及控制方法。
6. 掌握金属钝化的特点、理论及钝化方法的应用。

金属与电解质溶液因发生电化学反应而产生破坏的现象称为电化学腐蚀。这里的电解质溶液是指能导电的溶液，是金属产生电化学腐蚀的基本条件。几乎所有的水溶液，包括雨水、淡水、海水及酸、碱、盐的水溶液，甚至从空气中冷凝的水蒸气，都可以是构成腐蚀环境的电解质溶液。在石油化工生产过程中，设备通常在酸、碱、盐及湿的大气条件下使用，湿环境多为电解质溶液，所以金属发生的腐蚀为电化学腐蚀。现代工程结构材料主要还是以金属为主，而电化学腐蚀又是金属中最常见和最普通的腐蚀形式。因此，本章主要讨论金属电化学腐蚀的基本原理。

第一节　电化学腐蚀概述

一、电化学腐蚀的定义

金属材料与电解质溶液相接触时，在界面上将发生有自由电子参加的氧化和还原反应，结果导致接触处的金属变为离子、络离子而溶解，或者生成氢氧化物、氧化物等稳定化合物，从而破坏了金属原有的特性。这种金属与周围介质发生电化学反应而引起破坏且伴有电流产生的过程，就称为电化学腐蚀。

二、电化学腐蚀的反应式

电化学腐蚀虽然是一个复杂的过程，但通常可以简单地看作一个氧化还原反应过程，所以也可以用化学反应式和离子反应式来表示。

1. 电化学腐蚀过程的化学反应式

（1）金属在酸中的腐蚀。如锌放在稀盐酸或稀硫酸溶液中，会被腐蚀并放出氢气，其反应式为：

$$Zn+2HCl \longrightarrow ZnCl_2+H_2\uparrow \tag{2-1}$$

$$Zn+H_2SO_4 \longrightarrow ZnSO_4+H_2\uparrow \tag{2-2}$$

（2）金属在中性或碱性溶液中的腐蚀。如铁在水中或潮湿的大气中的生锈，其反应式为：

$$4Fe+6H_2O+3O_2 \longrightarrow 4Fe(OH)_3 \downarrow \quad (2-3)$$

$$4Fe(OH)_3 \longrightarrow 2Fe_2O_3(铁锈)+6H_2O \quad (2-4)$$

(3) 金属在盐溶液中的腐蚀。如锌、铁等在三氯化铁及硫酸铜溶液中均会被腐蚀，反应式各选其一如下：

$$Zn+2FeCl_3 \longrightarrow 2FeCl_2+ZnCl_2 \quad (2-5)$$

$$Fe+CuSO_4 \longrightarrow FeSO_4+Cu \downarrow \quad (2-6)$$

2. 电化学腐蚀过程的离子反应式

化学反应式虽然可以表示出金属的腐蚀反应，但未能反映其电化学反应的特征。因此需要用离子反应式来描述金属电化学腐蚀的实质。

如锌在盐酸中的腐蚀，由于盐酸、氯化锌均是强电解质，所以式（2-1）可写成离子形式，即：

$$Zn+2H^++2Cl^- \longrightarrow Zn^{2+}+2Cl^-+H_2 \uparrow \quad (2-7)$$

在这里，氯离子反应前后化合价没有发生变化，实际上没有参加反应，因此可简化为：

$$Zn+2H^+ \longrightarrow Zn^{2+}+H_2 \uparrow \quad (2-8)$$

式（2-8）表明，锌在盐酸中发生的腐蚀，实际上是锌与氢离子发生的反应，锌失去电子被氧化成锌离子，同时在腐蚀过程中，氢离子得到电子被还原成氢气。所以式（2-8）可分为独立的氧化反应和独立的还原反应：

氧化（阳极）反应　　　　$Zn-2e \longrightarrow Zn^{2+}$　　　　(2-9)

还原（阴极）反应　　　　$2H^++2e \longrightarrow H_2 \uparrow$　　　　(2-10)

通常把氧化反应（即放出电子的反应）称为阳极反应，把还原反应（即接受电子的反应）称为阴极反应。由此可见，金属电化学腐蚀反应至少由一个阳极反应和一个阴极反应构成。

三、电化学腐蚀的实质

锌在无空气的盐酸中腐蚀时发生的电化学反应过程，如图2-1所示。图中表明，浸在盐酸中的锌表面的某一区域被氧化成锌离子进入溶液并放出电子，电子通过金属传递到锌表面的另一区域被氢离子接受，并还原成氢气。锌溶解的这一区域称为阳极，遭受腐蚀，而产生氢气的这一区域称为阴极。从阳极传递电子到阴极，再由阴极进入电解质溶液，这样一个通过电子传递的电极过程就是电化学腐蚀过程。

综上所述，腐蚀电化学反应实质上是一个发生在金属和溶液界面上的多相界面反应。任何一种按电化学机理发生的腐蚀至少包含一个阳极反应和一个阴极反应，此二反应相对独立但又必须同时完成，并具有相同的速率（即得失电子数相同）。

电化学腐蚀反应的阳极过程，总是金属被氧化成金属离子并放出电子。可用下列通式表示：

$$M-ne \longrightarrow M^{n+} \quad (2-11)$$

式中　M——被腐蚀的金属；

　　　M^{n+}——被腐蚀金属的离子；

　　　n——金属放出的自由电子数。

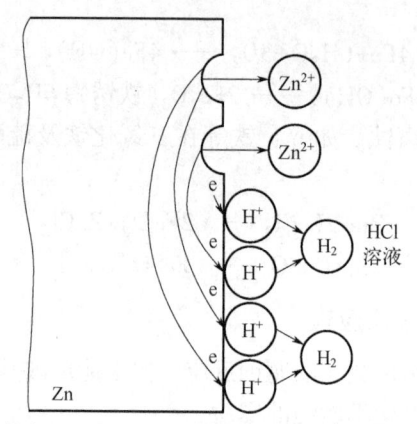

图 2-1　锌在无空气的盐酸中腐蚀时发生的电化学反应过程

电化学腐蚀反应的阴极过程，总是由溶液中能接受电子的物质（称为去极剂）在阴极区获得自阳极流来的电子。可用下列通式表示：

$$D + ne \longrightarrow [D \cdot ne] \tag{2-12}$$

式中　D——去极剂，即溶液中能够接受电子的物质；

　　　$[D \cdot ne]$——去极剂接受电子后生成的物质；

　　　n——去极剂获得的电子数，等于阳极放出的电子数。

常见的去极剂有以下三类。

（1）第一类去极剂是氢离子，还原生成氢气，这种反应又称为析氢反应：

$$2H^+ + 2e \longrightarrow H_2 \uparrow \tag{2-13}$$

（2）第二类去极剂是溶解在溶液中的氧，在中性或碱性条件下还原生成 OH^-，在酸性条件下生成水。这种反应常称为吸氧反应或耗氧反应。

中性或碱性溶液：

$$O_2 + 2H_2O + 4e \longrightarrow 4OH^- \tag{2-14}$$

酸性溶液：

$$O_2 + 4H^+ + 4e \longrightarrow 2H_2O \tag{2-15}$$

（3）第三类去极剂是金属高价离子，这类反应往往产生于局部区域，虽然较少见，但能引起严重的局部腐蚀。这类反应一般有两种情况，一种是金属离子直接还原成金属，称为沉积反应，可表示为：

$$M^{n+} + ne \longrightarrow M \downarrow \tag{2-16}$$

如锌在硫酸铜中的反应：

$$Cu^{2+} + 2e \longrightarrow Cu \downarrow \tag{2-17}$$

另一种是还原成较低价态的金属离子，可表示为：

$$M^{n+} + e \longrightarrow M^{(n-1)+} \tag{2-18}$$

如锌在三氯化铁溶液中的反应：

$$Fe^{3+} + e \longrightarrow Fe^{2+} \tag{2-19}$$

上述三类去极剂的五种还原反应为最常见的阴极反应，这些反应共同的特点，就是它们都消耗电子。

几乎所有的腐蚀反应都是一个或几个阳极反应与一个或几个阴极反应的综合反应。如铁在水中或潮湿大气中的生锈，就是式（2-11）与式（2-14）的综合：

氧化（阳极）反应　　　　　$2Fe-4e \longrightarrow 2Fe^{2+}$

还原（阴极）反应　　　　　$O_2+2H_2O+4e \longrightarrow 4OH^-$

综合反应　　　　　　　　　$2Fe+O_2+2H_2O \longrightarrow 2Fe^{2+}+4OH^-$
$$\downarrow$$
$$2Fe(OH)_2\downarrow$$

在实际腐蚀过程中，往往会同时发生一种以上的阳极反应。如铁—铬合金腐蚀时，铁和铬二者都被氧化，它们以各自的离子形式进入溶液。同样地，在金属表面也可以发生一种以上的阴极反应。如含有溶解氧的酸性溶液，既有析氢的阴极反应，又有吸氧的阴极反应：

$$2H^++2e \longrightarrow H_2\uparrow$$

$$O_2+4H^++4e \longrightarrow 2H_2O$$

因此，含有溶解氧的酸溶液一般来说比不含溶解氧的酸溶液腐蚀性要强。其他的去极剂也有这样的效应。如工业盐酸中常含有杂质 $FeCl_3$，存在两个阴极反应：

析氢反应　　　　　　　　　$2H^++2e \longrightarrow H_2\uparrow$

三价铁离子的还原反应　　　$Fe^{3+}+e \longrightarrow Fe^{2+}$

所以，金属在这样的酸溶液中的腐蚀会严重得多。

四、电化学腐蚀与化学腐蚀的对比

和化学腐蚀相比，电化学腐蚀过程具有以下特点：

（1）介质为离子导电的电解质。

（2）金属/电解质界面上的反应过程是因电荷转移而引起的电化学过程，必须包括电子和离子在界面上的转移。

（3）界面上的电化学过程可以分为两个相互独立的氧化还原过程，金属/电解质界面上伴随电荷转移发生的化学反应称为电极反应。

（4）电化学腐蚀过程伴随电子的流动，即有电流的产生。

两者详细不同点的对比见表2-1。

表2-1　化学腐蚀和电化学腐蚀的详细比较

项目	化学腐蚀	电化学腐蚀
介质	干燥气体或非电解质溶液	电解质溶液
反应式	$\sum v_i M_i = 0$	$\sum (v_i M_i^n \pm ne) = 0$
过程推动力	化学位不同的反应相互接触	电位不同的导体物质组成电池
能量转换	化学能、机械能和热能	化学能与电功
过程规律	化学反应动力学	电极过程动力学
电子传递	反应物直接碰撞和传递，测不出电流	通过电子导体在阴、阳极上的得失测得电流
反应区	在碰撞点上瞬时完成	在相对独立的阴、阳极区同时完成
产物	在碰撞点直接形成	一次产物在电极上形成，二次产物在一次产物相遇处形成
温度	主要在高温条件下	室温和高温条件下

对于石油化工行业来说，电化学腐蚀比化学腐蚀更重要、更普通、腐蚀速率更快，并可以用电化学保护方法控制，化学腐蚀则不能用电化学保护方法控制。

第二节　腐蚀电池

自然界中的大多数腐蚀都属于电化学腐蚀。金属发生电化学腐蚀时，金属本身起着将原电池的正极和负极短路的作用。因此，一个电化学腐蚀体系可以看作短路的原电池。这一短路原电池的阳极发生金属材料溶解，而不能输出电能，腐蚀体系中进行氧化还原反应的化学能全部以热能的形式散失。所以，在腐蚀电化学中，将这种只能导致金属材料的溶解而不能对外做有用功的短路原电池定义为腐蚀电池。电化学腐蚀的理论在很大程度上是以腐蚀电池一般规律的研究为基础的。

一、原电池及腐蚀电池的构成

1. 原电池的构成

最简单的原电池就是日常生活中使用的干电池。它由中心碳棒（正极）、外围锌壳（负极）及两极间的糊状电解质（如 NH_4Cl）组成，如图 2-2 所示。

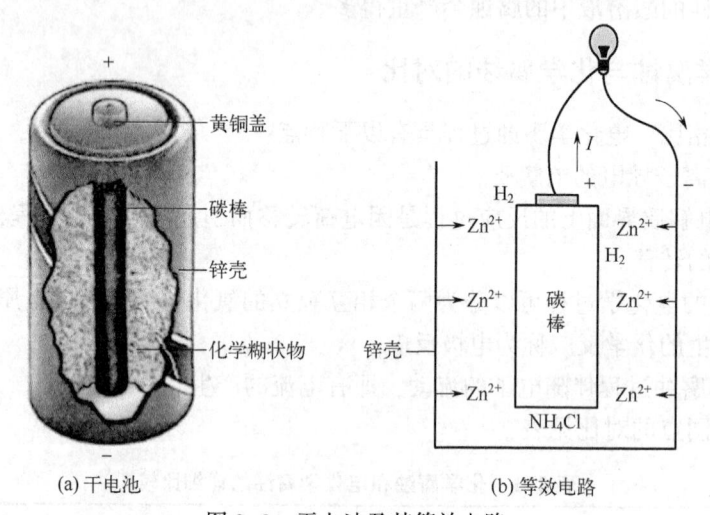

图 2-2　干电池及其等效电路

两极与电解质间发生如下的电化学反应。

阳极锌皮上发生氧化反应，使锌原子离子化产生两个电子：

$$Zn \longrightarrow Zn^{2+} + 2e$$

阴极碳棒上发生消耗电子的反应（还原）：

$$2H^+ + 2e \longrightarrow H_2 \uparrow$$

电池的总反应为：

$$Zn + 2H^+ \longrightarrow Zn^{2+} + H_2 \uparrow$$

随着反应的发生，电池的锌皮不断被氧化，并给出电子在外电路形成电流，对外做功，金属锌离子化的结果即腐蚀损坏。由此可见，原电池的电化学过程由负极的氧化过程、正极的还原过程，以及电子的转移过程所组成。

如果将两个不同的电极组合起来也可构成原电池。例如，把锌和硫酸锌水溶液、铜和硫酸铜水溶液这两个电极组合起来，就可成为铜锌原电池（丹尼尔电池），如图 2-3 所示。在此电池中，若 ZnSO₄ 水溶液中 Zn^{2+} 活度 $a_{Zn^{2+}}=1$，CuSO₄ 水溶液中 Cu^{2+} 活度 $a_{Cu^{2+}}=1$，则可计算该原电池的电动势 E^0 为：

$$E^0 = E^0_{Cu/Cu^{2+}} - E^0_{Zn/Zn^{2+}} = +0.337 - (-0.763) = 1.10(V)$$

在这一原电池的反应过程中，锌极溶解到硫酸锌溶液中而被腐蚀，电子通过外部导线流向铜而产生电流，同时铜离子在铜极上析出。在水溶液外部，电流的方向是从铜极到锌极，而电子流动的方向正与此相反。因此铜片是阴极，而锌片是阳极。

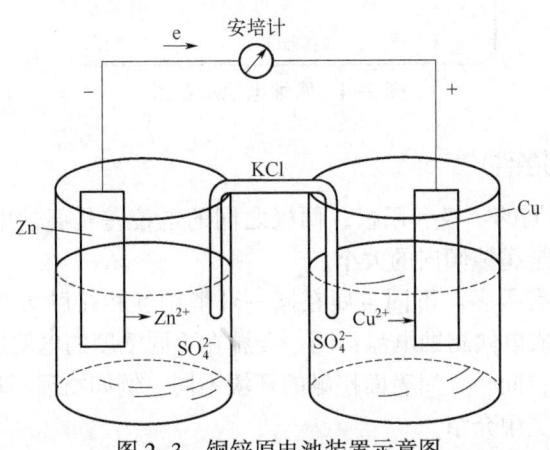

图 2-3 铜锌原电池装置示意图

原电池的电化学反应过程如下：

阳极反应（氧化反应）　　　　　$Zn \longrightarrow Zn^{2+} + 2e$

阴极反应（还原反应）　　　　　$Cu^{2+} + 2e \longrightarrow Cu \downarrow$

原电池的总反应　　　　　　　　$Zn + Cu^{2+} \longrightarrow Zn^{2+} + Cu \downarrow$

2. 腐蚀电池的构成

腐蚀电池实质上是一个短路的原电池，即电子回路短接，电流不对外做功（如发光），电子消耗于腐蚀电池内阴极的还原反应中。例如，将锌与铜浸入硫酸中，如图 2-4 所示，铜和锌之间也存在电动势，两极间也产生电位差。这种原电池中阳极仍然为锌，阴极为铜，但是在铜上进行的是 H^+ 的还原反应。

腐蚀电池的电化学反应过程如下：

阳极反应（氧化反应）　　　　　$Zn \longrightarrow Zn^{2+} + 2e$

阴极反应（还原反应）　　　　　$2H^+ + 2e \longrightarrow H_2 \uparrow$

腐蚀电池的总反应　　　　　　　$Zn + 2H^+ \longrightarrow Zn^{2+} + H_2 \uparrow$

由此可见，金属的电化学腐蚀正是由于不同电极电位的金属在电解质溶液中构成了原电池而产生的，通常称为腐蚀电池。必须注意的是，在腐蚀电池中规定使用阴极和阳极的概念，而不用负极和正极。在上述腐蚀电池中，Zn 为阳极，Cu 为阴极；阳极发生氧化反应而被腐蚀，在阴极上发生还原反应但本身不被腐蚀。

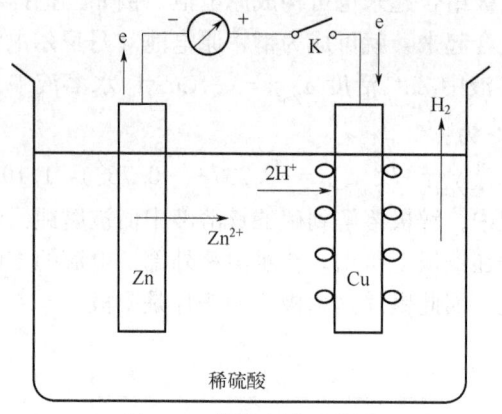

图 2-4 腐蚀电池示意图

3. 腐蚀电池构成的条件

（1）存在着电位不同的阴极和阳极，两极之间的电位差是腐蚀电池的推动力，电位差的大小反映出金属电化学腐蚀倾向的大小。

产生电位差的原因有很多：不同金属在同一环境中互相接触会产生电位差，例如上述Cu 与 Zn 在溶液中可构成电偶腐蚀电池；同一金属在不同浓度的电解质溶液中也可产生电位差而构成浓差腐蚀电池；同一金属表面接触的环境不同，例如物理不均匀性等均可产生电位差，这将在腐蚀电池分类中介绍。

（2）存在着电解质溶液，使金属和电解质之间能传递自由电子。这里所说的电解质只要稍微有一点离子化就够了，即使是纯水也有少许离解引起电传导。如果是强电解质溶液，则腐蚀将大大加速。

（3）在腐蚀电池的阴极、阳极之间，构成闭合的电流通路。

综上所述，一个腐蚀电池必须包括阴极、阳极、电解质溶液和导电通路四个不可分割的部分。

二、腐蚀电池的工作过程

腐蚀电池的工作过程主要由以下三个基本过程组成。

1. 阳极过程

阳极过程为金属的溶解过程。金属以离子的形式进入溶液，并把当量的电子留在金属上，即

$$Me \longrightarrow Me^{n+} + ne$$

如果系统中不发生任何其他的电极过程，那么阳极反应会很快停止。这是因为金属中积累起来的电子和溶液中积累起来的阳离子将使金属的电极电位向负方向移动，从而使金属表面与金属离子的静电引力增加，阻碍了阳极反应的继续进行。

2. 阴极过程

阴极过程为接受电子的还原过程。从阳极流过来的电子被电解质溶液中能够吸收电子的去极剂所接收，即

$$D + ne \longrightarrow [D \cdot ne]$$

单独的阴极反应也是难以持续的,在同时存在阳极氧化反应的条件下,阴极反应和阳极反应才能够不断地持续下去,故金属不断地遭受腐蚀。进入溶液中能接受电子的氧化性物质种类很多,其中强氧化性酸和 O_2 是最为常见的氧化剂。

3. 电流的流动过程

在金属中依靠电子从阳极流向阴极,而溶液中依靠离子的迁移,即阴离子从阴极区向阳极区迁移以及阳离子从阳极区向阴极区迁移,这样整个电池系统电路构成通路。

腐蚀电池工作所包含的上述三个基本过程,既相互独立,又彼此依存。只要其中一个过程受到阻滞不能进行,其他两个过程也将停止,金属腐蚀过程也就终止。

腐蚀电池具有以下特点:

(1) 腐蚀电池的阳极反应是金属的氧化反应,结果造成金属材料的破坏。
(2) 若腐蚀电池的阴极、阳极短路(即短路的原电池),电池产生的电流全部消耗在内部,转变为热,不对外做功。
(3) 腐蚀电池中的反应以最大限度的不可逆方式进行。

三、腐蚀电池的分类

金属的腐蚀是由氧化反应与还原反应组成的电池反应过程来实现的。依据氧化电极与还原电极的大小及肉眼的可分辨性,腐蚀电池可分为宏观电池和微观电池两种。

1. 宏观电池

能用肉眼分辨出阳极和阴极的腐蚀电池称为宏观电池或大腐蚀电池,其电极和极性用肉眼就可分辨出来。常见的主要有异金属接触腐蚀电池、浓差腐蚀电池、温差电池、电解池阳极腐蚀、杂散电流腐蚀五种类型。

1) 异金属接触腐蚀电池

当两种具有不同电位的金属或合金相接触(或用导线连接起来),并处于电解质溶液之中时,便可看到电位较负的金属不断遭受腐蚀。例如,铜、锌相连浸入稀硫酸中,通有冷却水的碳钢—黄铜冷凝器,以及船舶中的铜壳与其铜合金推进器等均构成这类腐蚀电池。此外,化工设备上不同金属的组合中(如螺钉、螺栓、螺帽、焊接材料等和主体设备连接处)也常出现接触腐蚀。异金属的电极电位差是形成接触腐蚀电池的最主要因素,且电极电位差越大,电偶腐蚀越严重。电池中阴极、阳极的面积比和电介质的电导率等因素也对腐蚀有一定的影响。

2) 浓差腐蚀电池

同类金属浸于同一种电解质溶液中,由于溶液的浓度或介质与电极的相对流动速度不同,构成浓差腐蚀电池。常见的浓差腐蚀电池包括盐浓差腐蚀电池和氧浓差腐蚀电池两种。

(1) 盐浓差腐蚀电池。

盐浓差腐蚀电池是指将金属浸在不同浓度的同种盐溶液中构成的电池。如果将铜电极分别放入浓硫酸铜溶液与稀硫酸铜溶液中,则形成盐浓差腐蚀电池,如图 2-5 所示。那么与较稀溶液接触的一端因其电极电位较低,作为电池的阳极将遭到腐蚀。但在较浓溶液中的另一端,由于其电极电位较高,作为电池的阴极,溶液中的 Cu^{2+} 将在这一端的铜表面析出。

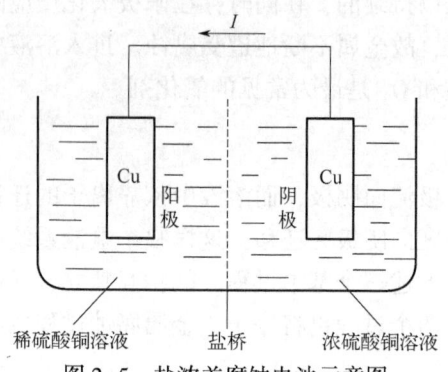

图 2-5 盐浓差腐蚀电池示意图

在化工生产过程中，例如铜或铜合金设备在流动介质中，流速较大的一端 Cu^{2+} 较易被带走，出现较低浓度区域，这个部位电位较低，为阳极；而在滞留区则 Cu^{2+} 聚积，将成为阴极。

在一些设备的缝隙处和疏松沉积物下部，因与外部溶液的离子浓度有差别，形成浓差腐蚀的阳极区域往往会遭到腐蚀。

（2）氧浓差腐蚀电池。

氧浓差腐蚀电池是由于构成原电池的溶液中不同区域含氧量不同形成的，如图 2-6 所示。位于高氧浓度区域的金属为阴极，位于低氧浓度区域的金属为阳极，阳极金属将被溶解腐蚀。最常见的有水线腐蚀和缝隙腐蚀。

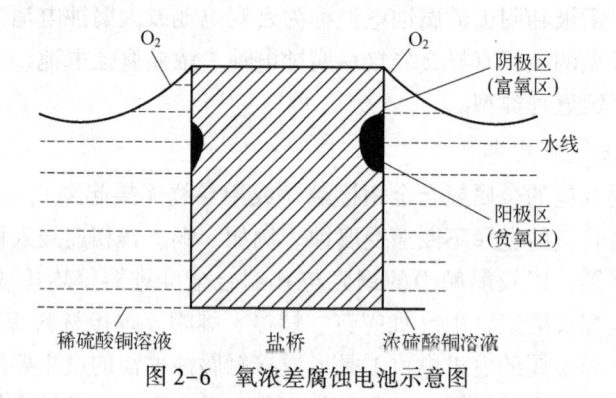

图 2-6 氧浓差腐蚀电池示意图

桥桩、船体、储罐等在静止的中性水溶液中，受到严重腐蚀的部位常在靠近水线下面，受腐蚀部位会形成明显的沟或槽，这种腐蚀称为水线腐蚀。这是由于氧的扩散速度缓慢引起水的表层含有较高浓度的氧，而水的下层氧浓度则较低。表层的氧如果被消耗，可及时从大气中得到补充，但水下层的氧被消耗后由于氧不易到达而补充困难，因而产生了氧的浓度差。表层（弯月面处）为富氧区，为阴极区。水下（弯月面下部）为贫氧区，为阳极区而遭受腐蚀。

氧的浓差腐蚀电池也可在缝隙处和疏松的沉积物下面形成而引起缝隙腐蚀及垢下腐蚀。例如，工程部件多用铆、焊、螺钉等方法连接，在连接区有可能出现缝隙。由于在缝隙深处补充氧特别困难，因此便容易形成氧浓差电池，导致缝隙处出现严重腐蚀。埋在不同密度或深度土壤中的金属管道及设备也会因为土壤中氧的分布不均匀而造成氧浓差电池的腐蚀。通常，浓差腐蚀可通过消除介质的浓度差来抑制腐蚀过程。

3) 温差电池

温差电池往往是由于浸在电解质溶液中的金属处于不同温度环境下产生的，常在换热器、锅炉、浸没式加热器等处出现，因为它们都存在着温差。例如，检修碳钢换热器时，发现其高温端比低温端腐蚀严重。

4) 电解池阳极腐蚀

电解池的阳极发生金属溶解，因此人们可以用电解方法使金属作为电解池的阳极，使之腐蚀，称为阳极腐蚀，例如电解铝生产、电镀作业等。

5) 杂散电流腐蚀

另外，电气机车、地铁以及电解工业的直流电源的漏电也会引起金属腐蚀，称为杂散电流腐蚀。

应当指出的是，上面介绍的是几种常见的宏观电池。在实际的腐蚀过程中，往往是各种腐蚀电池联合起作用，如温差电池常与氧浓差腐蚀电池联合起作用。

2. 微观电池

不能用肉眼分辨出阴极与阳极的腐蚀电池称为微观电池或微电池。微观电池是由金属表面的电化学不均匀性所引起的。形成微观电池的原因有以下四种。

1) 金属表面的化学成分不均匀

工业上使用的金属常常含有各种杂质。当金属与电解质溶液接触时，这些杂质则以微电极的形式与基体金属构成了许许多多短路了的微电池系统。其中，电极电位低的组分就会被腐蚀。

例如金属 Zn 中常含有杂质 Cu、Fe、Sb 等，由于它们的电位较高，构成无数个微阴极，而锌本身则成为阳极，因而加速了锌在 H_2SO_4 中的腐蚀，如图 2-7(a) 所示。碳钢和铸铁是工业上常用的材料，当与电解质溶液接触时，碳钢中的碳化物 Fe_3C、铸铁中的石墨都会以阴极的形式出现，与基体金属 Fe 构成微电池，从而加速了铁的腐蚀。

2) 金属组织结构的不均匀

组织结构是组成合金的粒子种类、含量以及它们排列方式的统称。在同一金属或合金内部存在不同的组织结构，因而有不同的电极电位值。

金属及合金的晶粒与晶界之间的电位是有差异的。如工业纯铝，其晶粒内的电位比晶界的电位高，由此在电解质溶液中因形成晶界为阳极的微电池而产生局部腐蚀，如图 2-7(b) 所示。此外，金属及合金凝固时产生的偏析引起组织上的不均匀也能形成微电池腐蚀。

3) 金属表面物理状态的不均匀

金属在机械加工过程中，由于各部位变形不均匀、受力不均匀，受力较大和应力集中的部位成为阳极，易遭受腐蚀。例如，一般在铁管弯曲处容易发生腐蚀，如图 2-7(c) 所示。

4) 金属表面膜的不完整

若金属表面存在覆膜不完整、表面镀层有孔隙等缺陷，则孔隙下或破损处相对于表面膜来说，在接触电解质时具有较负的电极电位，成为微电池的阳极，孔隙下的金属为阳极，如图 2-7(d) 所示。

实际上要想使整个金属表面的物理性质和化学性质、金属各部位所接触介质的物理性质

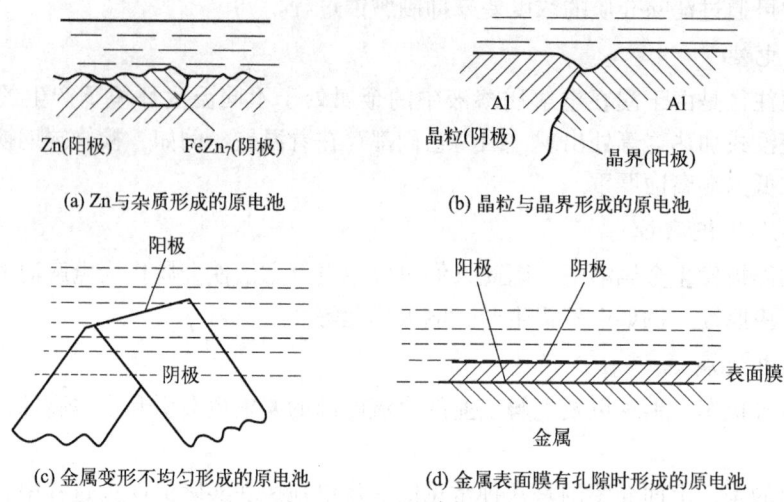

(a) Zn与杂质形成的原电池　　(b) 晶粒与晶界形成的原电池

(c) 金属变形不均匀形成的原电池　　(d) 金属表面膜有孔隙时形成的原电池

图 2-7　金属组织、表面状态等不均匀所导致的微观电池

和化学性质完全相同，金属表面各点的电极电位完全相等是不可能的。由于上述各种因素使得金属表面的物理性质和化学性质存在差异，使金属表面各部位的电位不相等，统称为电化学不均匀性，它是形成微电池腐蚀的基本原因。

综上所述，腐蚀电池是研究各种腐蚀类型和腐蚀破坏形态的基础。研究腐蚀电池的类型对判断腐蚀的形态具有一定的意义。通常，宏观电池的腐蚀形态是局部腐蚀，腐蚀破坏主要集中在阳极区。微观电池如果阴、阳极位置不断变化，腐蚀形态是全面腐蚀；如果固定不变，腐蚀形态是局部腐蚀。

第三节　电极电位

金属的电化学腐蚀，从本质上来说是由金属本身固有的性质与环境介质条件决定的。而金属的电极电位是金属本身最重要的性质，因此了解电极电位、平衡电极电位和非平衡电极电位等概念，并且了解它们与金属发生腐蚀倾向之间的关系就显得非常重要。

一、电极电位的基本概念

1. 电极

在多数情况下仅指组成电极系统的电子导体相或电子导体材料，如工作电极、辅助电极等，以及铂电极、石墨电极、铁电极。在少数场合下说到某种电极时，指的是电极反应或整个电极系统而不只是电子导体材料。

2. 电极系统

如果一个系统由两个相组成，其中一个相是电子导体相，另一个相是离子导体相，而且在这个系统中有电荷从一个相通过两个相的界面转移到另一个相，这个系统就称为电极系统。

3. 电极反应

在电极系统中伴随着两个非同类导体之间的电荷转移而在两相界面上发生的化学反应，

称为电极反应。

4. 电位

根据静电场理论，某一点的电位是指把单位正电荷从无穷远处移到该处所做的电功。

5. 电极电位

电极电位是金属电位与溶液电位之差。根据电学理论，金属电位和溶液电位是当单位正电荷从无穷远处移入金属相内或溶液相内所做的功。由于不存在脱离物质的电荷，所以电荷移入物质相内时，所做的功既有电功，又有化学功。化学功只与化学位有关，而考虑电功的化学位与电化学位有关。

二、双电层与电极电位

任何一种金属与电解质溶液接触时，在金属和溶液界面可能发生带电粒子的转移，电荷从一相通过界面进入另一相，结果在两相中都会出现剩余电荷，并或多或少地集中在界面两侧，形成一边带正电一边带负电的"双电层"，可能出现离子双电层和吸附双电层两种情况。

1. 离子双电层

离子双电层是由正电性金属在含有正电性金属离子的溶液中形成的。例如铜在铜盐溶液中、汞在汞盐溶液中、铂在铂盐溶液中形成的双电层均属于此种形式。

(1) 金属表面带负电荷，溶液带正电荷。

金属表面的金属正离子，由于受到溶液中极性分子的水化作用，克服了金属晶体中原子间的结合力而进入溶液被水化，成为水化阳离子。产生的电子积存在金属表面成为剩余电荷。剩余电荷使金属带有负电性，而水化的金属正离子使溶液带有正电性。由于它们之间存在静电引力作用，金属水化阳离子只在金属表面附近移动，出现一个动平衡过程，构成了一个相对稳定的双电层，如图2-8(a)所示。许多负电性强的金属，如锌、镉、镁、铁等在酸、碱、盐的溶液中都会形成这种类型的双电层。

(2) 金属表面带正电荷，溶液带负电荷。

电解质溶液与金属表面相互作用，如不能克服金属晶体原子间的结合力，就不能使金属离子脱离金属。相反，电解质溶液中部分金属阳离子却沉积在金属表面，使金属带正电性，而紧靠金属的溶液层中积聚了过剩的阴离子，使溶液带负电性，这样就形成了双电层，如图2-8(b)所示。

2. 吸附双电层

以上两种离子双电层的形成都是由于作为带电粒子的金属离子在两相界面迁移引起的。而由于某种离子、极性分子或原子在金属表面的吸附还可形成另一种类型的双电层，称为吸附双电层。如金属在含有Cl^-的介质中，由于Cl^-吸附在表面后因静电作用又吸引了溶液中等量的正电荷，因此建立了如图2-8(c)所示的吸附双电层；极性分子吸附在界面上定向排列也能形成吸附双电层，如图2-8(d)所示。

综上所述，金属本身是电中性的，电解质溶液也是电中性的，但当金属以阳离子形式进入溶液、溶液中正离子沉积在金属表面、溶液中离子或分子被还原时，都将使金属表面与溶液的电中性遭到破坏，形成带异种电荷的双电层。

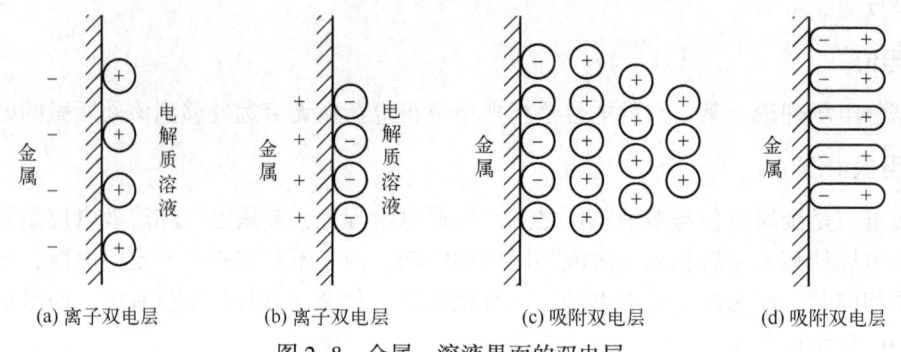

(a) 离子双电层　　(b) 离子双电层　　(c) 吸附双电层　　(d) 吸附双电层

图 2-8　金属—溶液界面的双电层

无论哪一类型双电层的建立，都将使金属与溶液之间产生电位差。通常称这样的一个金属—电解质溶液体系为电极，而将该体系中金属与溶液之间的电位差称为该电极的电极电位。当金属一侧带负电时，电极电位为负值；当金属一侧带正电时，电极电位为正值。电极电位的大小是由双电层上金属表面的电荷密度决定的。它与很多因素有关，首先取决于金属的化学性质，此外金属晶格的结构、金属表面状态与温度，以及溶液中金属离子的浓度等都会影响电极电位。

三、平衡、非平衡电极电位与参比电极

1. 平衡电极电位

由上述可知，当金属电极浸入含有自身离子的盐溶液中时，参与物质迁移的是同一种金属离子，由于金属离子在两相间的迁移，将导致金属/电解质溶液界面上双电层的建立，对应的电极过程为

$$M^{n+} \cdot ne + mH_2O \rightleftharpoons M^{n+} \cdot mH_2O + ne \tag{2-20}$$

式中　$M^{n+} \cdot ne$——金属晶格中的金属离子；

　　　$M^{n+} \cdot mH_2O$——溶液中的金属离子。

当这一电极过程达到平衡时，电荷从金属向溶液迁移的速度和从溶液向金属迁移的速度相等，同时，物质从金属向溶液迁移的速度和从溶液向金属迁移的速度也相等，即不但电荷是平衡的，物质也是平衡的。此时，在金属和溶液界面建立一个稳定的双电层，即不随时间变化的电极电位，称为金属的平衡电极电位（E_e），也称为可逆电位。

宏观上平衡电极是一个没有净反应的电极，反应速度为零，但在各种因素的影响下，电极过程的平衡将会发生移动。例如，在式（2-20）中，如果溶液中的金属离子或留在金属上的电子被移走（或被用于进行别的反应），则上述平衡被破坏而不断向右移动，结果金属开始腐蚀。

2. 标准电极电位

如果上述平衡建立在标准状态下，即纯金属、纯气体、气体分压为 1.01325×10^5 Pa（1atm）、温度为 298K（25℃），溶液中含该种金属的离子活度为单位活度 1，则得到的金属的平衡电极电位为标准电极电位（E^0）。

电极电位的绝对值至今无法直接测出，也无必要。只需用相比较的方法测出相对的电极

电位就够了。比较测定法就像测定地势高度时用海平面的高度作为比较标准一样，可以用一个电位很稳定的电极作基准（称为参比电极）来测量任一电极的电极电位相对值。目前测定电极电位采用标准氢电极作为比较标准。

标准氢电极是把镀有一层铂黑的铂片放在氢离子为单位活度的盐酸溶液中，在25℃时不断通入压力为 $1.01325×10^5 Pa$ 的氢气，氢气被铂片吸附，并与盐酸中氢离子建立平衡：

$$H_2 \rightleftharpoons 2H^+ + 2e$$

这时，吸附氢气达到饱和的铂和氢离子为单位活度的盐酸溶液间所产生的电位差称为标准氢电极的电极电位。规定标准氢电极的电极电位为零，即 $E^0_{H^+/H_2} = 0.000V$。在这里，铂是惰性电极，起导电和作为氢电极载体的作用，本身不参加反应。

需要说明的是，不仅金属铂能够吸附氢形成氢电极，其他许多金属或能导电的非金属材料也能吸附氢形成氢电极。此外，被吸附的气体除了氢外，还可以是氧、氯等，并形成相应的氧电极、氯电极。

测定电极电位的装置如图 2-9 所示。将被测电极与标准氢电极组成原电池，用电位差计测出该电池的电动势，即可求得该金属电极的电极电位。

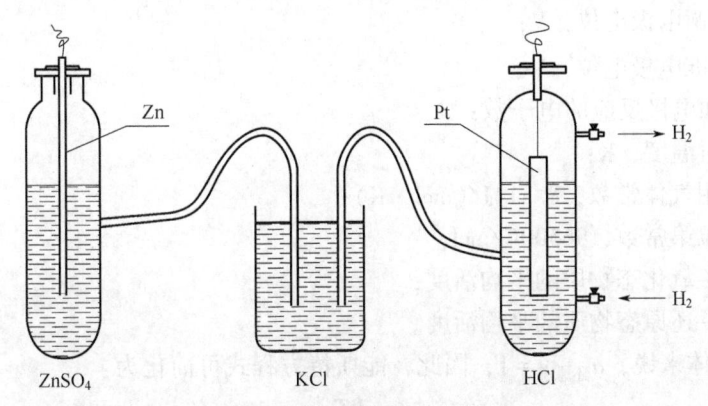

图 2-9　测定电极电位的装置

如测定标准锌电极的电极电位，是将纯锌浸入锌离子为单位活度的溶液中，与标准氢电极组成原电池，测得该电池的电动势为0.763V，因为对于氢电极而言，锌为负极，而标准氢电极的电位为零，所以标准锌电极的电极电位为-0.763V。表 2-2 列出了一些电极的标准电极电位值。此表是按照纯金属的标准电极电位值由小到大的顺序排列的，所以叫标准电极电位序表，简称电动序。

表 2-2　金属在 25℃时标准电极电位

电极反应	电位/V	电极反应	电位/V
$K \rightleftharpoons K^+ + e$	-2.92	$2H^+ + 2e \rightleftharpoons H_2$	0.000（参比用）
$Na \rightleftharpoons Na^+ + e$	-2.71	$Sn^{4+} + 2e \rightleftharpoons Sn^{2+}$	0.154
$Mg \rightleftharpoons Mg^{2+} + 2e$	-2.36	$Cu \rightleftharpoons Cu^{2+} + 2e$	0.337
$Al \rightleftharpoons Al^{3+} + 3e$	-1.66	$O_2 + 2H_2O + 4e \rightleftharpoons 4OH^-$ （pH=14）	0.401
$Zn \rightleftharpoons Zn^{2+} + 2e$	-0.763	$Fe^{3+} + e \rightleftharpoons Fe^{2+}$	0.771
$Cr \rightleftharpoons Cr^{3+} + 3e$	-0.740	$Hg \rightleftharpoons Hg^{2+} + 2e$	0.789

续表

电极反应	电位/V	电极反应	电位/V
$Fe \rightleftharpoons Fe^{2+}+2e$	-0.440	$Ag \rightleftharpoons Ag^{+}+e$	0.799
$Cd \rightleftharpoons Cd^{2+}+2e$	-0.402	$O_2+2H_2O+4e \rightleftharpoons 4OH^{-}$ (pH=7)	0.813
$Co \rightleftharpoons Co^{2+}+2e$	-0.277	$Pd \rightleftharpoons Pd^{2+}+2e$	0.987
$Ni \rightleftharpoons Ni^{2+}+2e$	-0.250	$O_2+4H^{+}+4e \rightleftharpoons 2H_2O$ (pH=0)	1.23
$Sn \rightleftharpoons Sn^{2+}+2e$	-0.136	$Pt \rightleftharpoons Pt^{2+}+2e$	1.19
$Pb \rightleftharpoons Pb^{2+}+2e$	-0.126	$Au \rightleftharpoons Au^{3+}+3e$	1.50

3. 能斯特方程式

若一个电极体系的平衡不是建立在标准状态下，要确定该电极的平衡电位，则可以利用能斯特（Nernst）方程式来进行计算，即

$$E_e = E^0 + \frac{RT}{nF} \ln \frac{a_{氧化态}}{a_{还原态}} \tag{2-21}$$

式中 E_e——平衡电极电位，V；

E^0——标准电极电位，V；

n——参加电极反应的电子数；

T——绝对温度，K；

R——通用气体常数，8.314J/(mol·K)；

F——法拉第常数，96500C/mol；

$a_{氧化态}$——氧化态物质的平均活度；

$a_{还原态}$——还原态物质的平均活度。

对于金属固体来说，$a_{还原态}=1$，因此，能斯特方程式可简化为：

$$E_e = E^0 + \frac{RT}{nF} \ln a_{M^{n+}} \tag{2-22}$$

式中 $a_{M^{n+}}$——氧化态物质即金属离子的平均活度。

当体系处在常温下（$T=298K$）时，对于金属与离子组成的电极，金属离子的平均活度（$a_{M^{n+}}$）近似地以物质的量浓度（$c_{M^{n+}}$）来表示，则又可简化为：

$$E_e = E^0 + \frac{0.059}{n} \lg c_{M^{n+}} \tag{2-23}$$

4. 非平衡电极电位

在实际腐蚀问题中，经常遇到的是非平衡电极电位。非平衡电极电位是针对不可逆电极而言的，即电极上同时存在两个或两个以上不同物质参加的电化学反应。假如金属在溶液中除了有自身的离子外，还有别的离子或原子也参加电极过程，则在电极上失电子是一个电极过程完成的，而获得电子靠的是另一个电极过程。

如锌在盐酸中的腐蚀至少包含下列两个不同的电极反应：

阳极反应 $\quad Zn \longrightarrow Zn^{2+}+2e$

阴极反应 $\quad 2H^{+}+2e \longrightarrow H_2 \uparrow$

这两个反应同时在电极上进行。此时电极反应是不可逆的，电极上不可能出现物质与电荷都达到平衡的情况。

若在电极系统反应中电荷和物质均未达到平衡，电荷交换无恒定值，也无恒定电位，这种电位称为非稳态电位。如果在一个电极表面同时进行两个不同物质的氧化、还原反应，但仅有电量的平衡，而无物质的平衡，此时的电位称为稳态电位。

非平衡电极电位不服从能斯特方程式，只能用实测的方法获得，见表2-3。

表2-3 一些金属在三种介质中的非平衡电极电位　　　　　　　　　　　　单位：V

金属	3%（质量分数）NaCl溶液	0.05mol/L Na$_2$SO$_4$	0.05mol/L Na$_2$SO$_4$+H$_2$S	金属	3%（质量分数）NaCl溶液	0.05mol/L Na$_2$SO$_4$	0.05mol/L Na$_2$SO$_4$+H$_2$S
镁	-1.6	-1.36	-1.65	镍	-0.02	+0.035	-0.21
铝	-0.6	-0.47	-0.23	铅	-0.26	-0.26	-0.29
锰	-0.91	—	—	锡	-0.25	-0.17	-0.14
锌	-0.83	-0.81	-0.84	锑	-0.09	—	—
铬	0.23	—	—	铋	-0.18	—	—
铁	-0.5	-0.5	-0.5	铜	+0.05	+0.24	-0.51
镉	-0.52	—	—	银	+0.2	+0.31	-0.27
钴	-0.45						

5. 参比电极

在实际的电位测定中，标准氢电极往往由于条件的限制，制作和使用都不方便，因此实践中广泛使用别的电极作为参比电极，如甘汞电极、银—氯化银电极、铜—硫酸铜电极等。因介质不同，往往采用不同的参比电极，例如铜—硫酸铜电极可用于海水、淡水和土壤中阴极保护现场的电位测量；银—氯化银电极主要用于船舶、钢桩码头等海洋结构的阴极保护；甘汞电极的电位十分稳定，主要用于实验室中电位的测量和校对现场测量。常用的参比电极在25℃时相对于标准氢电极的电位值，见表2-4。

表2-4 几种参比电极的电极电位

参比电极	饱和甘汞电极	1mol/L甘汞电极	0.01mol/L甘汞电极	Ag-AgCl电极	Cu-CuSO$_4$电极
电极电位/V	+0.2415	+0.2820	+0.3337	+0.2222	+0.3160

用这些参比电极测得的电位值要进行换算，即用待测电极相对这一参比电极的电位，加上这一参比电极相对于标准氢电极的电位，即可得待测电极相对于标准氢电极的电位值。

例如，要把金属相对于饱和甘汞电极的电位换算成相对于标准氢电极的电位，可利用下式计算：

$$E_氢 = 0.2415 + E_{甘汞} \tag{2-24}$$

式中　$E_氢$——金属相对于标准氢电极的电位；

　　　$E_{甘汞}$——金属相对于饱和甘汞电极的电位。

四、腐蚀倾向的判断

1. 利用标准电极电位判断金属的腐蚀倾向

在一个电极体系中，若同时进行着两个电极反应，则电位较负的电极进行氧化反应，电位较正的电极进行还原反应。对照表2-2，应用这一规则可以初步预测金属的腐蚀倾向。

凡金属的标准电极电位比氢的标准电极电位更负时，它在酸溶液中会腐蚀，如锌在酸中会受腐蚀：

$$Zn+H_2SO_4(稀) \longrightarrow ZnSO_4+H_2\uparrow \quad (E^0_{H^+/H_2} 比 E^0_{Zn^{2+}/Zn} 更正)$$

铜和银的电位比氢正，所以在酸溶液中不腐蚀，但酸中存在溶解氧时，就可能产生氧化还原反应，铜和银将自发腐蚀。铜的反应式如下：

$$2Cu+2H_2SO_4(稀)+O_2 \longrightarrow 2CuSO_4+2H_2O \quad (E_{O_2/H_2O} 比 E_{Cu^{2+}/Cu} 更正)$$

表2-2中最下端的金属如金和铂是非常不活泼的，除非有极强的氧化剂存在，否则它们不会被腐蚀。

电动序是标准电极电位表，运用电动序只能预测标准状态下腐蚀体系的反应方向（或倾向）。如果反应体系偏离平衡状态较大（如浓度、温度、压力变化很大），用电动序来判断可能会得出相反结论。但电动序一般来说不会有太大的变动，因为浓度变化对电极电位的影响并不很大。例如对于一价的金属，当浓度变化10倍时，电极电位值变化仅为0.059V（25℃）。对于二价金属，浓度变化10倍，电极电位的变化更小，为 $1/2\times0.059V$。所以利用标准电极电位表来初步地判断金属的腐蚀倾向是相当方便的。

2. 利用能斯特方程式判断金属的腐蚀倾向

对于非标准状态下的平衡体系，在预测腐蚀倾向前必须先按能斯特方程式进行计算。能斯特方程式反映了浓度、温度、压力对电极电位的影响，判断结果比较准确，其判断方法与用标准电极电位判断金属腐蚀倾向相同。

3. 利用非平衡电极电位判断金属的腐蚀倾向

在实际的腐蚀体系中，遇到平衡电极体系的例子是极少的，大多数的腐蚀是在非平衡电极体系中进行的。这样就不能用金属的标准电极电位和平衡电极电位来判断金属的腐蚀倾向。用金属的标准电极电位判断金属的腐蚀倾向是非常粗略的，有时甚至会得到相反的结论，因为实际金属在腐蚀介质中的电位序不一定与标准电极电位序相同，主要原因有三点：（1）实际使用的金属不是纯金属，多为合金；（2）通常情况下，大多数金属表面上有一层氧化膜，并不是裸露的纯金属；（3）腐蚀介质中金属离子的浓度不是1mol/L，与标准电极电位的条件不同。例如在热力学上Al比Zn活泼，但实际上Al在大气条件下因易于生成具有保护性的氧化膜而比Zn更稳定。所以，严格来说，不宜用金属的标准或平衡电极电位判断金属的腐蚀倾向，而要用金属或合金在一定条件下测得的稳定电位的相对大小判断金属的电化学腐蚀倾向。

第四节 极化与去极化

腐蚀电池的电动势越大，腐蚀的可能性也越大。但电动势越大，并不等于腐蚀速率越大。比如，地势不同使水存在下落的可能，但下落的速度以及会不会发生下落与水流途径有无阻碍有关。因此除了要研究腐蚀发生的可能性外，还要研究腐蚀速率等因素。

一、极化现象

由于电极上有电流通过而造成电位变化的现象称为极化现象。因为电流通过而产生电极

电位偏离起始电位 $E_{(i=0)}$ 的变化值，用过电位或超电位 η 来表示，$\eta=E_i-E_{(i=0)}$。

腐蚀电池由于通过电流而引起两极间电位差减小，并引起电流强度降低的现象，称为电池的极化作用。若通过电流时阳极电位向正方向移动，称为阳极极化，若通过电流时阴极电位向负方向移动，称为阴极极化，如图 2-10 所示。

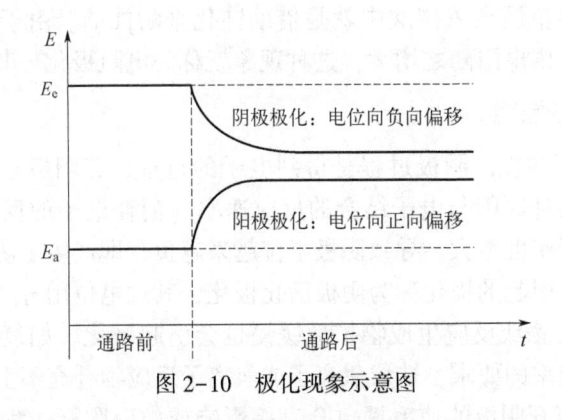

图 2-10 极化现象示意图

无论是阳极极化还是阴极极化，都能使腐蚀电池两极间的电位差减少，导致腐蚀电池所流过的电流减少，所以极化是阻滞金属腐蚀的重要因素之一。假如没有极化作用，金属电化学腐蚀的速率将要大得多，这对金属设备和材料的破坏将更为严重。对于防腐蚀而言，极化是有利的。因此，探讨极化作用的原因及其影响因素，对于金属腐蚀问题的研究具有重大意义。

二、极化的原因

一个电极反应过程的进行包括三个互相衔接的步骤：
（1）参加反应的物质由溶液内部向电极表面附近液层传递。
（2）反应物质在电极与溶液界面上进行氧化还原反应，得失电子。
（3）反应产物转入稳定状态。

电极反应的速率由以上三个过程控制，任何一个过程变慢都会影响反应速率。根据受阻情况不同，可以将电极极化的原因归结为以下三种：
（1）由于电极上电化学反应速率缓慢而引起的极化，称为电化学极化（活化极化）。
（2）由于反应物质或反应产物传递太慢而引起的极化，称为浓差极化。
（3）由于电极表面生成了高阻氧化物或溶液电阻增大等因素使电流的阻力增大而引起的极化，称为电阻极化。

1. 产生阳极极化的原因

（1）阳极过程进行缓慢。阳极过程是金属失去电子而溶解成水化离子的过程。在腐蚀电池中金属失掉的电子迅速地由阳极流到阴极，但一般金属的溶解速率跟不上电子的转移速率，即 $V_{电子}>V_{金属溶解}$，这必然使双电层平衡遭到破坏，使双电层内层电子密度减少，所以阳极电位向正方向偏移，产生阳极极化。这种由于阳极反应过程进行缓慢而引起的极化称为金属的活化极化，又称电化学极化，其过电位用 η_a 表示。

（2）阳极表面的金属离子浓度升高，阻碍金属的继续溶解。由于阳极表面金属离子扩散缓慢，会使阳极表面的金属离子浓度升高，阻碍金属的继续溶解。如果近似认为它是一个平衡电极的话，则由能斯特方程式可知，金属离子浓度升高必然使金属的电位向正方向移动，产生阳极极化，这种极化称为浓差极化，其过电位用 η_c 表示。

（3）金属表面生成保护膜。在腐蚀过程中，由于在金属表面生成了保护膜，阳极过程受到膜的阻碍，金属的腐蚀速率大幅降低，结果使阳极电位向正方向剧烈变化，这种现象称为钝化。铝和不锈钢等金属在浓硝酸中就是借助钝化来耐蚀的。由于金属表面保护膜的产生，使得电池系统中的内电阻随之增大，这种现象就称为电阻极化，其过电位用 η_r 表示。

2. 产生阴极极化的原因

（1）阴极过程进行缓慢。阴极过程是得到电子的过程，若阳极过来的电子过多，阴极接受电子的物质由于某种原因与电子结合的反应速率（消耗电子的反应速率）缓慢，使阴极处有电子堆积，电子密度增大，导致阴极电位越来越负，即产生了阴极极化。这种由于阴极消耗电子过程缓慢所引起的极化称为阴极活化极化，其过电位用 η_a 表示。

（2）阴极附近反应物或反应生成物扩散缓慢也会引起极化。如氧离子或氢离子到达阴极的速率达不到反应速率的要求，造成氧离子或氢离子反应物补充不上去而引起的极化；又如阴极反应产物 OH^- 离开阴极的速率慢也会直接影响或妨碍阴极过程的进行，使阴极电位向负方向偏移，这种极化称为浓差极化，其过电位用 η_c 表示。

在实际腐蚀问题中，因条件不同，可能是某种或某几种极化对腐蚀起控制作用，故总极化电位 η 是由电化学极化、浓差极化和电阻极化共同作用的结果，表示为：

$$\eta = \eta_a + \eta_c + \eta_r \tag{2-25}$$

三、极化曲线

表示电极电位和电流之间关系的曲线称为极化曲线。表示阳极电位和电流之间关系的曲线称为阳极极化曲线；表示阴极电位和电流之间关系的曲线称为阴极极化曲线。极化曲线的形状和变化规律反映了电化学过程的动力学特征，通常极化曲线通过实测方法得到，如图 2-11 所示。

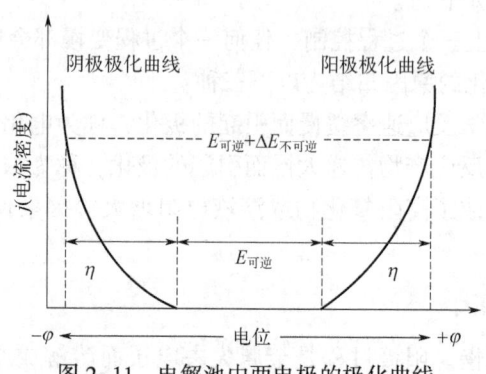

图 2-11 电解池中两电极的极化曲线

极化曲线又可分为表观极化曲线和理论极化曲线两种。表观极化曲线表示通过外电流时电位与电流的关系，又称实测的极化曲线，它可借助参比电极实测出来，如图 2-12 所示。理论极化曲线表示在腐蚀电池中局部阴极和局部阳极的电流和电位之间的变化关系。在实际腐蚀中，有时局部阴极和局部阳极很难分开，或根本无法分开，所以理论极化曲线有时是无法得到的。

一个任意电极实测的表观极化曲线均可分解成两个局部极化曲线,即阳极极化曲线和阴极极化曲线。下面以 Fe 在 HCl 溶液中的实测极化曲线进行说明。

图 2-13 表示了 Fe 在 HCl 溶液中的实测极化曲线 cwrjb,可分解成:

(1) cwqo 的 I_c-E 阴极极化曲线。

阴极反应: $$2H^+ + 2e \longrightarrow H_2$$

(2) apjb 的 I_a-E 阳极极化曲线。

阳极反应: $$Fe \longrightarrow Fe^{2+} + 2e$$

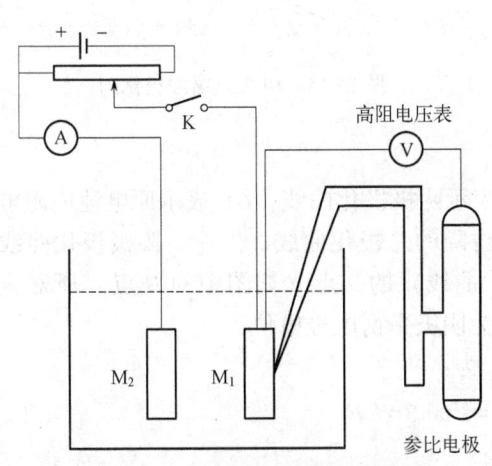

图 2-12 用参比电极测极化曲线

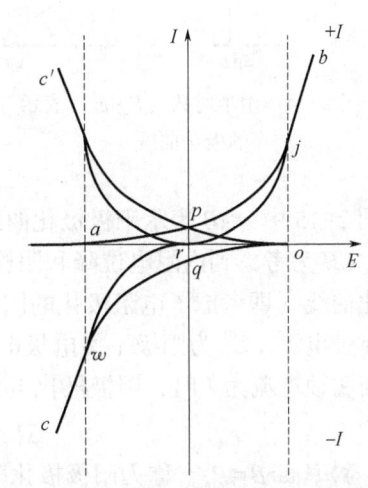

图 2-13 Fe 在 HCl 溶液中的实测极化曲线

若电流用绝对值表示,即相当于将图 2-13 中横坐标的下部曲线沿电位 E 轴翻转 180°,两条极化曲线的交点 p 的横、纵坐标分别表示腐蚀电位值(E_{corr})和腐蚀电流值(I_{corr})。

将待研究试样接在电源正极上,可测得阳极极化曲线;将其接在电源负极上,可测得阴极极化曲线。形成腐蚀电池时,电极是阳极极化还是阴极极化要根据通过该电极的电流来决定。

图 2-14 是用半对数(E-lg$i$)表示的极化曲线。由该图可见,无论是阳极极化曲线还是阴极极化曲线,在远离腐蚀电位 E_{corr}(即超过约 50mV 以上)处均与实测的极化曲线基本重合,其过电位与通过电极电流密度 i 之间呈线性关系:

$$\eta = a + b\lg i \tag{2-26}$$

此线性关系称为塔费尔(Tafel)关系,可以借助实测得到的阴极极化曲线或阳极极化曲线,通过塔费尔关系预测出腐蚀电流 I_{corr} 和腐蚀电位 E_{corr}。

四、腐蚀极化图及应用

1. 伊文思腐蚀极化图

为了研究金属腐蚀,伊文思在不考虑电极电位及电流变化具体过程的前提下,只从极化性能相对大小、电位和电流的状态出发,依据电荷守恒定律和完整的原电池中电极是串联于电流回路中,电流流经阴极、电解质溶液、阳极,其电流强度应相等的原理,提出了如图 2-15 所示的腐蚀图,称为伊文思腐蚀极化图。

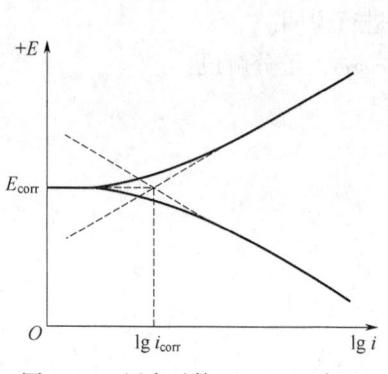

图 2-14 用半对数（E-lg$i$）表示的极化曲线

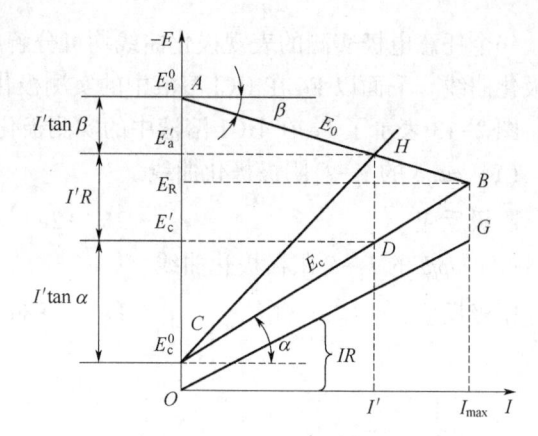

图 2-15 伊文思腐蚀极化图

图 2-15 中，AB 表示阳极极化曲线，BC 表示阴极极化曲线，OG 表示原电池内阻电位降曲线，CH 为考虑到内阻电位降和阴极极化电位降的总极化曲线。图中，阳极极化曲线和阴极极化曲线（即考虑了电阻极化的阴极总极化曲线）的交点（如图中的 H 点）所对应的电流为腐蚀电流。E_a^0 为阳极平衡电极电位；E_c^0 为阴极平衡电极电位。

当腐蚀电流为 I' 时，阳极极化电位降 ΔE_a 为：

$$\Delta E_a = E_a' - E_a^0 = I'\tan\beta = I'P_a \tag{2-27}$$

式中，斜率 $\tan\beta = P_a$，称为阳极极化率。

此时，阴极极化电位降 ΔE_c 为：

$$\Delta E_c = E_c' - E_c^0 = I'\tan\alpha = I'P_c \tag{2-28}$$

式中，斜率 $\tan\alpha = P_c$，称为阴极极化率。因此有：

$$P_a = \frac{\Delta E_a}{I'}, P_c = \frac{\Delta E_c}{I'}$$

电阻电位降 $E_a' - E_c'$ 为 ΔE_r：

$$\Delta E_r = I'R \tag{2-29}$$

对于原电池 $R \neq 0$ 的电池回路（图 2-15 中 AHC 线），存在阳极极化、阴极极化和电阻电位降三种电流阻力。其总电位降为 $E_c^0 - E_a^0$：

$$E_c^0 - E_a^0 = I'\tan\beta + I'\tan\alpha + I'R = I'P_a + I'P_c + I'R$$

则

$$I' = \frac{E_c^0 - E_a^0}{P_a + P_c + R} \tag{2-30}$$

上式表明，腐蚀电池的初始电位差（$E_c^0 - E_a^0$）、系统的电阻（R）和电极的极化性能将影响腐蚀电流（I'）的大小。

当 $R = 0$，即忽略了溶液的电阻电位降（一般指短路电池）时，腐蚀电流可用下式表示：

$$I_{corr} = I_{max} = \frac{E_c^0 - E_a^0}{P_a + P_c} \tag{2-31}$$

即阳极极化与阴极极化控制直线交于一点 B，B 点对应的电流（I_{max}）为腐蚀电流（I_{corr}），对应的电位 E_R 为腐蚀电位（E_{corr}）。

2. 腐蚀控制因素

由式(2-30)可知，腐蚀电池的腐蚀电流大小取决于四个因素：初始电位差（$E_c^0-E_a^0$）、电阻R、阳极极化率P_a和阴极极化率P_c。当不同的因素占主导地位时，可能有以下四种控制方式：阳极控制、阴极控制、混合控制和欧姆控制。

当忽略电阻时，如果$P_a \gg P_c$，腐蚀电流的大小将取决于P_a值，即取决于阳极极化性能，称为阳极控制，在这种状况下，腐蚀电位（E_{corr}）更靠近阴极电极电位，如图2-16(a)所示。

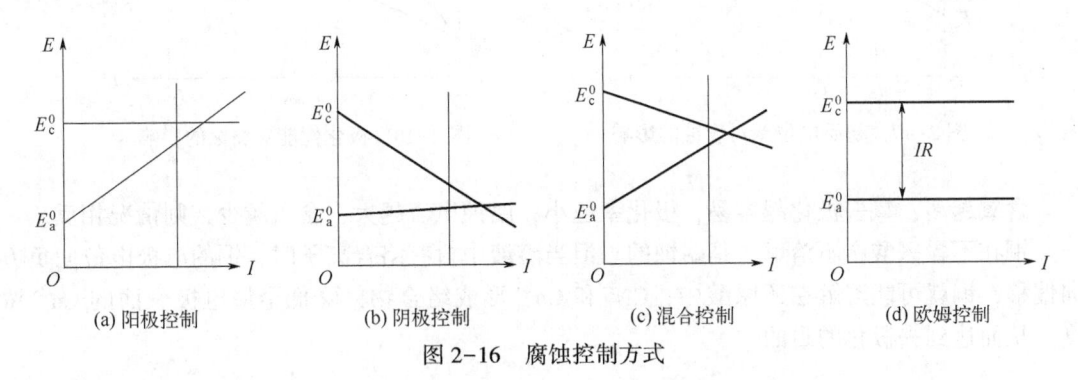

(a) 阳极控制　　(b) 阴极控制　　(c) 混合控制　　(d) 欧姆控制

图2-16　腐蚀控制方式

当忽略电阻时，如果$P_c \gg P_a$，为阴极控制，在这种状况下，腐蚀电位（E_{corr}）更靠近阳极电极电位，如图2-16(b)所示。

当忽略电阻时，如果$P_c = P_a$，为混合控制，腐蚀电流受两个电极极化率共同制约，如图2-16(c)所示。

当R值很大时，腐蚀受到电阻控制，即欧姆控制，如图2-16(d)所示。

3. 腐蚀极化图的应用

通过腐蚀极化图可以分析金属在不同情况下的腐蚀速率等状况。

(1) 初始电位差对腐蚀的影响。

阴极与阳极初始电位差越大，腐蚀电流就越大，即腐蚀电池的初始电位差是腐蚀的驱动力，如图2-17所示。

(2) 极化性能对腐蚀的影响。

当初始电位（E_a^0，E_c^0）一定时，电极极化率越大，则腐蚀电流越小，反之亦然，极化性能明显影响腐蚀速率，如图2-18所示。

(3) 过电位对腐蚀的影响。

某一极化电流密度下的电极电位与其平衡电极电位之差的绝对值称为该电极电位的过电位。过电位越大，意味着电极过程阻力越大。过电位越大，腐蚀电流越小，这对活化腐蚀是相当重要的。

(4) 含氧量及络合离子对腐蚀的影响。

铜不溶于还原酸而溶于含氧酸或氧化性酸，这是由于铜的平衡电极电位（铜的氢标电位为+0.337V）高于氢的平衡电极电位，不能形成氢阴极，然而氧的平衡电极电位（氧的氢标电位为+1.229V）高于铜的平衡电极电位，可以成为铜的阴极，组成腐蚀电池。

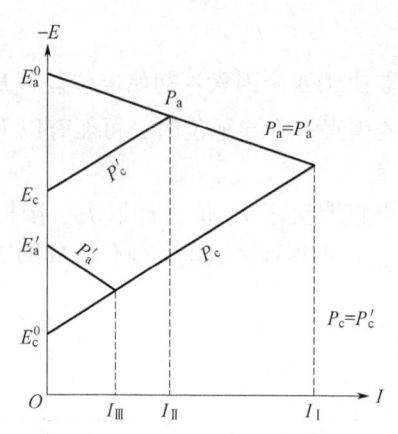

图 2-17　初始电位差对腐蚀的影响 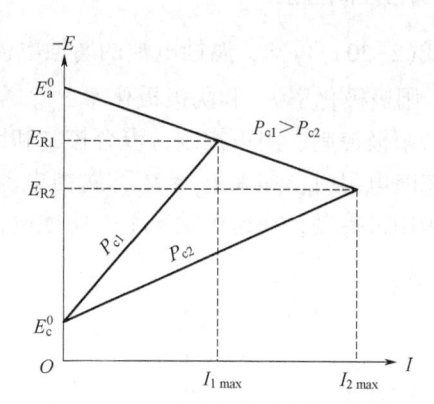　　　　图 2-18　极化性能对腐蚀的影响

含氧越多，氧去极化越容易，极化率越小，腐蚀电流越大；含氧越少，则情况相反。

铜在不含氧酸中不溶解，是耐蚀的。但当溶液中含有络合离子时，铜的电极电位向负方向偏移，铜就可能溶解在还原酸中，CN^- 和 Cu^{2+} 形成络合物，降低金属电极表面的 Cu^{2+} 浓度，从而达到去极化的目的。

五、金属的去极化

与极化相反，凡是能消除或降低极化所造成的原电池阻滞作用的过程均称为去极化，能够起到去极化作用的物质称为去极化剂。去极化剂是活化剂，它起到加速腐蚀的作用。对腐蚀原电池阳极起去极化作用的过程称为阳极去极化；对阴极起去极化作用的过程称为阴极去极化。

1. 去极化的原因

1）阳极去极化的原因

（1）阳极钝化膜被破坏。例如，Cl^- 能穿透钝化膜，引起钝化膜的破坏，使活化增加，实现阳极去极化。

（2）阳极产物金属离子加速离开金属/溶液界面，或者一些物质与金属离子形成络合物，均会使金属表面离子浓度降低。由于浓度降低，加速了金属的进一步溶解，如铜及铜合金的铜氨络合离子促进了铜的溶解，使腐蚀加速。由此可见，络合起到了去极化作用。

2）阴极去极化的原因

（1）阴极积累的负电荷得到释放。所有能在阴极获得电子的过程都能使阴极去极化，使阴极电位向正方向变化。阴极上的还原反应是去极化反应，是消耗阴极电荷的反应，有以下几种类型：离子还原；中性分子的还原；不溶性膜（氧化物）的还原。其中，最常见、最重要的是氢离子和氧原子（或分子）的还原，通常称为氢去极化和氧去极化。

（2）采取某些措施可使去极化剂容易到达阴极以及使阴极反应产物容易迅速离开阴极，如搅拌、加络合剂可使阴极过程进行得更快。

2. 氢去极化与析氢腐蚀

溶液中的氢离子作为去极剂，在阴极接受电子，促使金属阳极溶解过程持续进行引起的金属腐蚀，称为氢去极化腐蚀或析氢腐蚀。碳钢、铸铁、锌、铝、不锈钢等金属和合金在酸性介质中常发生这种腐蚀。

1) 析氢腐蚀发生的条件

金属发生析氢腐蚀时，阴极上将进行如下反应：
$$2H^+ + 2e \rightleftharpoons H_2$$

由反应式可知，当电极电位比氢的平衡电位（$E_{e \cdot H}$）略负时，上式的平衡就由左向右移动，发生 H^+ 放电，逸出 H_2；当电极电位比氢的平衡电位略正时，平衡将向左移动，H_2 转变为 H^+。假如金属阳极与作为阴极的氢电极组成腐蚀电池，则当金属的电势比电极平衡电势更低，金属与氢电极间存在一定的电位差时，腐蚀电池就开始工作，电子不断地从阳极输送到阴极，平衡被破坏，反应将向右移动，氢气不断地从阴极表面逸出。由此可见，只有当阳极的金属电位较氢电极的平衡电位低时，即 $E_M < E_{e \cdot H}$ 时，才可能发生析氢腐蚀。

例如，在 pH=7 的中性溶液中，氢电极的平衡电位可根据能斯特方程式进行计算：
$$E_{e \cdot H} = 0 + 0.059 \lg[H^+] = 0.059 \times (-7) = -0.413(V)$$

在该条件下，如果金属的阳极电位较 -0.413V 更负，那么产生析氢腐蚀是可能的。许多金属之所以在中性溶液中不发生析氢腐蚀，就是因为溶液中 H^+ 浓度太低，氢的平衡电位低，阳极电位高于氢的平衡电位。但是当选取电位更负的金属（如 Mg 及其合金）作阳极时，因为它们的电位比氢的平衡电位低，可以发生析氢腐蚀，甚至在碱性溶液中也可以发生析氢腐蚀。

显然，$E_M < E_{e \cdot H}$ 是发生析氢腐蚀的热力学条件。在析氢腐蚀有可能发生的前提下，能否真正发生则取决于析氢的阻力（即阴极析氢过程产生的极化）。

2) 析氢腐蚀的过程

析氢腐蚀属于阴极控制的腐蚀体系，氢离子在电极上还原的总反应如下：
$$2H^+ + 2e \longrightarrow H_2$$

该反应的最终产物是氢分子。由于两个氢离子直接在电极表面同一位置上同时放电的概率极小，因此反应的初始产物应该是氢原子而不是氢分子。考虑到氢原子的高度活泼性，可以认为在电化学步骤中首先生成吸附在电极表面的氢原子，然后吸附氢原子结合为氢分子，脱附并形成气泡析出。

(1) 氢在酸性溶液中的去极化过程。

一般认为在酸性溶液中，氢去极化过程是按下列几个连续步骤进行的。

① 水化 H^+ 向电极扩散并在电极表面脱水：
$$H^+ \cdot H_2O \longrightarrow H^+ + H_2O$$

② H^+ 与电极（M）表面的电子结合形成附着在电极表面的 H：
$$H^+ + M(e) \longrightarrow MH_{吸附}$$

③ 吸附 H 原子复合脱附：
$$MH_{吸附} + MH_{吸附} \longrightarrow H_2 \uparrow + 2M$$

或电化学脱附：
$$MH_{吸附} + H^+ + M(e) \longrightarrow H_2 \uparrow + 2M$$

④ 电极表面的氢气通过扩散，聚集成气泡逸出。

如果这四个步骤中有一步进行较迟缓，则会影响到其他步骤的进行。于是由阳极送来的电子就会积累在阴极，阴极电位将向负的方向移动。

(2) 氢在碱性溶液中的去极化过程。

在碱性溶液中，在电极上还原的不是 H^+，而是 H_2O，其阴极析氢过程的步骤如下。

① H_2O 到达电极，OH^- 离开电极。

② H_2O 在电极表面放电生成吸附于电极表面的氢原子：

$$H_2O \longrightarrow H^+ + OH^-$$
$$H^+ + M(e) \longrightarrow MH_{吸附}$$

③ 吸附 H 的复合脱附：

$$MH_{吸附} + MH_{吸附} \longrightarrow H_2\uparrow + 2M$$

或电化学脱附：

$$MH_{吸附} + H^+ + M(e) \longrightarrow H_2\uparrow + 2M$$

④ H_2 形成气泡逸出。

从酸性溶液与碱性溶液中析氢腐蚀的步骤可以看出：不管金属在哪种溶液中，对于大部分金属电极而言，第二个步骤即 H^+ 与电子结合的电化学步骤最缓慢，是控制步骤。除①②步骤外，后面步骤所发生的反应基本相同。

3) 析氢腐蚀的阴极极化曲线和氢超电位

氢电极在平衡电位下不能析出氢气。通常，在某一电流密度下，氢电极电位变负到一定的数值时，才能见到电极表面有氢气逸出，该电位称为氢的析出电位。在一定电位密度下，氢的析出电位与平衡电位之差，就叫氢的超电位。

图 2-19 是典型的析氢过程的阴极极化曲线，是在没有任何其他氧化剂存在，H^+ 作为唯一的去极化剂的情况下绘制而成的。它表明在氢的平衡电位 E_e 时没有氢析出，电流为零。只有当电位比 E_e 更低时才有氢析出，而且电位越低析出的氢越多，电流密度也越大。在一定的电流密度下，氢的平衡电位与析氢电位间的差值就是该电流密度下氢的超电位。

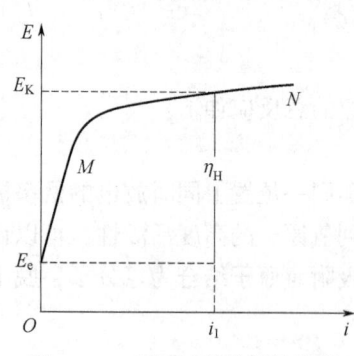

图 2-19 析氢过程的阴极极化

金属上产生氢超电压的现象对于金属腐蚀具有很重要的实际意义。在阴极上氢的超电压越大，氢去极化过程就越难进行，腐蚀速率也就越小。

4) 影响析氢腐蚀的因素

(1) 电流密度的影响。

η_H 与电流密度的关系如图 2-20 所示。由图可见，电流密度越大，η_H 越大。当电流密度达到一定程度时，η_H 与电流密度的对数之间呈直线关系：

$$\eta_H = a_H + b_H \lg i$$

式中，a_H、b_H 都是常数，常数 a_H 表示单位电流密度下的超电压，它与电极材料种类、表面状态、溶液的组成和浓度及温度有关；常数 b_H 与电极材料无关，大多数金属的洁净表面上，b_H 值很接近。

(2) 电极材料种类的影响。

不同的金属具有不同的 η_H，如图 2-21 所示。η_H 在 Pt、Pd、Au 上较小，在 Pt 上的超电压最小，即 H^+ 在 Pt 的表面最容易放电；在 Fe、Co、Ni、Cu、Ag 上的超电压居中；在 Zn、Bi、Hg、Sn、Pb 等金属上的超电压较大。

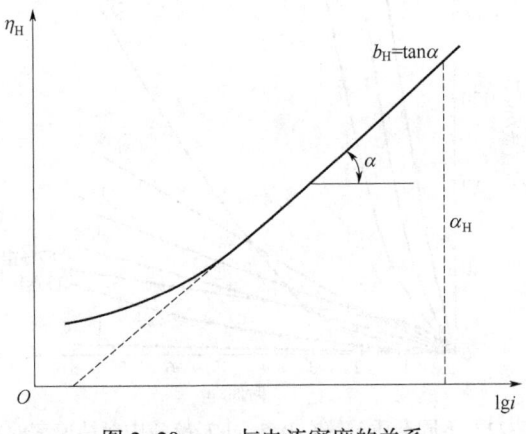

图 2-20 η_H 与电流密度的关系

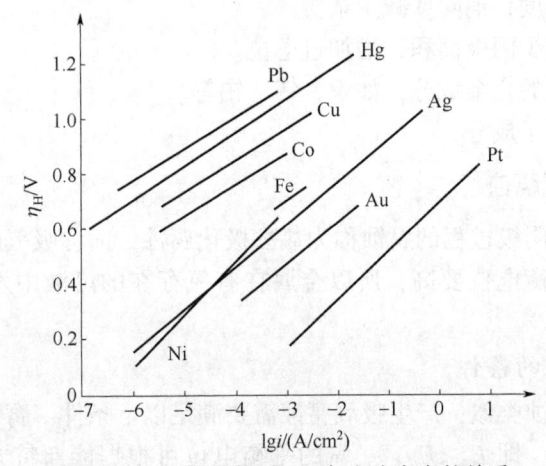

图 2-21 不同金属上的 η_H 与电流密度的关系

例如，纯的金属锌在硫酸溶液中溶解得很慢，但是如果其中含有氢超电压很小的杂质，那么就会加速锌的溶解；如果其中所含杂质具有较高的氢超电压，那么锌的溶解就显得慢得多。图 2-22 显示出不同杂质对锌在 0.5mol/L 硫酸中腐蚀速率的影响。

(3) 表面状态的影响。

对于相同的金属材料，粗糙表面上的 η_H 要比光滑表面上的 η_H 小，这是因为粗糙表面的有效面积比光滑表面的大，所以电流密度小，η_H 就小。

(4) 温度的影响。

温度增加，η_H 减小。温度每增高 1℃，η_H 约减小 2mV。

(5) 溶液 pH 值的影响。

一般在酸性溶液中，η_H 随 pH 值增加而增大，而在碱性溶液中，η_H 随 pH 值增加而减小。

5) 析氢腐蚀的控制途径

可利用下述方法提高氢过电位，降低氢去极化，控制金属的腐蚀速率：

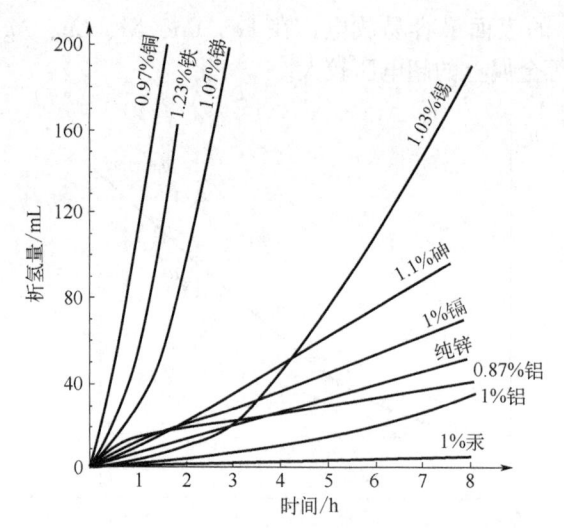

图 2-22　不同杂质对锌在 0.5mol/L 硫酸中腐蚀速率的影响

（1）提高金属的纯度，消除或减少杂质。
（2）加缓蚀剂，减少阴极面积，增加过电位。
（3）增加过电位大的合金成分，如汞、锌、铂等。
（4）降低活性阴离子成分。

3. 氧去极化与吸氧腐蚀

以氧的还原反应为阴极过程的腐蚀称为氧去极化腐蚀，简称吸氧腐蚀或耗氧腐蚀。由于氧的平衡电位比氢的平衡电位要高，所以金属在有氧存在的溶液中发生吸氧腐蚀的可能性更大。

1）吸氧腐蚀发生的条件

吸氧腐蚀与析氢腐蚀类似，产生吸氧腐蚀需要满足以下条件：腐蚀电池中阳极金属电位必须低于氧的平衡电位，即 $E_A < E_{e,O_2}$。氧的平衡电位可根据能斯特方程计算。例如，设某中性溶液的 pH = 7，温度为 25℃，溶解于溶液中的氧分压 p_{O_2} = 0.21atm（1atm = 1.013×10^5Pa）。在此条件下氧的平衡电位为：

$$E^0 = 0.401 + 0.059/4 \times \lg[0.21/(10^{-7})^4] = 0.805(V)$$

即在溶液中有氧溶解的情况下，某种金属的电势如果小于 0.805V，就可能发生吸氧腐蚀。而在相同条件下，氢的平衡电位仅为 0.413V，可见吸氧腐蚀比析氢腐蚀更易发生。实际上工业用金属在中性、碱性或较稀的酸性溶液和土壤、大气及水中，析氢腐蚀和吸氧腐蚀往往会同时存在，仅是各自所占比例不同而已。

2）吸氧腐蚀的过程

相较于析氢腐蚀过程的研究，人们对阴极上进行吸氧腐蚀反应的研究要少得多，因此机理并不是很明确。据研究，氧在阴极上还原的过程较复杂，但总体上吸氧腐蚀可分为两个基本过程。

（1）氧的输送过程。
（2）氧在阴极上被还原的过程，即氧的离子化过程，见下式：

在中性或碱性溶液中：$O_2 + 2H_2O + 4e \longrightarrow 4OH^-$

在酸性溶液中： $O_2+4H^++4e \longrightarrow 2H_2O$

一般情况下，氧去极化的速度是由第一个过程的速度决定的。这一过程比较复杂，首先它包括氧穿过空气和电解质溶液的界面，然后借机械或热对流的作用通过电解质层，最后穿过紧密附着在金属表面上的液体层（一般称为扩散层）后，才被吸附在金属的表面上。如果这一步进行得较慢，则阴极附近的氧气很快被消耗掉，使得阴极表面氧气的浓度大大减小，于是带来所谓的浓差极化，这就会使氧的去极化过程发生阻滞。要使氧去极化过程继续进行，就必须依赖较远处溶液中的氧气扩散到金属表面来，因此溶液中溶解的氧气向金属表面的扩散速率对金属腐蚀速率有着决定性的影响。

但是如果剧烈地搅拌溶液或者金属表面的液层很薄，那么氧气就很容易到达阴极，在这种情形下，阴极过程主要由第二个过程，即氧的离子化过程决定。如果这一过程进行缓慢，那么就会使得阴极的电位朝负方向移动，引起所谓的氧离子化超电位。

3）吸氧腐蚀的影响因素

是否形成了闭塞电池是影响设备发生吸氧腐蚀的关键因素。能够促使形成闭塞电池的因素都可能加速吸氧腐蚀。闭塞电池的形成取决于金属表面保护膜，所以保护膜是否完整也是影响吸氧腐蚀的重要因素。可见影响吸氧腐蚀的因素是多样的，下面主要介绍4个方面的影响因素。

(1) 溶解氧的浓度。

溶解氧的浓度增大时，氧的极限扩散电流密度将增大，氧离子化反应的速率也将加快，因而吸氧腐蚀的速率也随之增大。图2-23(a) 中表明当氧的浓度增大时，阴极化曲线的起始电位要适当正移，氧的极限扩散电流密度也要相应增大，腐蚀电位将升高，非钝化金属的腐蚀速率将由 i_1 增大到 i_3。但对于可钝化金属，当氧浓度增大到一定程度，其腐蚀电流增大到腐蚀金属的致钝电流而使金属由活性溶解状态转为钝化状态时，则金属的腐蚀速率将显著降低，见图2-23(b)。由此可见，溶解氧对金属腐蚀有恰恰相反的双重影响。

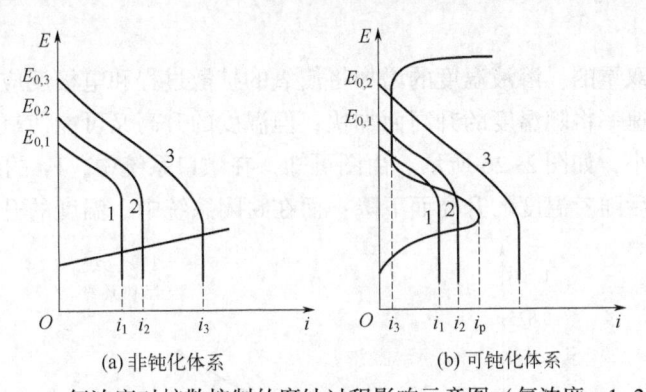

(a) 非钝化体系

(b) 可钝化体系

图2-23　氧浓度对扩散控制的腐蚀过程影响示意图（氧浓度：1<2<3）

(2) 溶液流速。

在氧浓度一定的条件下，极限扩散电流密度与扩散层厚度成反比，溶液流速越大，扩散层厚度越小，氧的极限扩散电流密度就越大，见图2-24(a)。搅拌作用的影响与溶液流速的影响相似，见图2-24(b)。对于有钝化倾向的金属或合金，在尚未进入钝态时，增加溶液的流速或加强搅拌作用都会增强氧向金属表面的扩散，这就可能促使极限扩散电流密度达到或超过钝化所需电流密度，金属进入钝化状态而降低腐蚀速率。

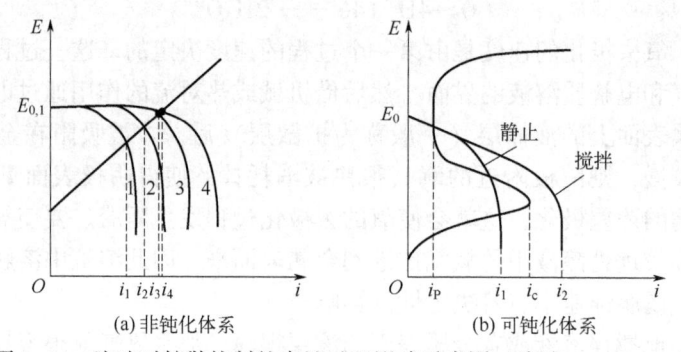

图 2-24 流速对扩散控制的腐蚀过程影响示意图（流速：1<2<3<4）

（3）盐浓度。

随着盐浓度的增加，由于溶液电导率的增大，腐蚀速率会有所上升。例如在中性溶液中当 NaCl 的浓度达到 3%（相当于海水中的 NaCl 含量）时，Fe 的腐蚀速率达到最大值。随着 NaCl 的浓度进一步增加，氧的溶解度显著降低，Fe 的腐蚀速率反而下降。图 2-25 表明了 NaCl 浓度对 Fe 在中性溶液中腐蚀速率的影响。

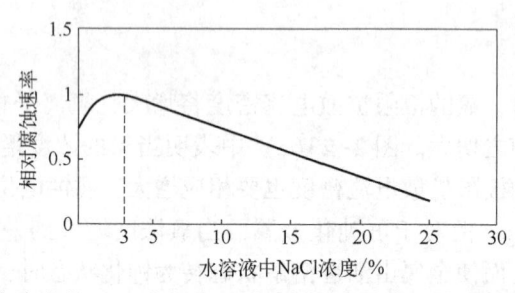

图 2-25 水溶液中 NaCl 浓度对 Fe 在中性溶液中腐蚀速率的影响（25℃）

（4）温度。

温度的影响是双重的：溶液温度的增加将使氧的扩散过程和电极反应速率加快，因而在一定范围内，腐蚀速率将随温度的升高而加快；但温度的升高又可能使氧的溶解度下降，相应使其腐蚀速率减小，如图 2-26 所示。由图可知，在敞口系统中，Fe 的腐蚀速率约在 80℃ 时达到最大值，然后随着温度的升高而下降；而在封闭系统中，温度的升高将使气相中氧的

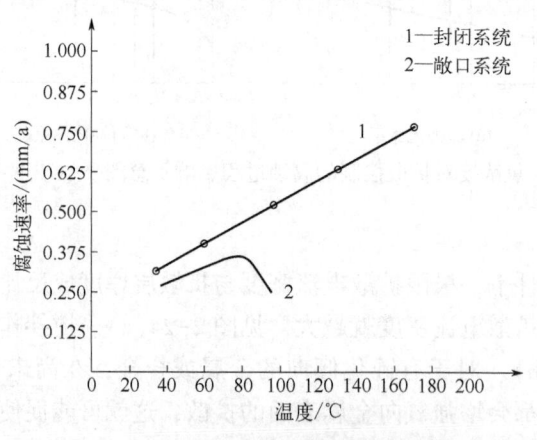

图 2-26 Fe 在水中的腐蚀速率与温度的关系

分压增大，从而增加了氧在溶液中的溶解度，这与温度升高氧溶解度降低的效应相反，所以此时的腐蚀速率将随温度升高而增大。

在实际的腐蚀问题中，阴极去极化反应绝大多数属于氢去极化和氧去极化，并起控制作用。二者的比较见表2-5。

表 2-5 析氢腐蚀与吸氧腐蚀的比较

比较项目	析氢腐蚀	吸氧腐蚀
去极化剂性质	带电氢离子，迁移速度和扩散能力都很大	中性氧分子，只能靠扩散和对流传输
去极化剂浓度	浓度大；酸性溶液中 H^+ 放电；中性或碱性溶液中的去极化反应为： $2H_2O+2e \longrightarrow H_2+2OH^-$	浓度不大，其溶解度通常随温度升高和盐浓度增大而减小
阴极控制原因	主要是活化极化： $\eta_{H_2} = \dfrac{2.3RT}{\alpha nF} \lg \dfrac{i_c}{i_0}$	主要是浓度极化： $\eta_{O_2} = \dfrac{2.3RT}{nF} \lg \left(1 - \dfrac{i_c}{i_d}\right)$
阴极反应产物	以氢气泡逸出，电极表面溶液得到附加搅拌	产物 OH^-，只能靠扩散或迁移离开，无气泡逸出，得不到附加搅拌

注：i_0——交换电流密度；i_d——极限扩散电流密度；α——金属离子的平均活度；n——参加电极反应的电子数；F——法拉第常数，96500C/mol。

第五节 金属的钝化

上一节主要讨论了当腐蚀阴极过程成为腐蚀过程的控制因素时，电化学腐蚀阴极过程的发生条件、规律及其对腐蚀过程的影响。本节则重点讨论当腐蚀阳极过程成为腐蚀过程的控制因素时，一种典型的阳极极化——钝化对电化学腐蚀过程的影响，以及钝化的产生规律、特性及应用。

一、钝化现象

电动序中一些较活泼的金属，在某些特定环境中会变为惰性状态。例如，铝的电极电位很负（$E^0_{Al^{3+}/Al} = -1.66V$），但事实上铝在潮湿的大气或中性的水中却十分耐蚀，其原因正是铝的表面极易同水中的氧形成一层表面膜，而阻止了进一步腐蚀，这就是钝化现象。

又如，把一块普通的铁片放在硝酸中并观察铁片的溶解速率与浓度的关系，可以发现在最初阶段铁片的溶解速率是随着硝酸浓度的增大而增加的，但当硝酸浓度增大到一定值时，铁片的溶解速率会迅速降低；若继续增大硝酸浓度，其溶解速率会降低到很小，如图 2-27 所示。此时，金属变成了钝态。

金属发生钝化后所形成的表面膜可以从下列实验中观察到，如图 2-28 所示。

把一小块铁浸入 70% 的室温硝酸中，没有反应发生，然后往杯中加等体积的水，使硝酸浓度稀释至 35% 也没有变化，见图 2-28(a)、图 2-28(b)。取一根有锐角的玻璃棒划伤硝酸中的一小块铁，立即发生剧烈反应，放出棕色的 NO_2 气体，铁迅速溶解，另取一块铁直接浸入 35% 的室温硝酸中，也发生剧烈的反应，见图 2-28(c)。

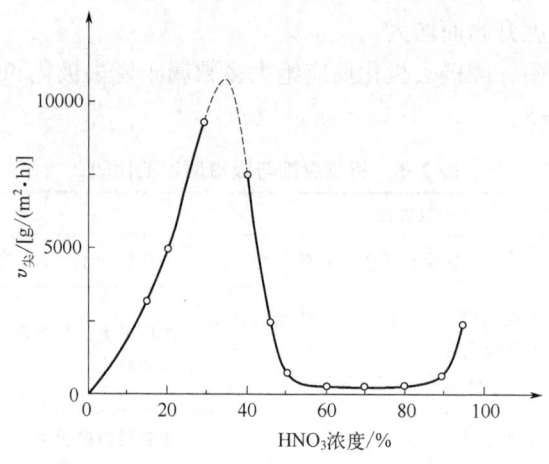

图 2-27 铁的溶解速率与 HNO₃ 浓度的关系

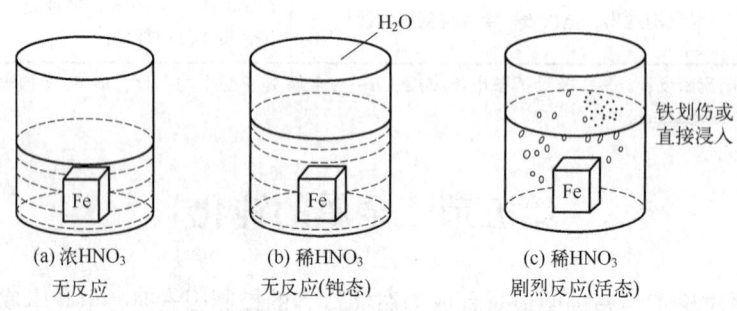

图 2-28 法拉第铁钝化实验示意图

以上就是有名的法拉第铁钝化实验，实验表明：

（1）金属钝化需要一定的条件。70%的硝酸可使铁表面形成保护膜，使它不溶于 35% 的硝酸中。如果铁不经 70%的硝酸处理，则会受到 35%硝酸的强烈腐蚀。

（2）金属钝化后，腐蚀速率大大降低。当金属发生钝化现象之后，它的腐蚀速率可降低为原来的 $1/10^3 \sim 1/10^6$。

（3）钝化状态一般不稳定。像在上述实验中，表面膜一旦被擦伤，立即失去保护作用，金属失去钝性。

由钝化现象可以得出以下结论：

（1）金属的电极电位朝正方向移动是引起钝化的原因。

（2）钝化时，金属表面状态发生某种突然的变化，而不是金属整体性质的变化。

（3）金属发生钝化后，其腐蚀速率有较大幅度的降低，体现了钝态条件下金属具有高耐蚀性这一钝性特征。

但是要注意：

（1）钝性的增加与金属电极电位朝正方向移动这两者之间不是简单的直接联系。

（2）不能把金属的钝化简单地看作金属腐蚀速率的降低，因为阴极极化也能使腐蚀速率降低。

（3）缓蚀剂并不都是钝化剂，使金属产生钝化的物质是钝化剂。

二、钝化定义

钝化的定义有很多，一般认为：某些活泼金属或其合金表面在某些介质环境下会发生一种阳极过程受阻滞的现象（其电化学性能接近贵金属），金属的这种失去了原来的化学活性的现象称为钝化。金属钝化后所获得的耐蚀性质称为钝性。金属钝化后，其电极电位向正方向偏移，接近贵金属的电位值。引起金属钝化的因素有化学因素和电化学因素两种。

（1）化学因素引起的钝化。这种钝化一般是由强氧化剂引起的，如硝酸（HNO_3）、硝酸银（$AgNO_3$）、氯酸（$HClO_3$）、氯酸钾（$KClO_3$）、重铬酸钾（$K_2Cr_2O_7$）、高锰酸钾（K_2MnO_4）及氧气（O_2）等，这些强氧化剂也被称为钝化剂。

（2）外加阳极电流引起的钝化（电化学因素引起的钝化）。金属作为阳极，电流的正极接金属，使它加速腐蚀形成钝化膜。例如，将铁置入硫酸溶液中，一般情况下铁的溶解腐蚀服从塔费尔关系。当把铁作为阳极，用外加电流使其阳极钝化，电位达到某一值后，阳极电流会突然降到很低（为原来的$1/10^4$），发生钝化。

三、钝化特性

钝化的发生是金属阳极过程中的一种特殊表现，为了对钝化现象进行电化学研究，就必须研究金属阳极溶解时的特性曲线，如图2-29所示。整个曲线可分为四个特性区（E_a^0、E_{cp}、E_p、E_{tp}）。

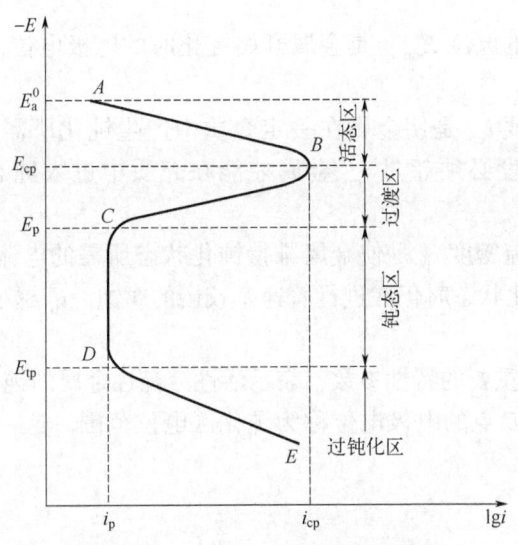

图2-29 可钝化金属的阳极极化曲线

1. 活态区（曲线AB段）

电流随电位升高而增大，到B点附近达最大值i_{cp}。这时金属处于活化状态，受到腐蚀，这个区域称为活态区。这时金属以低价形式溶解成金属离子，即

$$Me \longrightarrow Me^{n+} + ne$$

当$E = E_{cp}$时，金属的阳极电流密度达到最大值i_{cp}，称为临界（钝化）电流密度；E_{cp}称为临界电位。

2. 过渡区（曲线 BC 段）

当电位达到 E_{cp} 时，电流超过最大 i_{cp} 后立即急剧下降，金属开始钝化，表面开始有钝化膜形成，且不断处于钝化与活化相转变的不稳定状态，很难测得各点的稳定数值，通常把这个区域称为活化—钝化过渡区。

3. 钝态区（曲线 CD 段）

当电位到达 E_p 时，即出现所谓阳极钝化现象，金属表面处于稳定的钝化状态，这时铁的表面已生成了具有足够保护性的氧化膜（$\gamma\text{-}Fe_2O_3$），电流密度突然降低到一个很小值 i_p，称为维钝电流密度。当电位进一步上升时（在 CD 段内），电流密度却仍旧保持为很小值 i_p，没有什么大的变化，通常把这个区域称为钝态区。

4. 过钝化区（曲线 DE 段）

电位高于 E_{tp} 的区域，称为过钝化区。从过钝化电位 E_{tp} 开始，阳极电流密度再次随着电位的升高而增大。这种已经钝化了的金属，在很高的电位下，或在很强的氧化剂（如铁在浓度大于 90% 的 HN_3 溶液）中，重新由钝态变成活态的现象，称为过钝化。这是因为金属表面原来的不溶性膜转变为易溶性的产物（高价金属离子），并且在阴极发生新的吸氧腐蚀。

上述钝化曲线上的几个转折点为钝化特性点，它们所对应的电位和电流密度称为钝化特性参数。

对应于曲线 B 点上的电位 E_{cp}，是金属开始钝化时的电极电位，称为临界电位。E_{cp} 越小表示金属越易钝化。

B 点对应的电流密度 i_{cp} 是使金属在一定介质中产生钝化所需的最小电流密度，称为临界电流密度。电流密度必须超过 i_{cp} 金属才能在介质中进入钝态。i_{cp} 越小则金属越易钝化。

对应于 C 点上的电流密度 i_p 是使金属维持钝化状态所需的电流密度，称为维钝电流密度。i_p 表示金属处于钝化状态时仍在进行着速率较慢的腐蚀。i_p 越小，表明这种金属钝化后的腐蚀速率越慢。

E_{cp}、i_{cp}、i_p 是三个重要的特性参数，表示活性—钝性金属的钝化性能好坏。

在曲线上从 C 点到 D 点的电极电位称为钝化区电位范围。这一区域越宽，表示钝化越容易维持或控制。

四、钝化理论

金属由活态变为钝态是一个很复杂的过程，至今尚未形成一个完整的理论。目前能被大家接受的理论是成相膜理论和吸附膜理论。

成相膜理论认为，金属在溶解过程中，表面生成了一层致密的、覆盖性良好的固体产物，这些反应产物可作为一个独立的相（成相膜）存在，它把金属表面和溶液机械地隔离开，使金属的溶解速率大大降低，把金属转为不溶解的钝态。显然，形成成相膜的先决条件是在电极反应中有可能生成固体反应产物。因此不能形成固体产物的碱金属氧化物是不会导致钝化的。

吸附膜理论认为，引起金属钝化并不一定要形成成相膜，而只要在金属表面或部分表面形成氧或含氧粒子的吸附层就可以了，这些粒子在金属表面吸附后，改变了金属/溶液界面的结构。吸附膜理论认为金属的钝化是由于金属表面本身的反应能力降低，而不是膜的机械隔离作用。能使金属表面吸附而钝化的粒子有氧原子（O）、氧离子（O^{2-}）或氢氧根离子（OH^-）。

这两种钝化理论都能解释一些实验事实。它们的共同特点是都认为在金属表面生成一层极薄的膜阻碍了金属的溶解；不同点在于对成膜原因的解释。吸附膜理论认为形成单分子层厚的二维膜会导致钝化，成相膜理论认为至少要形成几个分子层厚度的三维膜才能保护金属，最初形成的吸附膜只轻微地降低了金属的溶解速率，而完全钝化要靠增厚的成相膜。

事实上，金属在钝化过程中，在不同的条件下吸附膜和成相膜可分别起主要作用。阿基莫夫认为不锈钢表面钝化是成相膜的作用，但在缝隙和孔洞处氧的吸附起保护作用。有的学者认为两种理论的差别涉及对钝化、吸附膜和成相膜的定义问题，并无本质区别。

五、影响金属钝化的因素

1. 金属本身性质的影响

不同的金属具有不同的钝化性能。一些金属的钝化趋势按下列顺序依次减小：钛、铝、铬、钼、镁、镍、铁等，这个次序并不表示上述金属的耐蚀性也依次递减，而只代表钝化倾向的大小或发生钝化的难易程度。

钛、铝、铬是很容易钝化的金属，它们在空气中及很多介质中钝化，通常称它们为自钝化金属。

2. 介质的成分和浓度的影响

能使金属钝化的介质称为钝化剂或助钝剂。钝化剂主要是氧化性介质。一般说来，介质的氧化性越强，金属越容易钝化（或钝化的倾向越大）。除浓硝酸和浓硫酸外，各种强氧化剂都很容易使金属钝化。但是有的金属在非氧化性介质中也能钝化，如钼能在盐酸中钝化，镁能在氢氟酸中钝化。

金属在氧化性介质中是否能获得稳定的钝态，取决于氧化剂的氧化性能强弱程度和它的浓度。在一定的氧化性介质中，无其他活性阴离子存在的情况下，金属能够处于稳定的钝化状态，且存在着一个适宜的浓度范围，浓度过高与不足都会使金属活化造成腐蚀。

介质中含有活性阴离子如 Cl^-、Br^-、I^- 等时，由于它们能破坏钝化膜而引起孔蚀。如浓度足够高，还可能使整个钝化膜被破坏，引起活化腐蚀。

3. 介质 pH 值的影响

对于一定的金属来说，在它能形成钝性表面的溶液中，一般地，溶液的 pH 值越高，钝化越容易。如碳钢在碱性介质中易钝化。但要注意，某些金属在强碱性溶液中，能生成具有一定溶解度的酸根离子，如 ZnO_2^{2-} 和 PbO_2^{2-}，因此它们在碱液中也较难钝化。

实际上，金属在中性溶液里一般钝化较容易，而在酸性溶液中则要困难得多，这往往与阳极反应产物的溶解度有关。如果溶液中不含有络合剂和其他能和金属离子生成沉淀的阴离子，对于大多数金属来说，它们的阳极反应生成物是溶解度很小的氧化物或氢氧化物。而在强酸性溶液中则生成溶解度很大的金属盐。

4. 氧的影响

溶液中的溶解氧对金属的腐蚀性具有双重作用。在扩散控制情况下，一方面氧可作为阴极去极化剂引起金属的腐蚀；另一方面，在氧供应充分的条件下，又可促使金属进入钝态，因此，氧也是助钝剂。

5. 温度的影响

温度越低，金属越容易钝化；温度越高，金属钝化越困难。

六、金属钝化的应用

典型的 S 形阳极极化曲线不仅可以用来解释活性—钝性金属的阳极溶解行为，还提供了一个给钝性下定义的简便方法，那就是：呈现典型 S 形阳极极化曲线的金属或合金就是钝性金属或合金（钛是例外，没有过钝化区）。

图 2-29 中仅仅表示了一条阳极极化曲线，而实际上一个腐蚀体系是阳极过程与阴极过程同时进行的，所以实际上一个腐蚀体系的腐蚀速率应是这一体系的阴极行为和阳极行为联合作用的结果。

如图 2-30 所示，在不同的介质条件下，阴极过程对金属钝化的影响可能具有以下三种情况。

(1) 第一种情况：它有一个稳定的交点 a，位于活化区，表示金属发生活性溶解，具有较高的腐蚀速率，如钛在无空气的稀硫酸或盐酸中，以及铁在稀硫酸中迅速溶解不能钝化的情况。

(2) 第二种情况：可能有三个交点 b、c、d，其腐蚀电位分别落在活化区、过渡区和钝化区。c 点处于电位不稳定状态，体系不能在这点存在，其余两点是稳定的，金属可能处于活化态，也可能处于钝化态，即钝化很不稳定。此种情况类似于铁在 35% 硝酸中：若将铁片直接浸入 35% 的室温硝酸中，发生剧烈的腐蚀，铁表面处于活化态（b 点）；若将铁片先浸入 70% 的硝酸中，然后再浸入 35% 的硝酸中，此时铁表面处于钝化态（d 点），腐蚀速率很小以致观察不到。但此时钝态不稳定，一旦表面膜被破坏，

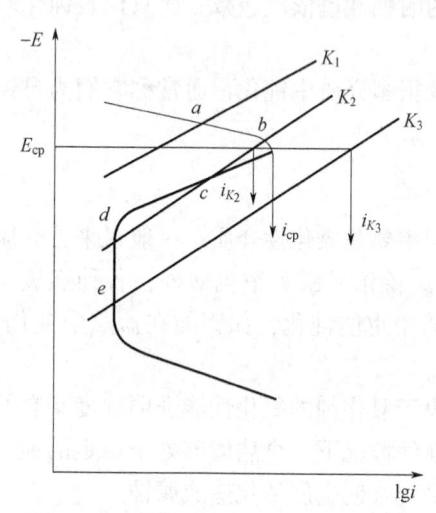

图 2-30 阴极过程对金属钝化的影响

则铁表面立即由钝化态（d 点）转变到活化态（b 点），又开始剧烈腐蚀。

(3) 第三种情况：只有一个稳定的交点 e，位于钝化区。对于这种体系，金属或合金将自发钝化并保持钝态，这个体系不会活化并表现出很低的腐蚀速率，铁在浓硝酸中就属于这种情况。

显然，从工程的角度来看我们最希望发生第三种情况，这种腐蚀体系称为自钝化体系。在这种腐蚀体系中，金属或合金能够自发钝化，钝化膜即使偶尔被破损，能立即自动修补。

根据以上对活性—钝性金属耐蚀性的讨论可知，使金属电位保持在钝化区的方法一般有以下三种。

(1) 阳极钝化法。用外加电流使金属阳极极化而获得钝态的方法是阳极钝化法，也叫

电化学钝化法。例如碳钢在稀硫酸中采取阳极保护就是这种方法。

（2）化学钝化法。用化学方法使金属由活性状态变为钝态的方法叫化学钝化法。例如将金属放在一些强氧化剂如浓硝酸、浓硫酸、重铬酸盐等溶液中处理，可生成保护性氧化膜。缓蚀剂中阳极型缓蚀剂就是利用钝化的原理工作的。氧气也是一些金属或合金的钝化剂，如铝、铬、不锈钢等在空气中氧或溶液中氧的作用下即可自发钝化，因而具有很好的耐蚀性。

（3）利用合金化方法使金属钝化。例如在碳钢中加入铬、镍、铝、硅等合金元素可使碳钢的钝化区范围变大，提高了碳钢的耐蚀性。不锈钢在防腐中应用如此广泛，正是因为铁中加入易钝化的金属铬后产生了钝化效应，使其具有良好的耐蚀性。

【思考与练习】

1. 电化学腐蚀过程有什么特点？
2. 腐蚀电池是如何构成的？有哪些必要条件？
3. 腐蚀电池是如何分类的？腐蚀电池的三个基本过程是什么？
4. 氧浓差腐蚀是如何引起的？试以水线腐蚀为例解释说明。
5. 什么是微电池腐蚀？金属表面产生电化学不均性的原因有哪些？
6. 什么是电极？什么是金属的电极电位？
7. 什么是金属的平衡电极电位？什么是参比电极？有什么作用？
8. 如何根据金属的平衡电极电位判断腐蚀电池的反应倾向？
9. 什么是极化作用、阴极极化、阳极极化？
10. 产生极化的原因是什么？
11. 什么是去极化作用、阴极去极化、阳极去极化？
12. 什么是去极剂？常见的有哪些？写出其阴极反应式。
13. 什么是析氢腐蚀？具有哪些特征？发生析氢腐蚀的必要条件是什么？
14. 什么是析氢过电位？如何理解？影响析氢过电位的因素有哪些？
15. 氢去极化腐蚀控制有几种形式？举例说明。
16. 什么是吸氧腐蚀？在什么条件下产生？具有哪些特征？
17. 吸氧腐蚀控制有几种形式？举例说明。
18. 什么是极化曲线？有什么作用？
19. 什么是伊文思腐蚀极化图？其中阴极、阳极极化曲线的斜率有什么含义？
20. 什么是钝化？用成膜理论解释钝化。
21. 画出典型的钝化曲线并解释钝化曲线上每一段曲线（或区域）的含义。
22. 使金属电位保持在钝化区的方法有哪些？举例说明。

第三章 腐蚀破坏形式

【学习目标】
1. 了解全面腐蚀与局部腐蚀的概念及区别。
2. 理解电偶腐蚀、小孔腐蚀、缝隙腐蚀、晶间腐蚀、应力腐蚀破裂、腐蚀疲劳、磨损腐蚀等局部腐蚀的概念、特征、影响因素等。
3. 掌握电偶腐蚀、小孔腐蚀、缝隙腐蚀、晶间腐蚀、应力腐蚀破裂、腐蚀疲劳、磨损腐蚀等局部腐蚀的防护措施。

金属腐蚀按腐蚀形态可分为全面腐蚀和局部腐蚀两大类。

全面腐蚀通常分布在整个金属表面上，它可以是均匀的，也可以是不均匀的，腐蚀结果是金属变薄。全面腐蚀的电化学过程特点是腐蚀电池的阴极、阳极面积非常小，甚至在显微镜下也难以区分，而且微阴极和微阳极的位置变化不定，整个金属表面在溶液中都处于活化状态。

局部腐蚀是指腐蚀仅局限或集中在金属的某一特定部位，从而形成坑洼、沟槽、分层、穿孔、破裂等破坏形态。局部腐蚀的电化学过程特点是阳极和阴极一般是截然分开的，而且大多数都是阳极区面积很小、阴极区面积相对较大，由此导致在金属表面很小的局部区域，腐蚀速率很高，有时它们的腐蚀速率和表面其他绝大部分区域相比，可以相差几十万倍。

从全面腐蚀和局部腐蚀在腐蚀破坏案例中所占的比例来看，局部腐蚀所占的比例要比全面腐蚀大得多。据粗略统计，局部腐蚀所占的比例通常高于80%，而全面腐蚀所占的比例不超过20%。

引起局部腐蚀的原因很多，有下列各种情况：
（1）由异种金属接触形成的宏观电池引起的局部腐蚀，包括阴极性镀层微孔或损伤处所引起的接触腐蚀。
（2）由同一金属上的自发微观电池引起的局部腐蚀，如晶间腐蚀、选择性腐蚀、孔蚀、石墨化腐蚀、剥蚀（层性）以及应力腐蚀断裂等。
（3）由充气差异电池引起的局部腐蚀，如水线腐蚀、缝隙腐蚀、沉积腐蚀等。
（4）由金属离子浓差电池引起的局部腐蚀。
（5）由膜—孔电池或活性—钝性电池引起的局部腐蚀。
（6）由杂散电流引起的局部腐蚀。

金属发生局部腐蚀的腐蚀量比全面腐蚀要小很多，但对金属强度和金属制品整体结构完整性的破坏程度却比全面腐蚀大得多，全面腐蚀与局部腐蚀的比较见表3-1。全面腐蚀可以预测和预防，危害性较小，但对于局部腐蚀来说，至少目前预测和预防还很困难，以至于腐蚀破坏事故常常是在没有明显预兆下突然发生，对金属结构具有更大的破坏性。

表 3-1 全面腐蚀和局部腐蚀的比较

项目	全面腐蚀	局部腐蚀
腐蚀形貌	腐蚀分布在整个金属表面	腐蚀破坏集中在一定区域，其他部分不腐蚀
腐蚀原电池	阴极、阳极在表面上变化不定，且不可辨别	阴极、阳极可以分辨
电极面积	阳极面积=阴极面积	阳极面积≪阴极面积
电势	阳极电势=阴极电势=腐蚀电势	阳极电势<阴极电势
极化图	$E_c = E_a = E_{corr}$	$E_c > E_a$
腐蚀产物	可能对金属有保护作用	无保护作用

本章将重点介绍以下八类常见的局部腐蚀：电偶腐蚀、小孔腐蚀、缝隙腐蚀、晶间腐蚀、选择性腐蚀、应力腐蚀、腐蚀疲劳、磨损腐蚀。

第一节 电偶腐蚀

当两种电极电势不同的金属相接触并放入电解质溶液中时发现电势较低的金属腐蚀速率加快，而电势较高的金属腐蚀速率减慢。这种在一定条件下产生的电化学腐蚀，即由于同电极电势较高的金属接触而引起腐蚀速率增大的现象，称为电偶腐蚀。

电偶腐蚀常见于众多的工业装置和工程结构中，是一种最普遍的局部腐蚀类型。工程上很多机器、设备的零部件出于某些特殊功能的要求或经济上的考虑，采用不同材料的组合是非常普遍的，甚至是不可避免的。发生电偶腐蚀的几种情况如下：

（1）异金属（包括导电的非金属材料，如石墨）部件的组合。
（2）金属与其镀层。
（3）金属与其表面的导电性非金属膜。
（4）气流或液流带来的异金属沉积。

图 3-1 列举出了几种电偶腐蚀实例。图 3-1(a) 为二氧化硫石墨冷却器，管间通冷却介质海水，由于石墨花板、管子与碳钢壳体构成电偶，碳钢壳体发生电偶腐蚀，不到半年便被腐蚀穿孔。图 3-1(b) 为镀锌钢管与黄铜阀连接在水中形成的电偶。先是镀锌层加速腐蚀，随后碳钢管加速腐蚀。图 3-1(c) 是维尼纶醛化液（含 H_2SO_4、Na_2SO_4、HCHO）槽，基体材料为 316L 不锈钢衬铅锡合金（含 6.4%Sn 和微量 Cu、Fe 等），由于衬里焊缝出现裂

纹，引起不锈钢的强烈腐蚀。图 3-1（d）是石墨密封造成泵的铜合金轴的电偶腐蚀。有时，两种不同的金属虽然没有直接接触，但也有引起电偶腐蚀的可能。例如图 3-1(e) 所示的碳钢换热器，由于输送介质的泵采用石墨密封，摩擦副磨削下来的石墨微粒在列管内沉积，也会加速碳钢管的腐蚀。这种现象由于构成了间接的电偶腐蚀，可以说是一种特殊条件下的电偶腐蚀。

(a) 二氧化硫石墨冷却器　　(b) 镀锌钢管与黄铜阀连接　　(c) 维尼纶醛化液槽的腐蚀

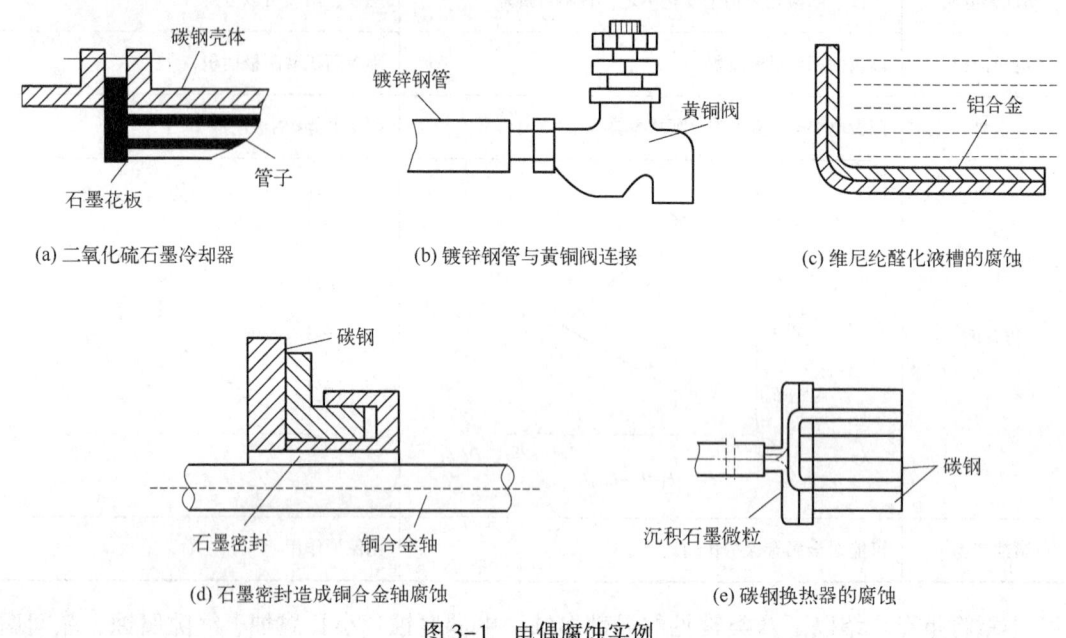

(d) 石墨密封造成铜合金轴腐蚀　　(e) 碳钢换热器的腐蚀

图 3-1　电偶腐蚀实例

一、电偶腐蚀的推动力与电偶序

异种金属在同一介质中相接触，哪种金属为阳极，哪种金属作阴极，阳极金属的电偶腐蚀倾向有多大，这些原则上都可用热力学理论进行判断。但能否用它们的标准电极电位的相对高低作为判断的依据呢？现以 Al 和 Zn 在海水中的接触为例进行判断。若从标准电极电位来看，Al 的标准电极电位是 $-1.66V$，Zn 的是 $-0.762V$，组成电偶对时，Al 为阳极，Zn 为阴极，所以，Al 应受到腐蚀，Zn 应得到保护，但事实则刚好相反。判断结果与实际情况不符，原因是确定某金属的标准电极电位的条件与海水中的条件相差很大。如 Al 在 3%NaCl 溶液中测得的腐蚀电位是 $-0.60V$，Zn 的腐蚀电位是 $-0.83V$。所以二者在海水中接触，Zn 是阳极受到腐蚀，Al 是阴极得到保护。由此可见，对金属在电偶对中的极性作判断时，不能以它们的标准电极电位作为判据，而应该以它们的腐蚀电位作为判据，因为金属所处的实际环境不可能是标准的。

具体来说，可根据金属（或合金）的电偶序来作出热力学上的判断。所谓电偶序就是根据金属（或合金）在一定条件下测得的稳定电位的相对大小排列而成的表。由于电偶序列表中的上下关系是确定的，因而据此可以定性地比较出金属腐蚀的倾向，这对我们从热力学角度判断偶对金属的极性和阳极的腐蚀倾向具有一定的参考价值。一些金属和合金在海水中的电偶序见表 3-2。

表 3-2　若干金属和合金在海水中的电偶序（常温）

镁 镁合金 锌 镀锌钢	电位负（阳极）
铝　1100（含 Al 99%以上） 铝　2024（含 Cu4.5%，Mg 1.5%，Mn0.6%的铝合金）	
软钢 熟铁 铸铁	
13%Cr 不锈钢 410 型（活性的） 18-8 不锈钢 304 型（活性的） 18-12-3 不锈钢 316 型（活性的）	
铅锡钎料 铅 锡	
熟钢（Muntz Metal）（Cu61%，Zn39%） 锰青铜 海军黄铜（Naval Brass）（Cu60.5%，Zn38.7%，Sn0.75%）	
镍（活性的） 76Ni-16Cr-7Fe（活性的）	
60Ni-30Mo-6Fe-1Mn	
海军黄铜（Admiralty Brass）（Cu71%，Zn28%，Sn1.0%，Sb 或 As0.06%） 铅黄铜 铜 硅青铜	
70-30 Cu-Ni G-青铜 银钎料 镍（钝态的） 76Ni-16Cr-7Fe（钝态的）	
13%Cr 不锈钢 410 型（钝态的） 钛	
18-8 不锈钢 304 型（钝态的） 18-12-3 不锈钢 316 型（钝态的）	
银	
石墨 金 铂	电位正（阴极）

这里要指出，电动序与电偶序在形式上相似，但含义不同：电动序是纯金属在平衡可逆的标准条件下测得的电极电位排列顺序，用来判断金属腐蚀的倾向；而电偶序是用金属或合金在非平衡可逆体系的稳定电位来排序的，用来判断在一定介质中两种金属或合金相互接触时产生电偶腐蚀的可能性，以及判断哪一种金属是阳极、哪一种是阴极。

在使用电偶序时应注意以下事项：

（1）在电偶序中，通常只列出金属稳定电位的相对关系，而不是把每种金属的稳定电位值列出，其主要原因是海洋环境变化甚大，海水的温度、pH值、成分及流速都很不稳定，所测得的电位值也在很大的范围内波动，即数据的重现性差。加上测试方法不同，所以数据相差较大，一般所测得的大多数值属于经验性数据，缺乏准确的定量关系，所以列出金属稳态电位的真实值意义就不大。但表中的上下关系可以定性地比较出金属电偶腐蚀的倾向，这对我们从热力学上判断金属在电偶对中的极性和电偶腐蚀倾向有参考价值。

（2）表3-2是以海水为介质的电偶序表，除此以外还有以土壤为介质的电偶序表。但无论在淡水、海水、土壤还是其他电解质中，都可以此表作为大致判断电偶腐蚀倾向的依据。

（3）由表中上下位置相隔较远的两种金属，在海水中组成电偶对时，阳极受到的腐蚀较严重，因为从热力学上说，二者的开路电位差较大，腐蚀推动力也大。反之，由上下位置相隔较近的两种金属耦合时，则阳极受到的腐蚀较轻。位于表中同一横行的金属，又称为同组金属，表示它们之间的电位相差很小（一般电位差小于50mV），当它们在海水中组成电偶对时，它们的腐蚀倾向小至可以忽略的程度。如铸铁—软钢、黄铜—青铜等，它们在海水中使用不必担心会引起严重的电偶腐蚀。

二、电偶腐蚀机理

由电化学腐蚀动力学可知，两金属耦合后的腐蚀电流强度与电位差、极化率及电阻有关。接触电位差越大，电偶腐蚀的推动力越大，金属腐蚀就越严重。电偶腐蚀速率又与电偶电流成正比，其大小可用下式表示：

$$I' = \frac{E_c^0 - E_a^0}{P_a + P_c + R} \tag{3-1}$$

式中　I'——腐蚀电流；

　　　$E_c^0 - E_a^0$——初始电位差；

　　　P_a——阳极极化率；

　　　P_c——阴极极化率；

　　　R——系统电阻。

由上式可知，电偶电流随电位差的增大和极化率、电阻的减小而增大，从而使阳极金属腐蚀速率加大，阴极金属腐蚀速率降低。

三、电偶腐蚀的影响因素

影响电偶腐蚀的因素较复杂，除了与金属材料的性质有关外，还受其他因素，如面积效应、环境因素、溶液电阻等的影响。

1. 金属材料特性

异种金属组成电偶时，它们在电偶序中的上下位置相距越远，即稳定电位（腐蚀电位）起始电位差越大，电偶腐蚀的倾向越大，腐蚀越严重；而当同组金属之间的电位差小于50mV时，组成电偶则腐蚀不严重。因此，在设计设备或构件时，尽量选用同种或同组金属，不用电位相差大的金属，若在特殊情况下一定要选用电位相差大的金属，两种金属的接触面之间应做绝缘处理，如加绝缘垫片或者在金属表面施加非金属保护层。

2. 面积效应

电偶腐蚀与阴极、阳极面积比有关，即存在面积效应。所谓面积效应，就是指电偶腐蚀电池中阴极和阳极面积之比对阳极腐蚀速率的影响。它是电偶腐蚀的一个重要影响因素。阴极与阳极面积的比值越大，阳极电流密度越大，金属腐蚀速率就越大。图3-2为腐蚀速率随阴极、阳极面积之比的变化情况。由图可知，电偶腐蚀速率与阴极、阳极面积比呈线性关系。

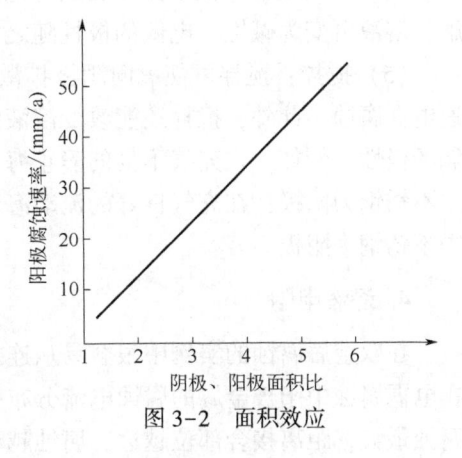

通常，增加阳极面积可以降低腐蚀速率。从电化学腐蚀原理可知，大阳极—小阴极，阳极腐蚀速率较慢；大阴极—小阳极，阳极腐蚀速率加剧。如图3-3(a)所示，碳钢板用铜螺钉连接，属于大阳极—小阴极的结构。由于阳极面积大，阳极溶解速率相对减小，不至于在短期内引起连接结构的破坏，因而相对较安全。如图3-3(b)所示，铜板用碳钢螺钉连接，属于大阴极—小阳极结构。由于这种结构可使阳极腐蚀电流急剧增加，因此连接结构很快就会受到破坏。

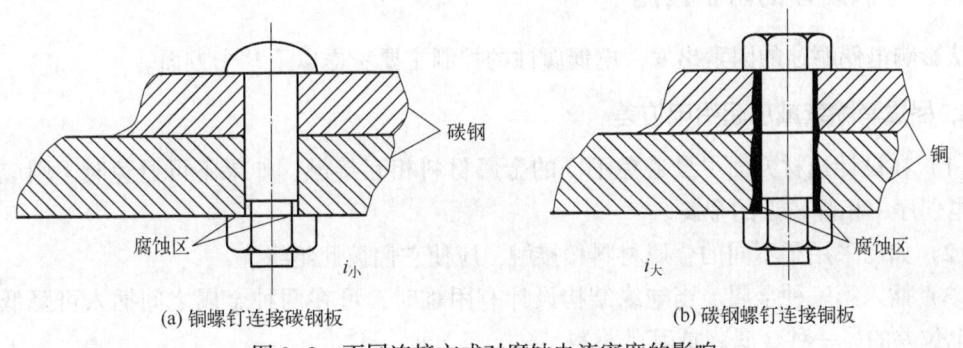

图3-2 面积效应

(a) 铜螺钉连接碳钢板

(b) 碳钢螺钉连接铜板

图3-3 不同连接方式对腐蚀电流密度的影响

3. 环境因素

一般情况下，在一定的环境中耐蚀性较低的金属是电偶的阳极。但有时在不同的环境中同一电偶的电势会出现逆转，从而改变材料的极性。介质的组成、温度、电解质电阻、溶液pH值以及搅拌等，都会对电偶腐蚀产生影响。

（1）介质的组成：同一对电偶在不同的介质中有时会出现电势逆转的情况。例如，水中锡相对于铁是阴极，而在大多数有机酸中，锡相对铁是阳极。在食品工业中使用的内壁镀锡作为阳极性镀层来防止有机酸腐蚀，就是此缘故。

（2）温度：温度不仅影响电偶腐蚀速率，有时还可能改变金属表面膜或腐蚀产物的结构，从而使电偶电势发生逆转。例如，锌—铁电偶，在冷水中锌是阳极，而在热水中（约80℃以上）锌是阴极。因此，钢铁镀锌后热水洗的温度不允许超过70℃。

（3）电解质电阻：电解质电阻的大小会影响腐蚀过程中离子的传导过程。一般来说，在导电性低的介质中，电偶腐蚀程度轻，而且腐蚀易集中在接触边线附近。而在导电性高的介质中，电偶腐蚀严重，而且腐蚀的分布也大些，如浸在电解液中的电偶比在大气中潮湿液膜下的电偶腐蚀更加严重些。

（4）溶液 pH 值：溶液 pH 值的变化可能会改变电解反应，也可能改变电偶金属的极性。例如，铝镁合金在中性或弱酸性低浓度的氯化钠溶液中，铝是阴极，但随着镁阳极的溶解，溶液可变为碱性，电偶的极性随之发生逆转，铝变成阳极，而镁则变成阴极。

（5）搅拌：搅拌可使氧向阴极扩散的速率加快，使阴极上氧的还原反应更快，从而加速电偶腐蚀。此外，搅拌还能改变溶液的充气状况，有可能改变金属的表面状态，甚至是电偶的极性。例如，在充气不良的静止海水中，不锈钢处于活化状态，在不锈钢—铜电偶腐蚀中不锈钢为阳极；在充气良好的流动海水中，不锈钢处于钝化状态，在不锈钢—铜电偶腐蚀中不锈钢为阴极。

4. 溶液电阻

在双金属腐蚀的实例中很容易从连接处附近的局部侵蚀来识别电偶腐蚀效应。这是因为在电偶腐蚀中阳极金属的腐蚀电流分布是不均匀的，在连接处由电偶腐蚀效应所引起的加速腐蚀最大，距离接合部位越远，腐蚀越小。此外，介质的电导率也会影响电偶腐蚀速率。例如，导电性较高的海水可以使活泼金属的受侵面扩大（扩展到离接触点较远处），从而降低侵蚀的严重性；但在软水或大气中，侵蚀集中在接触点附近，侵蚀严重，危险性大。

四、电偶腐蚀的防护措施

从影响电偶腐蚀的因素出发，电偶腐蚀的控制主要考虑以下几个方面。

1. 尽量消除或减小起始电位差

（1）在设计选材方面尽量避免不同的金属材料相互接触；如果不可避免时，则应尽量选用电偶序中相隔较近的金属。

（2）如已采用了不同的金属材料相接触，应使它们彼此绝缘。

（3）插入第三种金属。当绝缘结构设计有困难时，可在两种金属之间插入可降低其间起始电位差的另一种金属（或其他材料）。

2. 避免形成大阴极、小阳极的不利的面积效应

（1）采用焊接工艺时，焊缝相对于被焊基体金属应该设计成阴极性的，焊条材质成分应当与基体金属一致或使用较高一级的焊条。

（2）在使用非金属涂料时，注意不仅要把阳极性材料覆盖起来，而且应把阴极材料一起覆盖起来。

（3）螺栓、铆钉等相对于被紧固件原则上应该设计成阴极性的。但是，当介质电导率比较低时（如大气腐蚀环境），将那些易损且容易更换的零部件设计成阳极性（即采用廉价的材料），这样在经济上是合理的。

3. 采用表面处理的方法

对于某些必须装配在一起的小零件，也可以采用表面处理的方法，如对钢铁零件的"发蓝"表面镀锌，对铝合金表面进行阳极氧化等，这些表面膜在大气中电阻较大，可起到减轻电偶腐蚀的作用。

4. 采用电化学保护

可利用外加电源对整个设备实行阴极保护，使两种（或多种）金属都成为电化学体系的阴极；也可采用牺牲阳极的阴极保护，达到保护主体结构的目的，如钢铁制品表面镀锌。

5. 改善腐蚀环境

在条件允许的前提下，可在介质中加入缓蚀剂，或尽量除去介质中的去极剂，以减轻介质的腐蚀性。

第二节 小孔腐蚀

金属材料在某些环境介质中经过一段时间后，大部分表面不发生腐蚀或腐蚀很轻微，而只在局部出现腐蚀小孔（蚀孔）并向深处发展，这种现象称为小孔腐蚀。小孔腐蚀又称孔蚀或点蚀，是常见的局部腐蚀之一，是化工生产和航海事业中常遇到的腐蚀破坏形态。蚀孔有大有小，多数情况下为小孔。一般情况下，小孔腐蚀表面直径等于或小于它的深度，分散或密集分布在金属表面，孔口多数被腐蚀产物覆盖，小孔腐蚀的几种形貌如图3-4所示。

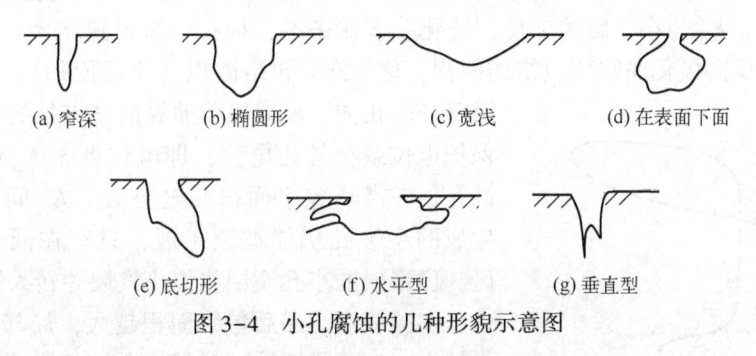

(a) 窄深　　(b) 椭圆形　　(c) 宽浅　　(d) 在表面下面

(e) 底切形　　(f) 水平型　　(g) 垂直型

图3-4 小孔腐蚀的几种形貌示意图

一、小孔腐蚀的特征及电化学特性

1. 小孔腐蚀的特征

（1）小孔腐蚀多发生在易钝化金属或合金的表面。例如不锈钢、铝合金等在含有卤素离子的腐蚀性介质中易发生小孔腐蚀，其原因是钝化金属表面的钝化膜并不均匀，如果钝化金属的组织中含有非金属夹杂物（如硫化物等），则金属表面在夹杂物处的钝化膜比较薄弱，或者钝性金属表面的钝化膜被外力划伤，在活性阴离子的作用下，腐蚀小孔就优先在这些有缺陷的局部表面形成。如果在金属基体上镀一些阴极性镀层（如钢上镀 Cr、Ni、Cu 等），在镀层的孔隙处或缺陷处也容易发生小孔腐蚀。这是因为镀层缺陷处的金属与镀层完好处的金属形成电偶腐蚀电池，镀层缺陷处为阳极，镀层完好处为阴极，由于阴极面积远大于阳极面积，使小孔腐蚀向深处发展，以致形成腐蚀小孔。当阳极型缓蚀剂用量不足时，也会引起小孔腐蚀。

（2）小孔腐蚀易发生于有活性阴离子的介质中。一般来说，在含有卤素阴离子（最常见的是 Cl^-）的溶液中，金属最易发生小孔腐蚀。多数情况下，同时存在钝化剂（如溶解氧）和活化剂（如 Cl^-）的腐蚀环境是易钝化金属发生小孔腐蚀的重要条件。

(3) 从腐蚀形貌上看,多数腐蚀孔小而深。孔径一般小于 2mm,孔深常大于孔径,甚至穿透金属板,有的腐蚀孔为碟形浅孔。腐蚀孔分散或密集分布在金属表面,孔口多数被腐蚀产物覆盖,少数呈开放式(即无腐蚀产物覆盖)。所以,小孔腐蚀是一种外观隐蔽而破坏性很大的局部腐蚀。

(4) 腐蚀孔通常沿着重力方向发展。例如,一块平放在介质中的金属,腐蚀孔多在朝上的表面出现,很少在朝下的表面出现。腐蚀孔一旦形成,腐蚀即向深处自动加速进行。

(5) 小孔腐蚀的破坏性和隐患性很大,不但容易引起设备穿孔破坏,而且还可能引发和加速晶间腐蚀、应力腐蚀、腐蚀疲劳等局部腐蚀。

(6) 腐蚀孔的产生有诱导期,其长短受材料、温度、介质成分等因素的影响,即使在同样的条件下,腐蚀孔的出现时间也不相同。

2. 小孔腐蚀的电化学特性

由于钝态的局部破坏,易钝化金属小孔腐蚀现象尤为显著。既有钝化剂又有活化剂的腐蚀环境是易钝化金属产生小孔腐蚀的必要条件,而钝化膜的缺陷及活性离子的存在是引起小孔腐蚀的主要原因。发生小孔腐蚀需在某一临界电位以上,该电位称为小孔腐蚀电位(或称击穿电位)。小孔腐蚀电位随介质中氯离子浓度的增加而下降,使小孔腐蚀易于发生。

图 3-5 中,E_b 为小孔腐蚀电位,钝化膜开始破裂,极化电流迅速增大,开始发生小孔腐蚀。正向、反向极化曲线所包络的面积,称为滞后包络面积(滞后面积);包络曲线称为滞后环;正向、反向极化曲线的交点处的电位 E_p,称为保护电位或再钝化电位,即电位低于 E_p 时不会生成小蚀孔。在滞后包络面积(电势 $E_b \sim E_p$ 间)中,原先已生成的小蚀孔仍能继续扩展,只有在低于电位的钝化区,已形成的小孔腐蚀将停止发展并转入钝态。

实验表明,滞后包络面积越大,局部腐蚀的倾向性也越大。在现代腐蚀基础研究和工程技术中,已把小孔腐蚀电位、保护电位和滞后包络面积作为衡量小孔腐蚀敏感性的重要指标。

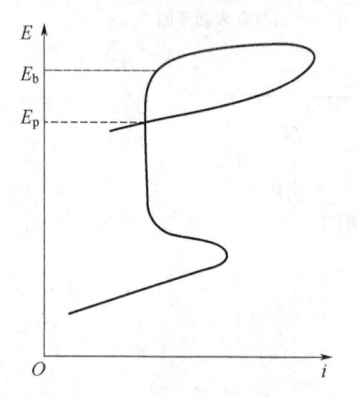

图 3-5 易钝化金属典型的环状阳极极化曲线示意图

实验结果也表明,小孔腐蚀倾向随着电势的升高而增大,随着 pH 值的增大而减小。可见,小孔腐蚀与电势和 pH 值有着密切的关系。很多实验证明,降低溶液的 pH 值可使材料的小孔腐蚀电势显著降低,从而引起小孔腐蚀的发生。

保护电位 E_p 反映了蚀孔重新钝化的难易,是评价钝化膜是否容易修复的特征电势。E_p 越高,越接近 E_b 值,说明钝化膜的自修复能力越强。实验表明,一切易钝化金属或合金都能测得滞后现象的数据。已测到钢的保护电位值为 -400~200mV(相对于饱和硫酸铜参考电极,vs SHE),铜的保护电位值为 270~420mV(vs SHE)。

小孔腐蚀电位(E_b)也是一个判断材料抗小孔腐蚀性能的重要参数,E_b 值提高,其抗小孔腐蚀性增强。

二、小孔腐蚀的机理

小孔腐蚀可分为发生、发展两个阶段,即蚀孔的成核和蚀孔的生长过程。

1. 小孔腐蚀核的形成

多数情况下，钝化金属发生孔蚀的重要条件是在溶液中存在活性阴离子（如 Cl^-），活性阴离子在钝性金属表面上钝化膜有缺陷的位置优先发生吸附，吸附的活性阴离子改变了钝化膜的成分和性质，使该处钝化膜的溶解速率远大于钝化膜在溶解氧（或氧化剂）作用下的修复速率，从而在该处形成小孔腐蚀活性点，即形成小孔腐蚀核。

2. 蚀孔的发展

金属表面形成的小孔腐蚀核，如果不能再钝化消失，小孔腐蚀将进入发展阶段。小孔腐蚀加速发展的原因是闭塞电池的自催化作用。图 3-6 给出了铝材上小孔腐蚀自发进行的情况，此过程就是自催化闭塞电池作用的结果。

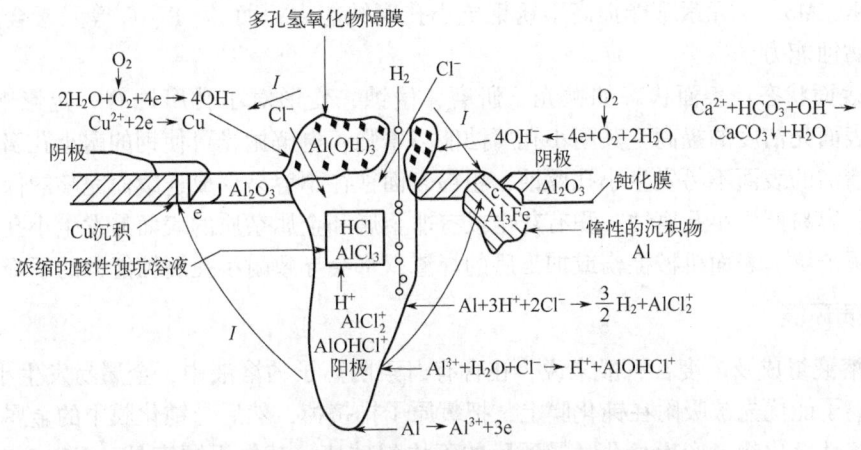

图 3-6 铝小孔腐蚀成长（发展）的电化学机理示意图

如图 3-6 所示，在蚀孔内部，孔蚀不断向金属深处腐蚀，Cl^- 向孔内迁移而富集，金属离子水化使孔内溶液酸化，导致致钝电势升高，并使再钝化过程受到抑制。这是因为小孔腐蚀一旦发生，小孔腐蚀孔底部金属铝便发生溶解。

如果是在含氯离子的水溶液中，则阴极为吸氧反应（蚀孔外表面），孔内氧浓度下降而孔外富氧形成氧浓差电池。孔内金属离子不断增加，在孔蚀电池产生的电场作用下，蚀孔外阴离子（Cl^-）不断地向孔内迁移、富集，孔内氯离子浓度升高。同时由于孔内金属离子浓度的升高并发生水解，结果使孔内溶液氢离子浓度升高，pH 值降低，溶液酸化，相当于使蚀孔内金属处于 HCl 介质中，为活化溶解状态。水解产生的氢离子和孔内的氯离子又促使蚀孔侧壁的铝继续溶解，发生自催化反应，孔内浓盐溶液的高导电性使闭塞电池的内阻很低，腐蚀不断发展。由于孔内浓盐溶液中氧的溶解度很低，又加上扩散困难，使得闭塞电池局部供氧受到限制，阻碍了孔内金属的再钝化，使孔内金属处于活化状态。

蚀孔口形成了 $Al(OH)_3$ 腐蚀产物沉积层，阻碍了扩散和对流，使孔内溶液得不到稀释，从而造成了上述电池效应。闭塞电池的腐蚀电流使周围得到阴极保护，因而抑制了蚀孔周围的全面腐蚀。阴极反应产生的碱有利于钝化，较贵金属如铜的沉积提高了阴极的有效作用，使阴极电势保持在小孔腐蚀电势之上，而孔内电势则处在活化区。溶液中存在 $Ca(HCO_3)_2$ 的情况也是如此。这些因素阻止了蚀孔周围的全面腐蚀，但却促进了小孔腐蚀的迅速发展。碳钢和不锈钢的小孔腐蚀成长机理与铝类似。

三、小孔腐蚀的影响因素

小孔腐蚀与金属的性质、合金的成分、组织、表面状态、介质的成分和性质、pH 值、温度和流速等因素有关。归纳起来主要有两方面，即材料性能和介质环境。

1. 材料性能

（1）金属性质：金属性质对小孔腐蚀有重要影响。一般来说，具有自钝化特性的金属对小孔腐蚀的敏感性较高，并且钝化能力越强，敏感性越高。

（2）合金元素：不锈钢中 Cr 是最有效提高耐小孔腐蚀性能的元素。在一定 Cr 含量下增加 Ni 含量，也能起到减轻小孔腐蚀的作用，而加入 2%~5% 的 Mo 能显著提高不锈钢耐小孔腐蚀性能。多年来，人们对合金元素对不锈钢小孔腐蚀的影响进行了大量研究，研究结果表明，Cr、Ni、Mo、N 元素都能提高不锈钢抗小孔腐蚀能力，而 S、P、C 等元素会降低不锈钢抗小孔腐蚀能力。

（3）表面状态：表面状态如抛光、研磨、侵蚀、变形对小孔腐蚀有一定影响，例如，随着金属表面光洁度的提高，其耐小孔腐蚀能力增强；电解抛光可使钢的耐小孔腐蚀能力提高。光滑清洁的表面不易发生小孔腐蚀，粗糙表面往往不容易形成连续而完整的保护膜。在膜缺陷处，容易产生小孔腐蚀；积有灰尘或有非金属和金属杂质的表面易发生小孔腐蚀；加工过程的锤击坑、表面机械擦伤或加工后的焊渣，都会导致耐小孔腐蚀能力的下降。

2. 介质环境

（1）溶液组成及浓度：一般来说，在含有卤素阴离子的溶液中，金属易发生小孔腐蚀，因为卤素离子能优先被吸附在钝化膜上，把氧原子排挤掉，然后与钝化膜中的金属阳离子结合形成可溶性卤化物，产生小孔，导致膜的不均匀破坏。其作用顺序是：$Cl^->Br^->I^-$。Cl^- 只能加速金属表面的均匀溶解而不会引起小孔腐蚀。因此，Cl^- 又可称为小孔腐蚀的"激发剂"。随着介质中 Cl^- 浓度的增大，先是激发了小孔腐蚀的发生，然后又加速了小孔腐蚀的进行。在氯化物中，含有氧化性金属离子的氯化物（如 $CuCl_2$、$FeCl_3$、$HgCl_2$ 等）为强烈的小孔腐蚀激发剂。

（2）溶液温度：随着溶液温度的升高，Cl^- 反应能力增强，同时膜的溶解速率也增大，因而使膜中的薄弱点增多。所以，温度升高会加速小孔腐蚀，或使在低温下不发生小孔腐蚀的材料发生小孔腐蚀。

（3）溶液流速：在静止的溶液中往往易形成小孔腐蚀，因为此时不利于阴极和阳极间的溶液交换。增加流速会使小孔腐蚀速率减小，这是因为介质的流速对小孔腐蚀的减缓起双重作用。流速增加（但仍处于层流状态）一方面有利于溶解氧向金属表面输送，加快钝化膜的形成；另一方面可以减少金属表面的沉积物以及 Cl^- 在金属表面的沉积和吸附，消除加速腐蚀的作用（闭塞电池的自催化酸化作用）。例如，不锈钢制造的海水泵在运行过程中不易产生小孔腐蚀，而在静止的海水中便会产生小孔腐蚀。流速增加到湍流状态时，钝化膜经不起冲刷而被破坏，引起另类腐蚀——磨损腐蚀。

四、小孔腐蚀的防护措施

小孔腐蚀的防护主要从两个方面考虑，首先从材料角度考虑较多，其次是从环境角度考虑。此外，还可以考虑电化学保护等。

1. 材料

(1) 添加耐小孔腐蚀的合金元素。

加入适量的耐小孔腐蚀的合金元素，降低有害杂质含量，可减弱材料的小孔腐蚀敏感性。例如，通过添加抗小孔腐蚀的合金元素 Cr、Mo、Si 和 N，采用精炼方法除去或减少钢材中 C、S 和 P 等有害元素和杂质，不锈钢在含 Cl^- 溶液中耐小孔腐蚀性能明显提高。

(2) 选用耐小孔腐蚀的合金材料。

避免在 Cl^- 浓度超过拟选用的合金材料临界 Cl^- 浓度值的环境条件中使用这种合金材料。例如，在海水环境中，不宜使用 18-8 型 Cr-Ni 不锈钢制造的管道、泵和阀门等，防止诱发小孔腐蚀，导致材料的早期腐蚀疲劳断裂。近年来开发了多种耐小孔腐蚀不锈钢，这类钢材中都含有较多的 Cr、Mo，有的还含有 N，而含碳量都低于 0.03%。双相钢和高纯铁素体不锈钢都具有良好的抗小孔腐蚀性能，钛和钛合金的抗小孔腐蚀性能优异。

(3) 保护材料表面。

在设备制造、运输和安装过程中，不要碰伤或划破材料表面膜；焊接时注意焊渣等飞溅物不要落在设备表面上，更不能在设备表面上引弧。

2. 环境

(1) 改善介质条件。

通过降低溶液中 Cl^- 含量、减少 Fe^{3+} 及 Cu^{2+} 存在、降低温度、提高 pH 值等措施，可以避免或减少小孔腐蚀的发生。

(2) 使用缓蚀剂。

特别是在封闭系统中使用缓蚀剂最有效，用于不锈钢的缓蚀剂有硝酸盐、铬酸盐、硫酸盐和碱，最有效的是亚硝酸钠。但要注意，缓蚀剂用量不足反而会加速腐蚀。

(3) 适当控制流速。

不锈钢等钝化型材料在滞流或缺氧的条件下易发生小孔腐蚀。控制流速可减轻或防止小孔腐蚀的发生。

3. 电化学保护

采用电化学保护也可抑制小孔腐蚀的发生，通常为外加电流阴极保护。

综上所述，小孔腐蚀是一种破坏性大而难以及时发现的局部腐蚀，往往因此而造成一些突发的严重破坏事故，如地下输油、输气的钢管道，由于管壁突然穿透引起物料的大量流失，甚至可能引起火灾或爆炸。因此研究小孔腐蚀的产生规律、影响因素和控制方法具有重要的现实意义。

第三节 缝隙腐蚀

由于金属表面存在异物或结构性质造成缝隙，缝隙一般在 0.025~0.1mm 范围内。由于此种缝隙的存在，使缝隙内溶液中与腐蚀有关的物质（如氧或某些阻蚀性物质）迁移困难，引起缝隙内金属的腐蚀，这种现象称为缝隙腐蚀，如图 3-7 所示。

一、缝隙腐蚀的特征

缝隙腐蚀是一种很普遍的局部腐蚀，不论是同种还是异种金属相接触均会引起缝隙腐

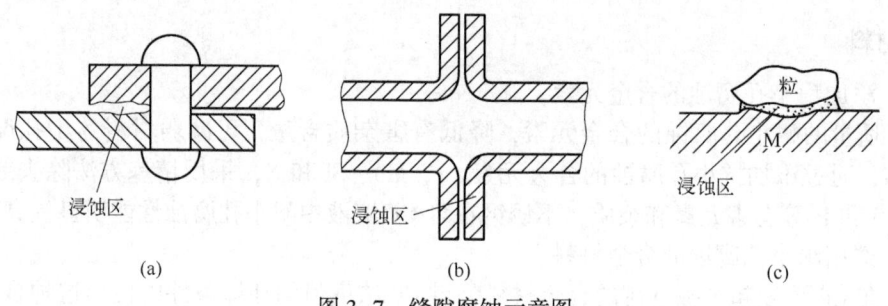

图 3-7 缝隙腐蚀示意图

蚀，如铆接、焊接、螺纹连接等。即使金属同非金属相接触也会引起金属的缝隙腐蚀，如塑料、橡胶、玻璃、木材、石棉、织物以及各种法兰盘之间的衬垫等。金属表面的一些沉积物、附着物，如灰尘、砂粒、腐蚀产物的沉积等也会给缝隙腐蚀创造条件。几乎所有金属、所有腐蚀性介质都有可能引起金属的缝隙腐蚀。其中以依赖钝化而耐蚀的金属材料和含 Cl^- 的溶液最易发生此类腐蚀。

缝隙腐蚀具有如下的基本特征：

(1) 几乎所有的金属和合金都有可能引起缝隙腐蚀。从正电性的 Au 或 Ag 到负电性的 Al 或 Ti，从普通的不锈钢到特种不锈钢，都会产生缝隙腐蚀，但它们对缝隙腐蚀的敏感性有所不同，具有自钝化特性的金属或合金对缝隙腐蚀的敏感性较高，不具有自钝化能力的金属和合金，如碳钢等对缝隙腐蚀的敏感性较低。

(2) 几乎所有的腐蚀性介质都有可能引起金属的缝隙腐蚀。介质可以是酸性、中性或碱性的溶液，但一般充气的、含活性阴离子的中性介质最易引起缝隙腐蚀。

(3) 遭受缝隙腐蚀的金属，在缝隙内呈现深浅不一的蚀坑或深孔。缝隙口常有腐蚀产物覆盖，即形成闭塞电池。因此缝隙腐蚀具有一定的隐蔽性，容易造成金属结构的突然失效，具有相当大的危害性。

(4) 与小孔腐蚀相比，同一金属或合金在相同介质中更易发生缝隙腐蚀。对小孔腐蚀而言，原有的蚀孔可以发展，但不产生新的蚀孔，而在发生缝隙腐蚀电位区间内，缝隙腐蚀既能发展，又能产生新的蚀坑，原有的蚀坑也能发展。因此，缝隙腐蚀是一种比小孔腐蚀更为普遍的局部腐蚀。

(5) 与小孔腐蚀一样，造成缝隙腐蚀加速进行的根本原因是闭塞电池的自催化作用。

二、缝隙腐蚀的机理

目前普遍为大家所接受的缝隙腐蚀机理是由氧浓差电池与闭塞电池自催化效应共同作用产生腐蚀，如图 3-8(a)、(b) 所示。

在缝隙腐蚀初期，阳极溶解：

$$M \longrightarrow M^{n+} + ne$$

阴极还原：

$$O_2 + 2H_2O + 4e \longrightarrow 4OH^-$$

上述过程均匀地发生在包括缝隙内部的整个金属表面上，但缝隙内的 O_2 在初期就消耗尽了，致使缝隙内溶液中的氧靠扩散补充，氧扩散到缝隙深处很困难，从而中止了缝隙内氧的阴极还原反应，使缝隙内金属表面和缝隙外自由暴露表面之间组成宏观电池。缺乏氧的区域（缝隙内）电势较低为阳极区，氧易到达的区域（缝隙外）电势较高为阴极区。结果缝

(a) 氧浓差电池　　　　　　　　　(b) 闭塞电池自催化效应

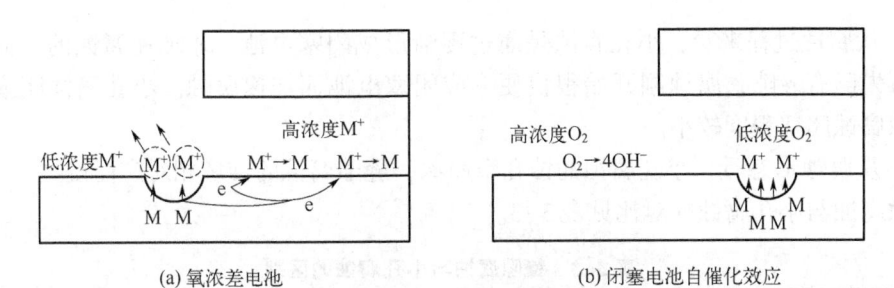

图 3-8　缝隙腐蚀机理示意图

隙内金属溶解，金属阳离子不断增多，从而吸引缝隙外溶液中的负离子（如 Cl^-）移向缝隙内，以维持电荷平衡。图 3-9 为铆接金属板浸入充气海水中的缝隙腐蚀过程。

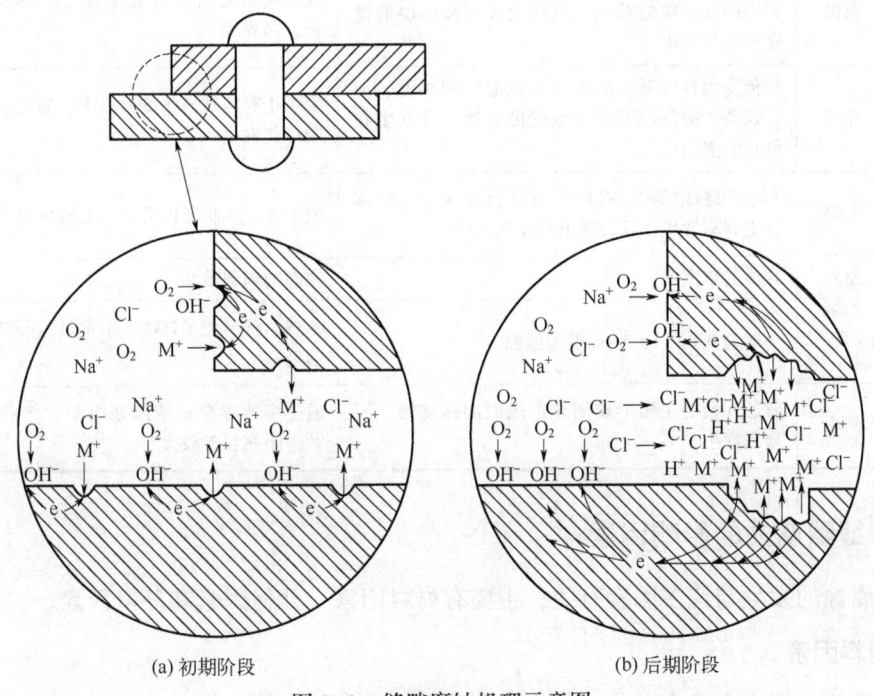

(a) 初期阶段　　　　　　　　　(b) 后期阶段

图 3-9　缝隙腐蚀机理示意图

所生成的金属氯化物在水中水解成不溶的金属氢氧化物和游离酸，即 $M^+Cl^-+H_2O \longrightarrow MOH+H^+Cl^-$，使缝隙内 pH 值下降，最低可达 2~3，这样 Cl^- 和低 pH 值共同加速了缝隙腐蚀。由于缝内金属溶解速率增加，使相应缝外邻近表面的阴极极化过程（氧的还原反应）速度增加，从而保护了外部表面。缝内金属离子的进一步过剩又促使氯离子迁入缝内，形成金属盐类。水解、缝内酸度增加更加速了金属的溶解，即产生了闭塞电池自催化效应。

从机理分析中可见，缝隙腐蚀和小孔腐蚀有许多相似的地方，尤其在腐蚀发展阶段上更为相似。有人曾把小孔腐蚀看作一种以蚀孔作为缝隙的缝隙腐蚀，但只要把两种腐蚀加以分析和比较，就可以看出两者有本质上的区别。

（1）从腐蚀发生的起因来看，小孔腐蚀强调金属表面的缺陷导致形成孔蚀核，而缝隙腐蚀强调金属表面的合适缝隙导致形成缝隙内外的氧浓差。小孔腐蚀必须在含活性阴离子的介质中才会发生，而后者即使在不含活性阴离子的介质中也能发生。

（2）从腐蚀过程来看，小孔腐蚀是通过逐渐形成闭塞电池，才加速腐蚀的，而缝隙腐蚀由于事先已有缝隙，腐蚀刚开始很快便形成闭塞电池而加速腐蚀。小孔腐蚀闭塞程度较大，缝隙腐蚀闭塞程度较小。

（3）从腐蚀形态看，小孔腐蚀的蚀孔窄而深，缝隙腐蚀的蚀坑相对广而浅。

缝隙腐蚀与小孔腐蚀的对比见表 3-3。

表 3-3 缝隙腐蚀与小孔腐蚀的区别

项目		缝隙腐蚀	小孔腐蚀
萌生条件不同	材料	所有金属和合金，特别容易发生在靠钝化而耐蚀的金属及合金上	易发生在表面生成钝化膜的金属材料或表面有阴极、阳极性镀层的金属上
	部位	发生在使介质到达受限制的表面，不仅在金属表面非均质处萌生，也在次表面金属层的微观缺陷处萌生	仅在金属表面非均质处萌生，如非金属夹杂物、晶界等
	介质	任何侵蚀性介质，酸性（如硫酸）或中性，而含氯离子的溶液容易引起缝隙腐蚀，常发生在静止溶液中	发生于有特殊离子的介质中，静止和流动溶液中均能发生
	电势	与小孔腐蚀相比，对同一种合金而言，缝隙腐蚀更容易发生，其临界电势要低	发生在某一临界电势（小孔腐蚀电势）以上
	原因	介质的浓度差	钝态的局部破坏
腐蚀形态不同		一般为 0.025~0.1mm 宽的缝隙	各种形状，如半球状、不定形、开口形、闭口形等
腐蚀过程不同		腐蚀开始很快便形成闭塞电池而加速腐蚀，闭塞程度小	通过腐蚀逐渐形成闭塞电池，然后才加速腐蚀，闭塞程度较大

三、缝隙腐蚀的影响因素

缝隙腐蚀的发生与许多因素有关，主要有材料因素、几何因素和环境因素。

1. 材料因素

大多数工业用金属或合金都可能产生缝隙腐蚀，而耐蚀性依靠氧化膜或钝化层的金属或合金，对缝隙腐蚀尤为敏感。不锈钢中随着 Cr、Mo、Ni、N、Cu、Si 等元素含量的增加，钝膜的稳定性和钝化、再钝化能力增大，其耐缝隙腐蚀性能也有所提高。

2. 几何因素

影响缝隙腐蚀的主要几何因素包括缝隙宽度和深度以及缝隙内、外面积比等。一般发生缝隙腐蚀的缝宽为 0.025~0.1mm，最敏感的缝宽为 0.05~0.1mm，缝宽超过 1mm 一般不会发生缝隙腐蚀，而是倾向于发生均匀腐蚀。在一定限度内缝隙越窄，腐蚀速率越大。由于缝隙内为阳极区，缝隙外为阴极区，所以缝内、外面积比越大，缝隙内腐蚀速率越大。

3. 环境因素

（1）溶液中氧的浓度。

溶解氧的浓度大于 0.5mg/L 时，便会引起缝隙腐蚀，且随着氧浓度的增大，缝隙外阴极还原反应更容易进行，加速缝隙腐蚀。

(2) 腐蚀介质流速。

介质流速对腐蚀有双重影响。一方面，当流速增加时，缝隙外溶液中含氧量增加，腐蚀加快；另一方面，对于沉积物引起的缝隙腐蚀，流速增大时，有可能把沉积物冲刷掉，使缝隙腐蚀减弱。

(3) 介质温度。

温度升高使阳极反应加快。在敞开的海水中，80℃达最大腐蚀速率，高于80℃则由于溶液中溶解氧含量下降而相应使腐蚀速率下降。在含氯介质中，各种不锈钢都存在临界缝隙腐蚀温度，达到这一温度发生缝隙腐蚀的概率增大，随着温度进一步升高，缝隙腐蚀更容易产生并更趋严重。一般来说，介质温度越高，缝隙腐蚀的危险性越大。

(4) pH 值。

只要缝隙外金属仍处于钝化状态，则随着 pH 值的下降，缝隙内腐蚀会加剧。

(5) 溶液中 Cl^- 浓度。

通常介质中 Cl^- 的浓度超过 0.1% 时，便有发生缝隙腐蚀的可能性，浓度越高，发生缝隙腐蚀的可能性越大。

四、缝隙腐蚀的防护措施

在工程结构中缝隙是不可避免的，所以缝隙腐蚀也难以完全避免，用改变材料的方法避免缝隙腐蚀是不现实的，必须通过合理的设计和施工加以防护。

1. 合理设计与施工

从缝隙腐蚀防护的角度看，施工时应尽量采用焊接，而不宜采用铆接或螺栓连接；对接焊优于搭接焊；焊接时要焊透，避免产生焊孔和缝隙；搭接焊的缝隙要用连续焊、钎焊等方法封塞。

封片不宜采用石棉、纸质等吸湿性材料，而应使用橡胶垫片、聚四氟乙烯垫片等。长期停车时，应取下湿的垫片和填料。

热交换器的花板与管束之间，用焊接代替胀管，或先胀后焊。

对于几何形状复杂的海洋平台节点处，采用涂料局部保护，避免在长期的使用过程中由于沉积物的附着而形成缝隙。

若在结构设计上不可能采用无缝隙方案，也要注意金属制品的积水处，须使液体能完全排净。要便于清理和去除污垢，避免锐角和静滞区（死角），以便出现沉积物时能及时清除。

2. 采用阴极保护

当缝隙腐蚀难以避免时，可采用阴极保护，如在海水中采用锌或镁的牺牲阳极法。

3. 选用耐缝隙腐蚀的材料

一般 Cr、Mo 含量高的合金耐缝隙腐蚀性较好，如含 Mo 和 Ti 的不锈钢、超纯铁素体不锈钢、铁素体奥氏体双相不锈钢以及钛合金等。Cu-Ni、Cu-Sn、Cu-Zn 等铜基合金也有较好的耐蚀性能。

4. 使用缓蚀剂

使用缓蚀剂法防止缝隙腐蚀时，必须使用高浓度的缓蚀剂。这是因为缓蚀剂进入缝隙时常受到阻滞，其消耗量大，如果用量不当反而会加速腐蚀。

5. 去除固体颗粒

如有可能，应设法除去介质中的悬浮固体，这不仅可以防止沉积（垢下）腐蚀，还可以降低管道的阻力和设备的动力。

第四节 晶间腐蚀

晶间腐蚀是一种由微观电池作用而引起的局部破坏现象，是金属材料在特定的腐蚀介质中沿着材料晶界产生的腐蚀。这种腐蚀主要是从表面开始，沿着晶界向内部发展，直至成为溃疡性腐蚀，使整个金属强度几乎完全丧失。发生晶间腐蚀后，在材料表面可观察到晶粒的形态，类似冰糖块状。从横截面看，晶界优先被腐蚀，然后腐蚀沿着晶界向材料的纵深发展，如图3-10所示。

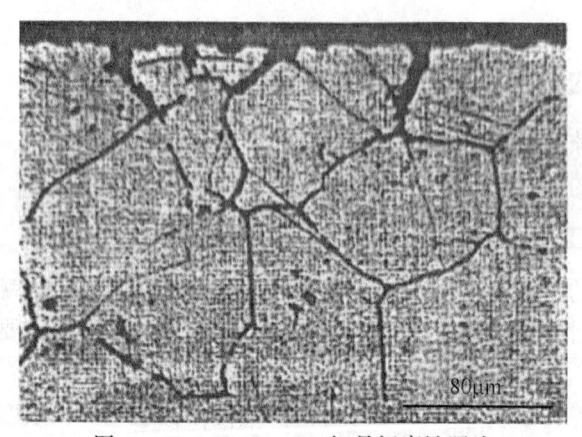

图3-10　00$Cr_{25}Ni_{20}$Nb钢晶间腐蚀照片

一、晶间腐蚀的特征

晶间腐蚀的产生必须具备两个条件：一是晶界物质的物理化学状态与晶粒本身不同；二是特定的环境因素，如潮湿大气、电解质溶液、过热蒸汽、高温水或熔融金属等。

晶间腐蚀具有以下特征：

（1）晶间腐蚀常在不锈钢、镍合金和铝—铜合金上发生，主要是在焊接接头或经一定温度、时间加热后的构件上发生。

（2）发生晶间腐蚀的金属材料表面在宏观形貌上变化不明显，但在腐蚀严重的情况下，晶间已丧失结合力，当轻敲金属时发不出清脆的响声，而用力敲击时金属材料会碎成小块，甚至成为粉状，因此，它是一种危害性很大的局部腐蚀。

（3）从微观角度看，腐蚀始发于表面，沿着晶界向内部发展。腐蚀形貌是沿着晶界形成许多不规则的多边形腐蚀裂纹。

（4）晶间腐蚀对腐蚀介质有一定的选择性，一定材料的晶间腐蚀在特定的腐蚀溶液中才能检测出来。例如，不锈钢的晶间腐蚀多产生于具有氧化性或弱氧化性的介质环境中。

二、晶间腐蚀的机理

晶间腐蚀机理可以用奥氏体不锈钢的贫铬理论来解释。

在含碳质量分数高于0.02%的奥氏体不锈钢中，碳与铬能生成碳化物（$Cr_{23}C_6$）。而高温淬火加热时，Cr以固溶态溶于奥氏体中，并均匀分布，使合金各部分铬含量均满足钝化所需值，即Cr质量分数在12%以上，使合金具有良好的耐蚀性。虽然这种过饱和固溶体在室温下暂时保持这种状态，但它是不稳定的。如果加热到敏化温度范围内，碳化物就会沿晶界析出，铬便从晶粒边界的固溶体中分离出来。由于铬的扩散速率远低于碳的扩散速率，因此Cr不能及时从晶粒内的固溶体中扩散补充到边界，故只能消耗晶界附近的铬，造成晶界铬的贫乏区（贫铬区）。贫铬区的含铬量远低于钝化所需的极限值，其电势比晶粒内部电势低，比碳化物的电势更低。而贫铬区和碳化物紧密相连，当遇到一定腐蚀介质时就会发生短路电池效应。该情况下碳化铬和晶粒为阴极，为阳极的贫铬区被迅速侵蚀。图3-11和图3-12分别表示了敏化处理后的奥氏体不锈钢晶界处碳化物及碳和铬的浓度分布情况。

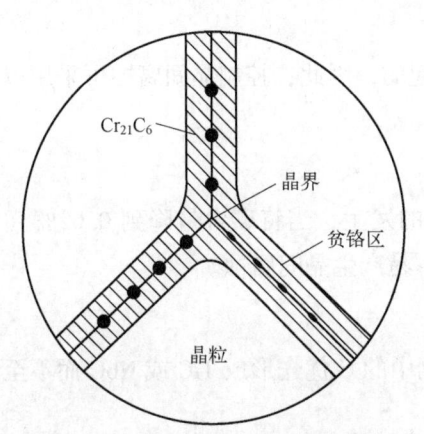

图3-11 不锈钢敏化态晶界析出示意图　　图3-12 晶界附近碳、铬分布

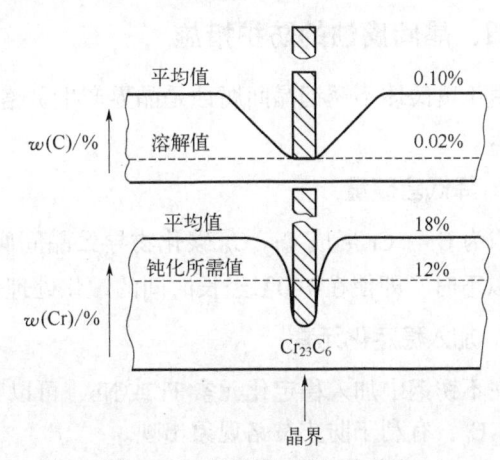

三、晶间腐蚀的影响因素

通过以上机理分析，在腐蚀介质中，金属及合金的晶粒与晶界显示出明显的电化学不均性。这种变化或是由于金属或合金在不正确的热处理时产生的金相组织变化引起的，或是由晶界区存在的杂质或沉淀相引起的。

晶间腐蚀的发生与加热温度和时间、合金成分、腐蚀介质等因素有关。

1. 加热温度和时间

固溶处理的奥氏体不锈钢若在450~850℃内保温或缓慢冷却，就有了晶间腐蚀的敏感性。实际生产中，产生晶间腐蚀敏感性的原因一般有以下3种。

（1）从退火处理温度慢冷，这在大部分产品中是常见的现象，这是因为通过敏化温度范围冷却速率比较慢。

（2）在敏化温度范围内（如在593℃），为了消除应力而停留几个小时。

（3）在焊接过程中，焊缝的两边在敏化温度范围内加热数秒或数分钟而产生敏感性，即所谓焊接热影响区。

2. 合金成分

(1) 碳：奥氏体不锈钢中含碳量越高，产生晶间腐蚀倾向的加热温度和时间的范围越大，晶间腐蚀程度也越严重。

(2) 铬和钼：铬和钼含量增高，可降低碳的活度，有利于减弱晶间腐蚀倾向。

(3) 镍和硅：镍和硅等不形成碳化物的元素可促进碳的扩散及碳化物析出，从而增加不锈钢晶间腐蚀敏感性。

(4) 钛和铌：钛和铌与碳的亲和力大于铬与碳的亲和力，高温时能形成稳定的碳化物 TiC、NbC，从而大大降低了钢中的固溶碳量，使铬的碳化物难以析出，降低产生晶间腐蚀倾向的敏感性。

3. 腐蚀介质

酸性介质中晶间腐蚀较严重（如硫酸、硝酸等），含 Cu^{2+}、Hg^{2+}、Cr^{6+} 介质可促进发生晶间腐蚀；化工介质，如尿素、海水、水蒸气（锅炉）等也可能发生晶间腐蚀。

四、晶间腐蚀的防护措施

由于奥氏体不锈钢晶间腐蚀是晶界产生贫铬引起的，因此，控制晶间腐蚀可采用以下几种方法。

1. 降低含碳量

因为 C 与 Cr 形成 $Cr_{23}C_6$ 碳化物导致晶间腐蚀的发生，当将碳含量降到 0.02%（超低碳）以下时，即使在 700℃ 经长时间的敏化处理也不易产生晶间腐蚀。

2. 加入稳定化元素

在不锈钢中加入稳定化元素 Ti 或 Nb，可以与钢中的 C 优先形成 TiC 或 NbC 而不至于形成 $Cr_{23}C_6$，有利于防止贫铬现象出现。

3. 固溶处理和稳定化处理

(1) 固溶处理：不锈钢加热至 1050~1100℃ 保温一段时间让 $Cr_{23}C_6$ 充分溶解，然后迅速冷却（通常为水冷），迅速通过敏化温度范围以防止碳化物的析出。

(2) 稳定化处理：对含稳定化元素 Ti 和 Nb 的 18-8 不锈钢经固溶处理后，再经 850~900℃ 保温 1~4h，然后空冷的处理为稳定化处理，目的是使钢中的 C 与 Ti 或 Nb 充分反应，形成稳定的 TiC 或 NbC。经稳定化处理后的含 Ti 或 Nb 的钢若再经敏化温度加热，其晶间腐蚀敏感性降低，因此该钢适于在高温下使用。

4. 采用双相不锈钢

含奥氏体 10%~20% 的双相不锈钢，由于铁素体在钢中大多沿奥氏体晶界分布，且含铬量高，不易形成贫铬区，因此有较强的耐晶间腐蚀性能，是目前耐晶间腐蚀的优良钢种。

第五节 选择性腐蚀

广义上来说，所有局部腐蚀都是选择性腐蚀，即腐蚀是在合金的某些部位有选择地发生的。此处所说的选择性腐蚀是一个狭义的概念，指的是从一种固溶体合金表面除去其中某些元素或某一相，其中电位低的金属或相发生优先溶解而被破坏的现象。在二元或三元以上合金中，较贵金属为阴极，较贱金属为阳极，构成腐蚀原电池，较贵金属保持稳定或重新沉淀，而较贱金属发生溶解。比较典型的选择性腐蚀是黄铜脱锌和铸铁的石墨化腐蚀。类似的腐蚀过程还有铝青铜脱铝、磷青铜脱锡、硅青铜脱硅以及钨钴合金脱钴等。

一、黄铜脱锌

1. 黄铜脱锌的概念

黄铜脱锌是指含30%锌和70%铜的黄铜在腐蚀过程中，表面的锌逐渐被溶解，最后剩下的几乎全是铜，同时黄铜的表面也由黄色变成红紫的纯铜色，极易分辨。

黄铜脱锌的类型一般有两种：一种是均匀型或层状脱锌，黄铜表面的锌像被一条条地抽走似的；另一种是局部型或塞状脱锌，黄铜的局部表面，由于锌的溶解形成蚀孔，蚀孔有时被腐蚀产物覆盖，如图3-13所示。

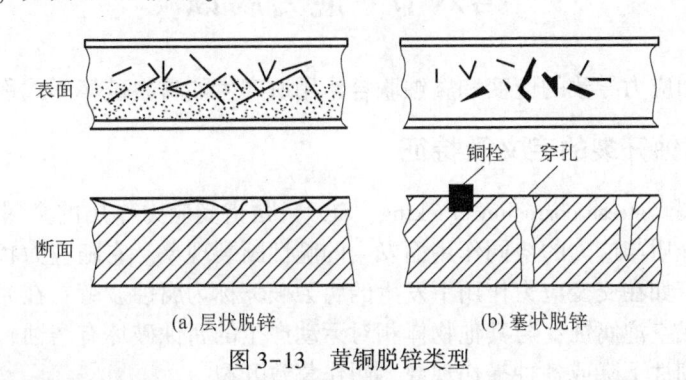

图3-13 黄铜脱锌类型

2. 黄铜脱锌的影响因素

（1）介质中溶解氧有促进脱锌的作用，但在缺氧的介质中，也会发生脱锌现象。

（2）处于滞流状态的溶液、含氯离子、黄铜表面有疏松的垢层或沉积物（有利于形成缝隙腐蚀）都能促进这种选择性腐蚀，反之则减轻腐蚀；黄铜含锌量越高，其脱锌倾向越大，腐蚀进程则越快。

（3）在自然腐蚀的条件下，多半是在含锌量高于15%的黄铜上发生脱锌。

3. 黄铜脱锌的防护措施

（1）选用抗脱锌的合金。如红黄铜就几乎不脱锌。

（2）在黄铜中加入少量砷可使脱锌敏感性下降。如含70%Cu、20%Zn、1%Sn和0.04%As的海军黄铜是抗脱锌腐蚀的优质合金，主要原因是砷起缓蚀剂作用，在合金表面形成保护性膜，阻止铜的回镀。

（3）在黄铜中加1%的锡或少量砷、锑、磷等都可以提高其抗脱锌能力。

二、铸铁的石墨化

灰口铸铁中的石墨以网络状分布在铁素体的基体内，对于铁素体来说，石墨为阴极，在一定的介质环境条件下铁被选择性溶解，而留下一个多孔的石墨骨架，这种选择性腐蚀称为铸铁的石墨化，如图3-14所示。

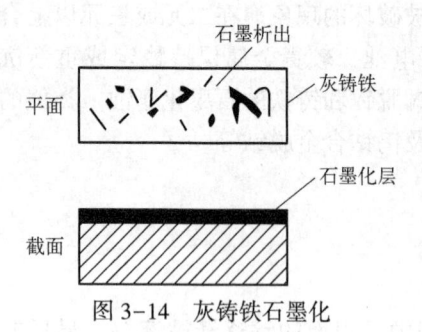

灰口铸铁构件在弱腐蚀性介质（如盐水、土壤或极稀的酸性溶液等）中使用，容易发生石墨化。这是因合金中不同相构成腐蚀微电池而引起腐蚀的典型例子。在石墨化的过程中，由于铁的电位低，因而优先被溶解，剩下由石墨骨架与铁锈组成的海绵状物质，致使铸铁机械强度严重下降，所以在腐蚀表面，用小刀就可以把石墨片剥离。石墨化过程缓慢，不及时发现可使构件发生突然破坏，具有一定的危险性。

图 3-14 灰铸铁石墨化

因为球墨铸铁和可锻铸铁的内部都不存在像灰铸铁那样的石墨骨架，所以不会发生石墨化。白口铸铁中也基本上不存在游离碳，所以也不会出现石墨化，因而选用它们作构件材料便可以防止石墨化现象的发生。

第六节 应力腐蚀

由残余或外加应力导致的应变和腐蚀联合作用所产生的材料破坏形式称为应力腐蚀。

一、应力腐蚀开裂的定义及特征

应力腐蚀开裂（stress corrosion cracking, SCC）是指受应力作用的金属材料在某特定介质中，由于腐蚀介质与应力的协同作用而发生的脆性断裂现象。它随应力状态不同呈现不同的腐蚀破坏形态。如在交变应力作用下发生的腐蚀破坏称为腐蚀疲劳；在冲击性外力作用下的腐蚀称为冲蚀或空泡腐蚀；与其他物体相对运动产生的腐蚀破坏有磨蚀、磨耗腐蚀等；由氢引起的开裂、韧性下降或各种损伤现象，叫作氢致开裂。

工程上常用的金属材料，如不锈钢、铜合金、碳钢和高强度钢等，在各自特定介质中都有可能产生应力腐蚀破裂，而且往往是在没有明显预兆的情况下发生的，所以应力腐蚀破裂是一种很危险的腐蚀损坏，特别是对受压设备，往往造成十分严重的后果。

一般认为发生应力腐蚀的三个基本条件是：敏感材料、特定环境和足够大的拉应力。应力腐蚀破裂具体特征如下：

（1）发生应力腐蚀的主要是合金，一般认为纯金属极少发生。例如，纯度达 99.999% 的铜在氨介质中不会发生应力腐蚀开裂，但含有 0.004% 的磷或 0.01% 的锑时则发生 SCC；纯度达 99.99% 的纯铁在硝酸盐溶液中很难发生应力腐蚀开裂，但含 0.04% 的碳时，则容易发生。

（2）只有在特定环境中对特定材料才产生应力腐蚀。随着合金使用环境不断增加，现已发现能引起各种合金发生应力腐蚀的介质非常广泛。表 3-4 列出了常用合金发生应力腐蚀的特定介质。可见，某一特定材料绝不是在所有环境介质中都可能发生应力腐蚀的，而是局限在特定情况的环境中。

表 3-4 常用合金发生应力腐蚀的特定介质

合金	介质
低碳钢	NaOH 水溶液、NaOH
低合金钢	NO_3 水溶液、HCN 水溶液、H_2S 水溶液、Na_3PO_4 水溶液、氨（水<0.2%）、碳酸盐和重铬酸盐溶液、湿的 $CO-CO_2$ 空气、海洋大气、工业大气、浓硝酸、硝酸和硫酸混合酸

续表

合金		介质
高强度钢		蒸馏水、湿大气、H_2S、Cl^-
奥氏体不锈钢		Cl^-、海水、F^-、Br^-、$NaOH-H_2S$ 水溶液、$NaCl-H_2O_2$ 溶液、连多硫酸 ($H_2S_nO_6$, $n=2\sim5$)、高温高压含氧高纯水、H_2S、含氯化物的冷凝水气
铜合金	Cu-Zn、Cu-Zn-Sn	NH_3 及其水溶液、含 NH_3 湿大气
	Cu-Zn-Ni、Cu-Sn	浓 $NH_3 \cdot H_2O$、空气
	Cu-Sn-P	氨
	Cu-P、Cu-As、Cu-Sb、Cu-Au	$NH_3 \cdot H_2O$、$FeCl_3$、HON_3 溶液
铝合金	Al-Cu-Mg、Al-Mg-Zn、Al-Mo-Cu、Al-Cu-Mg-Mn	海水
	Al-Zn-Cu	$NaCl$、$NaCl-H_2O_2$ 溶液
	Al-Cu	$NaCl$、$NaCl-H_2O_2$ 溶液、KCl、$MgCl_2$ 溶液
	Al-Mg	$NaCl$、$NaCl-H_2O_2$ 溶液、$CaCl_2$、NH_4Cl、$CoCl_2$ 溶液、空气、海水

(3) 发生应力腐蚀必须有拉应力的作用，且拉应力应足够大。压应力的存在反而能阻止或延缓应力腐蚀。

(4) 应力腐蚀是一种典型的滞后破坏，破坏过程可分三个阶段。①孕育期——裂纹萌生阶段，裂纹源成核所需时间约占整个破坏过程的90%。②裂纹扩展期——裂纹成核后直至发展到临界尺寸所经历的时间。③快速断裂期——裂纹达到临界尺寸后，由于纯力学作用裂纹失稳瞬间断裂。所以应力腐蚀破裂条件具备后，可能在很短的时间发生破裂，也可能在几年或更长时间才发生。

(5) 应力腐蚀的裂纹有晶间型、穿晶型和混合型三种类型，类型不同与合金—环境体系有关。应力腐蚀裂纹起源于表面；裂纹的长宽不成比例，可相差几个数量级；裂纹扩展方向一般垂直于主拉应力的方向；裂纹一般呈树枝状。

(6) 应力腐蚀是一种低应力脆性断裂。断裂前没有明显的宏观塑性变形，大多数是断口，由于腐蚀介质作用，断口表面颜色暗淡，显微断口往往可见腐蚀坑和二次裂纹，穿晶型微观断口往往还具有河流花样、扇形花样、羽毛状花样等形貌特征，如图3-15(a) 所示；晶间型显微断口呈冰糖块状，如图3-15(b) 所示。

二、应力腐蚀的机理及过程

1. 应力腐蚀机理

应力腐蚀机理有许多模型，按照腐蚀过程可划分为阳极溶解型和氢致开裂型两大类。

1) 阳极溶解型

阳极溶解是SCC的控制过程。该理论中，应力破坏保护膜起重要作用，在膜破裂处形成局部阳极区。阳极溶解型机理包括以下两种：

(1) 活性通路——电化学理论。该理论指出，在合金中存在一条易于腐蚀的大致连续

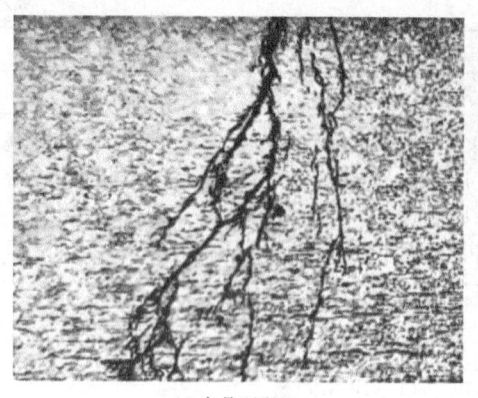

(a) 穿晶型裂纹　　　　　　　　　　　　(b) 晶间型裂纹

图 3-15　不锈钢应力腐蚀破裂裂纹

的活性通路。活性通路可能由合金成分和微结构的差异引起，如多相合金和晶界的析出物等。在电化学环境中，此通路为阳极，电化学反应沿着这条通道进行。许多实例都证明了活性通路的存在。

（2）表面膜破裂——金属溶解理论。该理论是由电化学理论衍生出的一支流派，只不过它着重解释膜破裂对于合金表面裂缝起源后扩展的作用。该理论认为，裂纹尖端由于连续的塑性变形使表面膜破裂，得到的裸露金属形成了一个非常小的阳极区，在腐蚀介质中发生溶解，金属的其他部位，特别是裂纹的两侧作为阴极。在腐蚀介质和拉应力的共同作用下，合金局部区域表面膜反复破裂和形成，最终导致应力腐蚀裂纹的产生。在这一过程中，裂纹尖端再钝化速率很重要，只有膜的修复速率在一定范围内时才能产生应力腐蚀开裂。该理论能够说明钝化体系 SCC 的原因，但不能解释有些非钝化体系也能产生 SCC 的原因。

2）氢致开裂型

若阴极反应析氢进入金属后，对应力腐蚀开裂起了决定性或主要作用，叫做氢致开裂。

2. 应力腐蚀过程

应力腐蚀是一种典型的滞后破坏，破坏过程可分三个阶段，如图 3-16 所示。

（1）孕育期：裂纹萌生阶段，即裂纹源的形成过程。

在活性阴离子（如 Cl^-）和拉应力的共同作用下，在钝性金属表面钝化膜有缺陷的位置上形成裂纹源。

（2）裂纹扩展期：裂纹源形成后直至发展到临界尺寸所经历的过程。

这一阶段裂纹扩展主要由裂纹尖端的电化学过程控制。裂纹尖端在腐蚀介质和拉应力的共同作用下，始终不能钝化，成为"动力阳极"快速溶解。

（3）快速断裂期：裂纹达到临界尺寸后，由纯力学作用裂纹失稳瞬间断裂。

由于产生应力腐蚀破裂的条件不同，孕育期有长有短，所以应力腐蚀破裂条件具备后，可能在很短时间发生破裂，也有可能在几年或更长时间才发生。

三、应力腐蚀的影响因素

影响应力腐蚀破裂的主要因素有三个方面，即力学因素、环境因素和冶金因素。

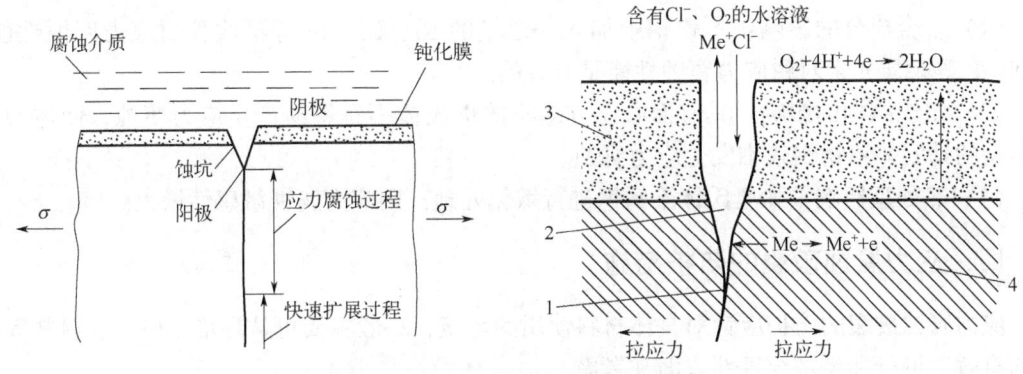

图 3-16 应力腐蚀破裂过程示意图
1—裂纹；2—酸性溶液；3—氧化物层；4—金属

1. 力学因素

拉应力是导致应力腐蚀破裂的推动力，拉应力主要有以下几个来源。

（1）工作应力，即工程构件一般在工作条件下承受外加载荷引起的应力。

（2）在生产、制造、加工过程中，如铸造、热处理、冷热加工变形、焊接、切削加工等过程中引起的残留应力。残留应力引起的应力腐蚀事故占有相当大的比例。

（3）由于腐蚀产物在封闭裂纹内的体积效应，可在垂直裂纹面的方向产生拉应力，导致应力腐蚀破裂。

对应力腐蚀破裂而言，拉应力是有害的，压应力是有益的。

2. 环境因素

应力腐蚀发生的环境因素是比较复杂的，大多数应力腐蚀发生在湿大气、水溶液中，但某些材料也会在有机液体、熔盐、熔金属、无水干气或高温气体中发生。从水溶液介质中来看，其介质种类、浓度、杂质、温度、pH 值等参数都会影响应力腐蚀的发生。

材料表面所接触的环境，即外部环境又称为宏观环境，而裂纹内狭小区域环境称为微观环境。宏观环境会影响微观环境，而局部区域如裂缝尖端的环境对裂缝的发生和发展有更为直接的重要作用。宏观环境最早发现应力腐蚀是在特定的材料环境组合中发生的，例如黄铜—氨溶液；奥氏体不锈钢—含 Cl^- 溶液；碳钢—含 OH^- 溶液；钛合金—红烟硝酸等。

但在近十几年的实践中，仍不断发现特定材料发生应力腐蚀的新的、特定的环境。例如 Fe-Cr-Ni 合金，不仅在含 Cl^- 溶液中，而且在硫酸、盐酸、氢氧化钠、纯水（含微量 Fe 或 Pb）和蒸汽中也可能发生应力腐蚀破裂；蒙乃尔合金在高温氟气中也可能发生应力腐蚀破裂等。

环境的温度、介质的浓度和溶液中 pH 值对应力腐蚀的发生各有不同的影响。

例如 316 型及 347 型不锈钢在 Cl^-（875mg/L）溶液中就有一个临界破裂温度（约 90℃），当所在温度低于该温度时，试件长期不发生应力腐蚀破裂。

关于浓度的影响，发现宏观环境中如 Cl^- 或 OH^- 浓度越高，应力腐蚀敏感性越强。

溶液中 pH 值下降会使应力腐蚀敏感性增大，更容易发生应力腐蚀破裂。

3. 冶金因素

冶金因素主要是指合金成分、组织结构和热处理等的影响。以奥氏体不锈钢在氯化物介质中的应力腐蚀破裂为例，其影响分析如下。

（1）合金成分的影响：不锈钢中加入一定量的 Ni、Cu、Si 等可改善耐应力腐蚀性能，而 N、P 等杂质元素对耐应力腐蚀性能是有害的。

（2）组织结构的影响：具有面心立方结构的奥氏体不锈钢易产生应力腐蚀，而体心立方结构的铁素体不锈钢较难发生应力腐蚀。

（3）热处理影响：如奥氏体不锈钢进行敏化处理，则应力腐蚀敏感性增大。

四、应力腐蚀破裂的防护措施

应力腐蚀破裂的防护应针对具体材料使用的环境，一般主要可从环境、应力、材料等因素的有效、可行和经济合理性方面来考虑。

1. 控制环境

（1）每种合金都有其敏感的腐蚀介质，尽量减少和控制这些有害介质（如 Cl 等）的数量。

（2）控制环境温度，如降低温度有利于减轻应力腐蚀。

（3）降低介质的氧含量及升高 pH 值。

（4）添加适当的缓蚀剂，如在油田气中可以加入吡啶。

（5）使用有机涂层可将材料表面与环境隔离，或使用对环境不敏感的金属作为敏感材料的镀层等。

2. 控制应力

首先应该改进结构设计。在设计时应按照断裂力学进行结构设计，避免或减小局部应力集中的结构型式。其次进行消除应力处理。在加工、制造、装配中应尽量避免产生较大的残余应力，并可采取热处理、低温应力松弛法、过变形法、喷丸处理等方法消除应力。

3. 改善材质

首先是合理选材。在满足性能、成本等的要求下，结合具体的使用环境，尽量选择在该环境中尚未发生过应力腐蚀开裂的材料，或对现有可供选择的材料进行试验筛选，应避免金属或合金在易发生应力腐蚀的环境介质中使用。其次开发新型耐应力腐蚀合金。还可以采用冶金工艺减少材料中的杂质、提高纯度或通过热处理改变组织、消除有害物质的偏析、细化晶粒等方法，减少材料的应力腐蚀敏感性。

4. 电化学保护

金属或合金发生 SCC 和电位有关，有的金属/腐蚀体系存在临界破裂电位，有的存在敏感电位范围。例如，对于发生在活化—钝化和钝化—过钝化两个敏感电位区间的 SCC，可以进行阴极或阳极保护防止应力腐蚀破裂。

第七节　腐蚀疲劳

腐蚀疲劳是材料或构件在交变应力与腐蚀环境的共同作用下产生的脆性断裂。腐蚀疲劳比单纯交变应力造成的破坏（即疲劳）或单纯腐蚀造成的破坏严重得多，而且有时腐蚀环境不需要有明显的侵蚀性。腐蚀疲劳是工程实际中所有承受循环载荷的构件所面临的严重问题。在石油化工行业中，泵及压缩机的进、出口管连接处，间歇性输送热流体的管道、传热设备、反应釜等位置，都有可能因承受交变应力或周期性温度变化而产生腐蚀疲劳。

一、腐蚀疲劳的特征

腐蚀环境与交变应力共同作用下的腐蚀疲劳有下列特征：

（1）在干燥纯空气中的疲劳存在着疲劳极限，但腐蚀疲劳往往已不存在明确的腐蚀疲劳极限。一般规律是：在相同应力下，腐蚀环境中的循环次数大为降低，而在同样循环次数下，无腐蚀环境所承受交变应力要比腐蚀环境下的大得多，如图 3-17 所示。

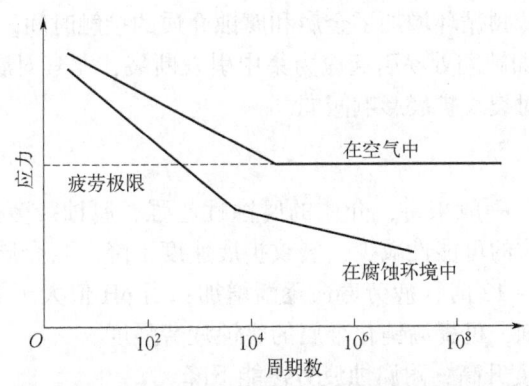

图 3-17 纯机械疲劳和腐蚀疲劳的应力—周期曲线

（2）与应力腐蚀不同，纯金属也会发生腐蚀疲劳，而且不需要材料—腐蚀环境特殊组合就能发生腐蚀疲劳。金属在腐蚀介质中，不管是处于活化态还是钝态，在交变应力下都可能发生腐蚀疲劳。

（3）腐蚀疲劳裂纹多起源于表面腐蚀坑或表面缺陷处，且往往容易观察到有短而粗的裂纹群，如图 3-18 所示。腐蚀疲劳裂纹主要是穿晶型，只有主干，没有分支，裂纹前缘较"钝"，所受应力不像应力腐蚀那样高度集中，因此裂纹扩展速度比较缓慢，并随腐蚀发展裂纹变宽。

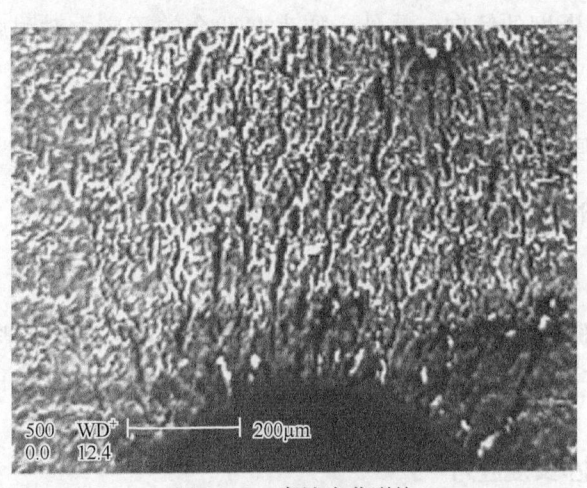

图 3-18 腐蚀疲劳裂纹

（4）腐蚀疲劳断裂属脆性断裂，没有明显宏观塑性变形，断口有疲劳特征（如疲劳辉纹），又有腐蚀特征（如腐蚀坑、腐蚀产物、二次裂纹等）。

二、腐蚀疲劳的影响因素

影响腐蚀疲劳的因素可从三个方面来讨论，即力学因素、环境因素和材料因素。

1. 力学因素

影响腐蚀疲劳的力学因素主要有以下两个方面。

（1）应力交变（循环）频率。当应力交变频率很高时，腐蚀作用不明显，以机械疲劳为主；当应力交变频率很低时，与静拉伸应力的作用相似，只是在某一频率范围内最容易产生腐蚀疲劳，这是因为低频循环增加了金属和腐蚀介质的接触时间。

（2）应力集中。表面缺陷处易引起应力集中引发断裂，尤其对腐蚀疲劳初始影响较大；但随着疲劳周次增加，对裂纹扩展影响减弱。

2. 环境因素

（1）介质的腐蚀性。一般来讲，介质的腐蚀性越强，腐蚀疲劳强度越低；而腐蚀性过强时，形成腐蚀疲劳裂纹的可能性减少，裂纹扩展速度下降。当介质 pH 值小于 4 时，疲劳寿命较低；当 pH 值为 4～12 时，疲劳寿命逐渐增加；当 pH 值大于 12 时，与纯疲劳寿命相同。在介质中添加氧化剂，可提高钝化金属的腐蚀疲劳强度。

（2）温度。随着温度升高，耐腐蚀疲劳性能下降。

（3）外加电流。阴极极化可使裂纹扩展速度明显降低，甚至接近空气中的疲劳强度；但阴极极化进入析氢电位后，对高强钢的腐蚀疲劳性能会产生有害作用。对处于活化态的碳钢而言，阳极极化会加速腐蚀疲劳；但对氧化性介质中使用的碳钢，特别是对不锈钢而言，阳极极化可提高腐蚀疲劳强度。

3. 材料因素

（1）材料耐蚀性。耐蚀性较好的金属，如钛、青铜、不锈钢等，对腐蚀疲劳敏感性较小；耐蚀性较差的高强铝合金、镁合金等，对腐蚀疲劳敏感性较大。

（2）材料的组织结构。材料的组织结构对腐蚀疲劳也有一定影响，例如提高强度的热处理有降低腐蚀疲劳强度的倾向。另外，如表面残余的压应力对耐腐蚀疲劳性能比拉应力好。

（3）表面残余应力状态。在材料的表面，有缺陷处（或薄弱环节）易发生腐蚀疲劳断裂；施加某些保护镀层（或涂层），也可改善材料耐腐蚀疲劳性能。

三、腐蚀疲劳的防护措施

1. 合理选材

可以采用改善和提高耐蚀性的合金化元素来提高合金腐蚀疲劳性能，如在不锈钢中增加 Cr、Ni、Mo 等元素含量，不仅能改善海水中的耐小孔腐蚀性能，也能改善其耐腐蚀疲劳性能。

2. 尽量消除或减少交变应力

首先是合理设计，注意结构平衡，采用合理的加工、装配方法以及消除应力等措施减少构件的应力,也可以采用喷丸处理,使材料表面产生压应力;其次是提高机器、设备的安装精度和质量,避免振动或共振出现;最后,生产中还要注意控制工艺参数(如温度、压力),减少波动。

3. 采用表面覆盖层保护

提高材料表面光洁度,采用表面涂层和镀层等方法来改善耐腐蚀疲劳性能,如镀锌钢丝可提高海水中的耐腐蚀疲劳寿命。

4. 采用阴极保护

采用阴极保护可改善海洋金属结构物的耐腐蚀疲劳性能。

5. 添加缓蚀剂

例如添加重铬酸盐可以提高碳钢在盐水中耐腐蚀疲劳性能。

在防止腐蚀疲劳的各种措施中,以镀锌和采用阴极保护应用最广且非常有效。

第八节 磨损腐蚀

金属表面与腐蚀流体之间由于高速相对运动而引起的金属损坏现象称为磨损腐蚀。一般这种运动的速度很快,同时还包括机械磨耗或磨损作用;金属或以溶解的离子状态脱离表面,或是生成固态腐蚀产物,然后受机械冲刷脱离表面。

从某种程度上讲,这种腐蚀是流动引起的腐蚀,也称流体腐蚀。只有当腐蚀电化学作用与流体动力学作用同时存在、交互作用时,磨损腐蚀才会发生,两者缺一不可。

暴露在运动流体中的所有类型设备、构件都遭受磨损腐蚀,如管道系统(特别是弯头、三通),泵和阀及其过流部件,鼓风机、离心机、推进器、叶轮、搅拌桨叶,有搅拌的容器、换热器、透平机叶轮等。

一、磨损腐蚀的特征

(1)磨损腐蚀的外表特征是槽、沟、波纹、圆孔和山谷形,还常常显示有方向性,如图3-19所示。在许多情况下,磨损腐蚀在较短的时间内就能造成严重的破坏,而且破坏往往出乎意料。因此,特别要注意,绝不能把静态的选材实验数据不加分析地用于动态条件下的选材,应该在模拟实际工况的动态条件下进行实验。

图3-19 不锈钢海水泵叶轮表面的磨损腐蚀

(2) 大多数的金属和合金都会遭受磨损腐蚀。依靠产生某种表面膜（钝化）的耐蚀金属，如铝和不锈钢，当这些保护性表层受流动介质的破坏或磨损时，金属腐蚀会以很高的速度进行，结果形成严重的磨损腐蚀。而软的、容易遭受机械破坏或磨损的金属，如铜和铅，也非常容易遭受磨损腐蚀。

(3) 许多类型的腐蚀介质都能引起磨损腐蚀，包括气体、水溶液、有机介质和液态金属，悬浮在液体或气体中的固体颗粒（或第二相）对磨损腐蚀特别有害。

(4) 湍流引起的磨损腐蚀常位于冷凝器或换热器管的入口处，冲击引起的磨损腐蚀常发生在流体改变运动方向的地方，如管子的弯头、三通容器正对入口管的部位等。

二、磨损腐蚀的影响因素

在流动体系中，影响磨损腐蚀的因素很多。除影响一般腐蚀的所有因素外，还有如下直接有关的因素。

1. 流速

流速在磨损腐蚀中起着重要作用，它常常强烈地影响腐蚀反应的过程和机理。一般来说，随着流速增大，腐蚀速率也增大。开始时，在一定的流速范围内，腐蚀速率随之缓慢增大；当流速高达某临界值时，腐蚀速率急剧上升。在高流速的条件下，不仅均匀腐蚀随之严重，而且出现的局部腐蚀也随之严重。

2. 流动状态

流体介质的运动状态有两种：层流与湍流。介质流动状态不仅取决于流体的流速，而且与流体的物性、设备的几何形状有关；不同的流动状态具有不同的流体动力学规律，对流体腐蚀的影响也很不一样。湍流使金属表面的液体搅动程度比层流时剧烈得多，腐蚀的破坏也更严重。

3. 表面膜

材料表面不管是原先就已形成的保护性膜，还是在与介质接触后生成的保护性腐蚀产物膜，它的性质、厚度、形态和结构，都是流动加速腐蚀过程中的一个关键因素。而膜的稳定性、附着力、生长和剥离都与流体对材料表面的剪切力和冲击力密切相关。如不锈钢是依靠钝化而耐蚀的，在静滞介质中，这类材料完全能钝化，所以很耐蚀；可在高流速运动的流体中，却不耐磨损腐蚀。对碳钢和铜而言，随着流速增大，从层流到湍流，表面腐蚀产物膜的沉积、生长剥离对腐蚀均起着重要的作用。

4. 第二相

当流动的单相介质中存在第二相（通常是固体颗粒或气泡）时，特别是在高流速下，腐蚀明显加剧，随着流体的运动，固体颗粒对金属表面的冲击作用不可忽视。它不仅破坏金属表面原有的保护膜，而且也使在介质中生成的保护膜受到破坏，甚至会使材料机体受到损伤，从而造成材料的严重腐蚀破坏。另外，颗粒的种类、浓度、硬度、尺寸对磨损腐蚀也有显著影响。例如，316型不锈钢在含石英砂的海水中的磨损腐蚀要比在不含固体颗粒的海水中严重得多。

三、磨损腐蚀的特殊形式

由高速流体引起的磨损腐蚀，其表现的特殊形式主要有湍流腐蚀和空泡腐蚀两种。

1. 湍流腐蚀

在设备或部件的某些特定部位，介质流速急剧增大形成湍流。由湍流导致的金属加速腐蚀称为湍流腐蚀。例如管壳式热交换器，高出入口管端少许的部位，正好是流体从大管径转到小管径的过渡区间，此处便形成了湍流，磨损腐蚀严重。这是由于湍流不仅加速阴极去极剂的供应量，而且又附加了一个流体对金属表面的剪切应力，这个高剪切应力可使已形成的腐蚀产物膜剥离并随流体带走，如果流体中还含有气泡或固体颗粒，还会使切应力的力矩增大，使金属表面磨损腐蚀更加严重。当流体进入列管后很快又恢复为层流，层流对金属的磨损腐蚀并不显著。

遭受湍流腐蚀的金属表面常呈现深谷或马蹄形凹槽，蚀谷光滑没有腐蚀产物积存，根据蚀坑的形态很容易判断流体的流动方向，如图 3-20 所示。

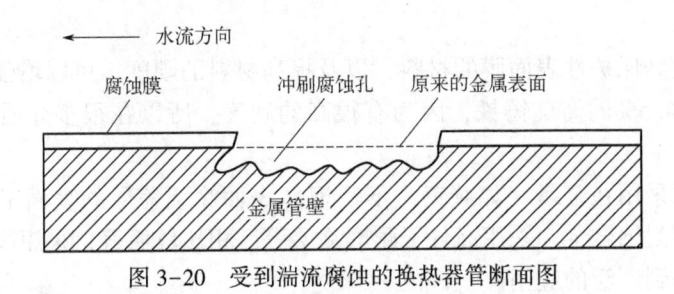

图 3-20 受到湍流腐蚀的换热器管断面图

除流体速度较大外，不规则的构件形状也是引起湍流腐蚀的一个重要条件，如泵叶轮、蒸汽透平机的叶片等构件是容易形成湍流的典型的不规则几何构型。

在输送流体的管道内，管壁的腐蚀是均匀减薄的，但在流体突然改向处，如弯管、U 形换热管等的弯曲部位，其管壁的腐蚀要比其他部位的腐蚀严重，甚至出现穿洞。这种由高流速流体或含颗粒、气泡的高速流体直接不断冲击金属表面所造成的磨损腐蚀又称为冲击腐蚀，但基本上可属于湍流腐蚀的范畴，这类腐蚀都是力学因素和电化学因素共同作用对金属破坏的结果。

2. 空泡腐蚀

空泡腐蚀是流体与金属构件做高速相对运动，在金属表面局部区域产生涡流，伴随有气泡在金属表面迅速生成和破灭而引起的腐蚀，又称空穴腐蚀或汽蚀。在高流速液体和压力变化的设备中，如水力透平机、水轮机翼、船用螺旋桨、泵叶轮等容易发生空泡腐蚀。

当流体速度足够大时，局部区域压力降低，当低于液体的蒸气压时，液体蒸发形成气泡；随流体进入压力升高区域时，气泡会凝聚或破灭，这一过程高速反复进行，气泡迅速生成又溃灭，如"水锤"作用，使金属表面遭受严重的损伤破坏。这种冲击压力足以使金属发生塑性变形，因遭受空泡腐蚀的金属表面会出现许多孔洞，如图 3-21、图 3-22 所示。

通常，空泡腐蚀的形貌有些类似孔蚀，但前者蚀孔分布紧密，且表面往往变得十分粗糙。

四、磨损腐蚀的防护措施

磨损腐蚀的控制通常要根据工作条件、结构型式、使用要求和经济等因素综合考虑。通常为了避免或减缓磨损腐蚀，最有效的方法是合理地设计结构与正确选择材料。

图 3-21　316 不锈钢海水泵叶轮表面的汽蚀　　　　图 3-22　水泵叶轮的汽蚀

1. 正确选材

选择能形成良好保护性表面膜的材料，以及提高材料的硬度，可以增强耐磨损腐蚀的能力。例如，含硅 14.5% 的高硅铸铁，因为有很高的硬度，所以在很多介质中都具有抗磨损腐蚀的良好性能。

此外，还可以采用在金属（如碳钢、不锈钢）表面涂覆盖层的表面工程技术，如整体热喷涂、表面熔覆耐蚀合金、采用高分子耐磨涂层等。相比较而言，采用高分子耐磨涂层较为经济，目前已得到广泛的应用。

2. 合理设计

合理的设计可以减轻磨损腐蚀的破坏。如适当增大管径可减小流速，保证流体处于层流状态；使用流线型弯头以消除阻力、减小冲击作用；为消除空泡腐蚀，应改变设计，使流程中流体动压差尽量减小等。设计设备时，也应注意腐蚀严重部位、部件检修和拆换的方便性，以降低磨损腐蚀的维修费用。

3. 改变环境

去除对腐蚀有害的成分（如去氧）或加缓蚀剂，特别是采用澄清和过滤方法除去固体颗粒物，是减轻磨损腐蚀的有效方法，但在许多情况下不够经济。对工艺过程影响不大时，应降低环境温度。温度对磨损腐蚀有非常大的影响，事实证明，降低环境温度可显著降低磨损腐蚀。例如，常温下双相不锈钢耐高速流动海水的磨损腐蚀性能很好，腐蚀轻微；但当温度升至 55℃，海水流速超过 10m/s 时，腐蚀急剧加重。

4. 采用涂料与阴极保护联合保护

单用涂料不能很好地解决磨损腐蚀问题，但当涂料与阴极保护联合时，综合了两者的优点，是最经济、有效的一种防护方法。

【思考与练习】

1. 全面腐蚀和局部腐蚀有哪些区别？
2. 什么是电偶腐蚀？什么是电偶序？有什么作用？
3. 影响电偶腐蚀的因素主要有哪些？
4. 两块铜板用钢螺栓固定，将会出现什么问题？应采取何种措施？

5. 什么是小孔腐蚀？其有哪些特征？
6. 试述小孔腐蚀的机理及其防护措施。
7. 什么是缝隙腐蚀？有哪些特征？如何防止？
8. 什么是自催化酸化作用？
9. 什么是晶间腐蚀？有哪些特征？如何防止？
10. 什么是应力腐蚀破裂？有哪些特征？
11. 产生应力腐蚀破裂的条件是什么？
12. 应力腐蚀破裂的发生与哪些因素有关？如何防止？
13. 什么是腐蚀疲劳？有哪些特征？如何防止？
14. 分析应力腐蚀破裂、腐蚀疲劳的共同点与不同点。

第四章 腐蚀典型环境

【学习目标】
1. 掌握大气腐蚀的类型、特点、影响因素及防护措施。
2. 掌握淡水和海水腐蚀的特点、影响因素及防护措施。
3. 掌握土壤腐蚀的类型、特点、影响因素及防护措施。
4. 了解高温气体的腐蚀机理、特点、影响因素及防护措施。
5. 了解 H_2S、CO_2、环烷酸的腐蚀机理、特点、影响因素及防护措施。

材料在不同环境条件下的腐蚀规律各不相同，导致腐蚀发生的环境有两类：一类是自然环境，如大气、水与土壤等；另一类是工业环境，如石油、天然气生产输送过程及石油化工生产中遇到的各种介质，以及酸、碱、盐等溶液和高温气体等。研究掌握各类材料在各种典型环境中的腐蚀规律和特点，对于控制材料的腐蚀、减少经济损失、合理选材、科学用材、采用相应的防护措施具有重要的意义。

第一节 大气腐蚀

金属材料暴露在空气中，与空气中的水分和氧气等发生化学和电化学作用而引起的腐蚀，称为大气腐蚀。大气腐蚀是金属腐蚀中最普遍的一种。金属材料从原材料库存、零部件加工和装配以及产品的运输和储存过程中都会遭到不同程度的大气腐蚀。大气腐蚀的速率随地理位置、季节而异，并且不同的大气环境，腐蚀程度有明显差别。例如，钢在海岸的腐蚀要比在沙漠中的大 400~500 倍，离海岸越近，钢的腐蚀也越严重。据估计，因大气腐蚀而引起的金属损失，约占总腐蚀损失量的一半以上。因此讨论大气成分及其对腐蚀的影响，掌握大气腐蚀规律、机理和控制是非常必要的。

一、大气腐蚀的类型及特点

1. 大气腐蚀的类型

从腐蚀条件看，大气的主要成分是水和氧，而大气中的水汽是决定大气腐蚀速率和历程的主要因素。根据腐蚀金属表面的潮湿程度可把大气腐蚀分为干的大气腐蚀、潮的大气腐蚀和湿的大气腐蚀三种类型。

（1）干的大气腐蚀。干的大气腐蚀也叫干氧化或低湿度下的腐蚀，即金属表面基本上没有水膜存在时的大气腐蚀。这种腐蚀属于化学腐蚀中的常温氧化，如室温下铜、银这些金属表面变得晦暗，出现失泽。

（2）潮的大气腐蚀。潮的大气腐蚀是相对湿度在 100% 以下，金属在肉眼不可见的薄水膜下进行的一种腐蚀。这种水膜是由于毛细管作用、吸附作用或化学凝聚作用而在金属表面形成的，如铁在没有被雨雪淋到时的生锈。

(3) 湿的大气腐蚀。水分在金属表面凝聚成肉眼可见的液膜层时的大气腐蚀称为湿的大气腐蚀。当空气相对湿度接近100%或水分（雨、飞沫等）直接落在金属表面上时，就发生这种腐蚀。

以上三种腐蚀，随着湿度或温度等外界条件的改变，可以相互转化。

潮的和湿的大气腐蚀都属于电化学腐蚀。由于表面液膜层厚度不同，它们的腐蚀速率也不相同，如图4-1所示。

图中Ⅰ区为金属表面有几个分子层厚的吸附水膜，没有形成连续的电解液，相当于"干氧化"状态。

Ⅱ区对应于"潮的大气腐蚀"状态，由于电解液膜（几十个或几百个水分子层厚）的形成，开始了电化学腐蚀过程，腐蚀速率急剧增加。

Ⅲ区为可见的液膜层（厚度为几十至几百微米），属于"湿的大气腐蚀"。随着液膜厚度的进一步增加，氧的扩散变得困难，因而腐蚀速率也相应降低。

Ⅳ区为液膜更厚的情况，相当于全浸在电解质溶液中，腐蚀速率基本不变。

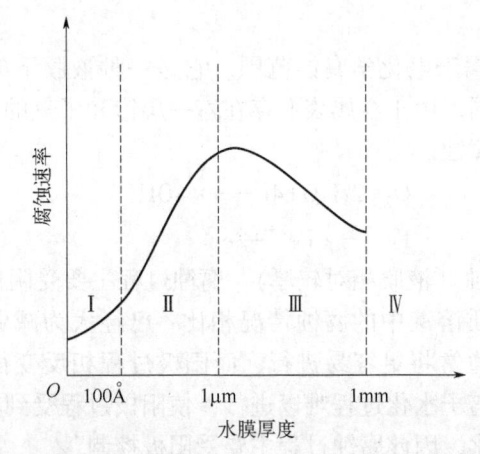

图4-1 大气腐蚀速率与金属表面水膜厚度之间的关系（1Å=10^{-10}m）

根据大气腐蚀环境中污染物质的不同，大气的类型又可以分为乡村大气、城市大气、工业大气、海洋大气和海洋工业大气。

(1) 乡村大气。乡村大气是洁净的大气环境，空气中不含强烈的化学污染，主要含有机物和无机物尘埃等。影响腐蚀的因素主要是相对湿度、温度和温差。

(2) 城市大气。城市大气中的污染物主要是指城市居民生活所造成的大气污染，如汽车尾气、锅炉排放的二氧化硫等。实际上很多大城市往往又是工业城市，或者是海滨城市，所以大气环境的污染相当复杂。

(3) 工业大气。工业生产区所排放的污染物中含有大量SO_2、H_2S等含硫化合物，所以工业大气环境最大特征是含有硫化物。它们易溶于水，形成的水膜成为强腐蚀介质，加速金属的腐蚀。随着大气相对湿度和温差的变化，这种腐蚀作用更强。很多石化企业和钢铁企业往往规模非常大，大气质量相当差，对工业设备和居民生活造成的污染极其严重。

(4) 海洋大气和海洋工业大气。暴露在海洋大气中的金属表面有细小盐粒子的沉降。海盐粒子吸收空气中的水分后很容易在金属表面形成液膜，引起腐蚀。在季节或昼夜变化，气温达到露点时尤为明显。同时尘埃、微生物在金属表面的沉积，会增强环境的腐蚀性。而处于海滨的工业大气环境，属于海洋工业大气，这种大气中既含有化学污染的有害物质，又含有海洋环境的海盐粒子。两种腐蚀介质的相互作用对金属危害更重。

大气中有害物质的典型质量浓度见表4-1。

表4-1 大气中有害物质的典型质量浓度 单位：$\mu g/m^3$

杂质	典型质量浓度
SO_2	工业区：冬季350，夏季100；乡村区：冬季100，夏季40
SO_3	约为SO_2含量的1%
H_2S	工业区：1.5~90；城市区：0.5~1.7；乡村区：春季0.15~0.43
NH_3	工业区：4.8；乡村区：2.1
氯化物（空气样品）	工业内地：冬季8.2，夏季2.7；海滨乡村：年平均5.4
氯化物（降雨样品）	工业内地：冬季7.9，夏季5.3；海滨乡村：冬季57，夏季18
烟粒	工业区：冬季250，夏季100；乡村区：冬季60，夏季15

2. 大气腐蚀的特点

（1）大气腐蚀基本上属于电化学腐蚀范围。它是一种液膜下的电化学腐蚀，与浸在电解质溶液内的腐蚀有所不同。由于金属表面存在着一层饱和了氧的电解液薄膜，使大气腐蚀优先以氧去极化过程进行腐蚀。

阴极反应： $O_2 + 2H_2O + 4e \longrightarrow 4OH^-$

阳极反应： $Fe \longrightarrow Fe^{2+} + 2e$

（2）对于湿的大气腐蚀（液膜相对较厚），腐蚀过程主要受阴极控制，但其受阴极控制的程度和全部浸没于电解质溶液中的腐蚀情况相比，已经大为减弱。随着金属表面液层变薄，大气腐蚀的阴极过程通常将更容易进行，而阳极过程相反变得困难。对于潮的大气腐蚀，由于液膜较薄，金属离子水化过程难以进行，使阳极过程受到较大阻碍，而且在薄层电解液下很容易产生阳极钝化，因此腐蚀过程主要受阳极控制。

（3）一般说来，在大气中长期暴露的钢，其腐蚀速率是逐渐减慢的。一方面，固体腐蚀产物（锈层）常以层状沉积在金属表面，增大了电阻和氧渗入的阻力，因而带来一定的保护性；另一方面，附着性好的锈层内层将减小活性阳极面积，增大了阳极极化，使大气腐蚀速率减慢。这也为采用合金化的方法提高金属材料的耐蚀性，指出了有效的途径。例如，钢中含有千分之几的铜，由于生成了一层致密的、保护性较强的锈膜，使钢的耐蚀性得到明显改善。

二、大气腐蚀的影响因素

影响大气腐蚀的因素比较复杂，随气候、地区不同，大气的成分、湿度、温度等有很大的差别。在大气的主要成分中，对大气腐蚀有较大影响的是氧、水蒸气和二氧化碳。对大气腐蚀有强烈促进作用的微量杂质有SO_2、H_2S、NH_3和NO_2，以及各种悬浮颗粒和灰尘。乡村大气的腐蚀性最小，严重污染且潮湿的工业大气腐蚀性最强。影响大气腐蚀的主要因素有以下五种。

1. 大气相对湿度

通常用$1m^3$空气中所含水蒸气的质量（单位g）来表示潮湿程度，称为绝对湿度。用某一温度下空气中水蒸气量和饱和水蒸气量的百分比来表示相对湿度（RH）。降低温度或增大空气中的水蒸气量都会使空气达到露点（凝结出水分的温度），此时金属上开始有小液滴沉积。

湿度的波动和大气尘埃中的吸湿性杂质均容易引起水分冷凝，在含有不同数量污染物的大气中，金属都有一个临界相对湿度，超过这一临界值腐蚀速率会突然猛增。大气腐蚀临界相对湿度与金属种类、金属表面状态以及环境有关，通常金属的临界相对湿度在70%左右，而在某些情况下如含有大量的工业气体，或对于易于吸湿的盐类、腐蚀产物、灰尘等，临界相对湿度要低得多。此外，金属表面变粗、裂缝和小孔增多，也会使其临界相对湿度降低。

2. 温度和温差

空气的温度和温差对大气腐蚀速率有一定的影响，而且温差比温度的影响更大。因为它不但影响水汽的凝聚，还影响凝聚水膜中气体和盐类的溶解度。

3. 酸、碱、盐

介质酸、碱性的改变能显著影响去极化剂（如 H^+）的含量及金属表面膜的稳定性，从而影响腐蚀速率的大小。金属在盐溶液中的腐蚀速率还与阴离子的特性有关，特别是氯离子，因其对金属 Fe、Al 等表面的氧化膜有破坏作用，并能增加液膜的导电性，因此可增加腐蚀速率或产生小孔腐蚀。

4. 腐蚀性气体

工业大气中含有大量的腐蚀性气体，如 SO_2、H_2S、NH_3 和 NO_2、HCl 等。在这些污染杂质中，SO_2 对金属腐蚀危害最大。石油、煤燃烧的废气中都含有大量的 SO_2，在冬季由于用煤比夏季多，SO_2 的污染更为严重，所以对腐蚀的影响也极严重。如铁、锌等金属在 SO_2 气体中生成易溶的硫酸盐化合物，它们的腐蚀量和 SO_2 含量呈直线关系，如图4-2所示。

5. 固体颗粒、表面状态等因素

空气中含有大量的固体颗粒，它们落在金属表面会促使金属生锈。当空气中各种灰尘和二氧化硫与水共同作用时，会加速腐蚀。一些虽不具有腐蚀性的固体颗粒，但由于其具有吸附腐蚀性气体的作用，也会间接地加速腐蚀。有些固体颗粒虽不具腐蚀性，也不具吸附性，但由于能造成毛细凝聚缝隙，会促使金属表面形成电解液薄膜，形成氧浓差电池，从而导致缝隙腐蚀。

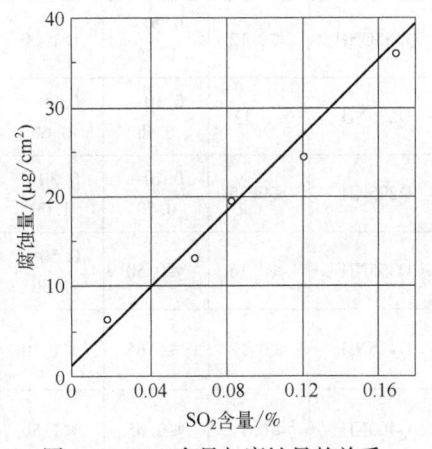

图4-2 SO_2 含量与腐蚀量的关系

金属表面状态对腐蚀速率也有明显的影响。与光洁表面相比，加工粗糙的表面容易吸附尘埃，暴露于空气中的实际面积也比较大，耐腐蚀性差。

三、大气腐蚀的防护措施

防止大气腐蚀的方法很多，主要途径有三种：一是材料选择，可以根据金属制品及构件所处环境的条件及对防腐蚀的要求，选择合适的金属或非金属材料；二是在金属基体表面制备金属、非金属或其他种类的涂层、渗层、镀层；三是改变环境，减少环境的腐蚀性。防护措施如下：

1. 提高金属材料自身的耐蚀性

金属（或合金材料）自身的耐蚀性是金属（若合金材料）是否容易遭到腐蚀的最基本因素。合金化是提高金属材料耐大气腐蚀性能的重要技术途径。例如，在普通碳钢的基础上加入适量的 Cr、Ni、Cu 等元素，可显著改善其大气腐蚀性能。此外，优化热处理工艺、严格控制合金中有害杂质元素的含量也是改进耐蚀性的重要方法。表 4-2 为我国生产的部分耐大气腐蚀钢。

表 4-2 我国生产的部分耐大气腐蚀钢

牌号	化学成分（质量分数）/%								其他元素
	C	Si	Mn	P	S	Cu	Cr	Ni	
Q265GNH	≤0.12	0.10~0.40	0.20~0.50	0.07~0.12	≤0.020	0.20~0.45	0.30~0.65	0.25~0.50^e	a, b
Q295GNH	≤0.12	0.10~0.40	0.20~0.50	0.07~0.12	≤0.020	0.20~0.45	0.30~0.65	0.25~0.50^e	a, b
Q310GNH	≤0.12	0.25~0.75	0.20~0.50	0.07~0.12	≤0.020	0.20~0.50	0.30~1.25	≤0.65	a, b
Q355GNH	≤0.12	0.20~0.75	≤1.00	0.07~0.15	≤0.020	0.25~0.55	0.30~1.25	≤0.65	a, b
Q235NH	≤0.13^f	0.10~0.40	0.20~0.60	≤0.030	≤0.030	0.25~0.55	0.40~0.80	≤0.65	a, b
Q295NH	≤0.15	0.10~0.50	0.30~1.00	≤0.030	≤0.030	0.25~0.55	0.40~0.80	≤0.65	a, b
Q355NH	≤0.16	≤0.50	0.50~1.50	≤0.030	≤0.030	0.25~0.55	0.40~0.80	≤0.65	a, b
Q415NH	≤0.12	≤0.65	≤1.10	≤0.025	≤0.030^d	0.20~0.55	0.30~1.25	≤0.12~0.65^e	a, b, c
Q460NH	≤0.12	≤0.65	≤1.50	≤0.025	≤0.030^d	0.20~0.55	0.30~1.25	≤0.12~0.65^e	a, b, c
Q500NH	≤0.12	≤0.65	≤2.0	≤0.025	≤0.030^d	0.20~0.55	0.30~1.25	≤0.12~0.65^e	a, b, c
Q550NH	≤0.16	≤0.65	≤2.0	≤0.025	≤0.030^d	0.20~0.55	0.30~1.25	≤0.12~0.65^e	a, b, c

a. 为了改善钢的性能，可以添加一种或一种以上的微量合金元素，Nb 含量为 0.015%~0.060%，V 含量为 0.02%~0.12%，Ti 含量为 0.02%~0.10%，At 含量大于等于 0.020%，若上述元素组合使用时，应至少保证其中一种元素含量达到上述化学成分的下限规定。

b. 可以添加下列合金元素：Mo 含量不超过 0.30%，Zr 含量不超过 0.15%。

c. Nb、V、Ti 等三种合金元素的添加总量不应超过 0.22%。

d. 供需双方协商，S 的含量可以不大于 0.008%。

e. 供需双方协商，Ni 含量的下限可不作要求。

f. 供需双方协商，C 的含量可以不大于 0.15%。

2. 采用覆盖保护层

利用涂、镀、渗等覆盖层把金属材料与腐蚀性大气环境有效地隔离，可以达到有效防腐蚀的目的。用于控制大气腐蚀的覆盖层有两类：

（1）长期性覆盖层。例如，渗镀、热喷涂、浸镀、刷镀、电镀、离子注入等；钢铁磷化、发蓝；铜合金、锌、镉的钝化；铝合金、镁合金氧化或阳极极化；珐琅涂层，陶瓷涂层和油漆涂层等。

（2）暂时性覆盖层，指在零部件或机件开始使用时可以除去（或用溶剂去除）的一些临时性防护层，如各种矿物油、可剥性塑料等。

3. 控制环境

（1）充氮封存。将产品密封在金属或非金属容器内，经抽真空后充入干燥而纯净的氮气，利用干燥剂使内部相对湿度保持在低于40%以下，因低水分和缺氧，金属不易生锈。

（2）采用吸氧剂。在密封容器内控制一定的湿度和露点，以除去大气中的氧。常用的吸氧剂是 Na_2SO_3。

（3）干燥空气封存，又称控制相对湿度法，是常用的长期封存方法之一。其基本依据是：在相对湿度不超过35%的洁净空气中一般金属不会生锈，非金属不会长霉。因此，必须在密封性良好的包装容器内充以干燥空气或用干燥剂降低容器内的湿度，形成比较干燥的环境。

（4）减少大气污染。开展环境保护，减少大气污染，有利于缓解金属材料的大气腐蚀。

4. 使用缓蚀剂

防止大气腐蚀所用的缓蚀剂有油溶性缓蚀剂、气相缓蚀剂和水溶性缓蚀剂三种。

5. 合理设计和加强环境保护

防止缝隙中存水，避免落灰，加强环保，减少大气污染。

第二节 水的腐蚀

一、淡水腐蚀

淡水是指河水、湖水、地下水等含盐量低的天然水。一般是工业用水的水源，其成分因地区而有很大差异，所以腐蚀特性也有很大不同。

1. 淡水腐蚀的特点

淡水中金属腐蚀的电化学过程通常是吸氧腐蚀，溶液中金属离子浓度低时发生阳极过程，腐蚀程度通常受阴极过程控制。如钢铁腐蚀，即按下列反应进行。

阴极反应： $Fe \longrightarrow Fe^{2+} + 2e$

阳极反应： $O_2 + 2H_2O + 4e \longrightarrow 4OH^-$

溶液中： $Fe^{2+} + 2OH^- \longrightarrow Fe(OH)_2$

$$2Fe(OH)_2 + O_2 \longrightarrow Fe_2O_3 \cdot H_2O \text{ 或 } 2FeO \cdot OH$$

2. 淡水腐蚀的影响因素

(1) 水的pH值。钢铁的腐蚀速率与水的pH值的关系，如图4-3所示。图中可见，pH值在4~10范围内时，腐蚀速率与水的pH值无太大关系，主要取决于水中氧的浓度；pH值小于4时，氢氧化物覆盖层溶解，发生析氢反应，腐蚀加剧；pH值大于10时，钢铁容易钝化，腐蚀速率下降。

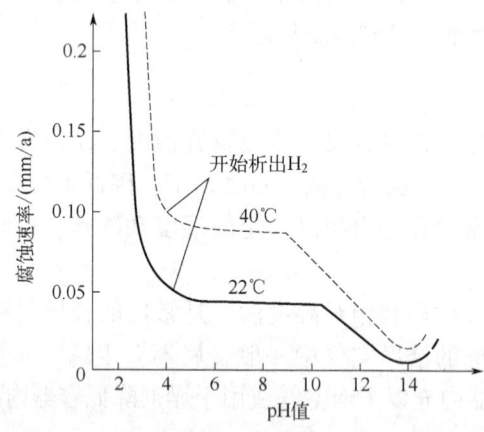

图4-3 钢铁的腐蚀速率与水的pH值的关系

(2) 水的溶解氧。中性水中，钢铁的电化学腐蚀过程通常是阴极氧的扩散控制过程，因此，其腐蚀速率与水中溶解氧量及氧的消耗近似呈直线关系。但当氧浓度超过一定值时，钢铁可能发生钝化（在无破坏钝态的离子时），此时腐蚀速率急剧下降。此外，淡水中溶解的SO_2、H_2S、NH_3、CO_2等气体，也会加速水对金属的腐蚀。

(3) 水的温度。水温每升高10℃，碳钢的腐蚀速率约加快30%。但是温度影响对于密闭系统与敞口系统是不同的。在敞口系统中，由于水温升高时，溶解氧减少，在80℃左右腐蚀速率达到最大值，此后，当温度继续升高时，腐蚀速率反而下降。但在密闭系统中，由于氧的浓度不会减小，腐蚀速率与温度保持直线关系，如图4-4所示。

(4) 水的流速。一般情况下，水的流速增加，腐蚀速率也增加，如图4-5所示。但当流速达到一定程度时，由于到达钢铁表面的氧浓度超过使钢铁钝化的氧的临界浓度而导致铁钝化，腐蚀速率下降；但在极高流速下，钝化膜被冲刷破坏，腐蚀速率又增大。因此，水的流速如能合适，可使系统内氧的浓度均匀，避免出现沉积物的滞留，可防止氧浓差电池的形成，尤其对活性—钝性金属影响更大。但实际上不可能简单地通过控制流速来防止腐蚀，这是因为在流动水中钢铁的腐蚀还受其表面状态、溶液中杂质含量和温度等因素变化的影响。在含大量Cl^-的水中，任何流速也不会使金属产生钝化。

(5) 水的溶解盐种类。从淡水中溶解盐的组成来看，当含有Cu^{2+}、Fe^{3+}、Cr^{3+}等阳离子时，能促进阴极过程而使腐蚀加速；而Ca^{2+}、Zn^{2+}、Fe^{2+}等离子则具有缓释作用。阴离子中，Cl^-、S^{2-}、ClO^-等是有害的，而PO_4^{3-}、NO_2^-、SiO_3^{2-}等有缓释作用。

(6) 电导率。电导率是衡量淡水腐蚀的一个综合指标，凡电导率大的水，其腐蚀性较强。一般，水中含盐量增加，其电导率增大。但当含盐量超过一定浓度后，氧的溶解度降低，腐蚀速率减小。

（7）微生物。微生物会加速钢铁腐蚀，这在工业循环冷却水中也是不可忽视的因素。

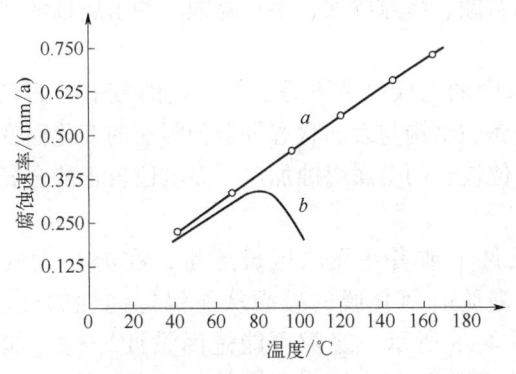

图 4-4　碳钢在水中的腐蚀速率与温度的关系
a—封闭系统；*b*—敞口系统

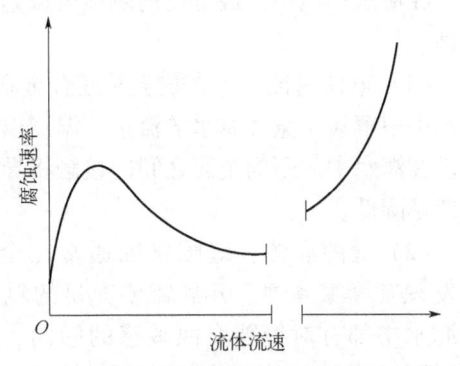

图 4-5　钢铁腐蚀速率与流体流速的关系

3. 淡水腐蚀的防护措施

（1）覆盖层保护。采用涂料、喷铝或喷铝加涂料等方法防止钢铁设备的腐蚀。
（2）对于循环水系统采用水质稳定处理，即加入阻垢剂防止结垢，加入缓蚀剂（如锌盐、铬酸盐、磷酸盐等）抑制腐蚀，加入杀菌灭藻剂阻止微生物滋生等。
（3）尽可能除去水中的有害成分。如除去氧、Cl^-及各种机械杂质等。
（4）正确选择材料和设备结构。如尽量避免形成缝隙、电偶等。
（5）采用阴极保护。

二、海水腐蚀

海水是自然界中量最大、腐蚀性强的一种天然电解质，约占地球总面积的 70%。常用金属及合金遇海水环境都会遭受不同程度的腐蚀。

我国海岸线很长，随着沿海交通运输、工业生产和国防建设的发展，金属结构物的腐蚀问题也日益突出。因此，研究和解决海水腐蚀问题对我国海洋运输、海洋开发及海军现代化的建设都具有重要意义。

1. 海水腐蚀的特点

（1）海水的 pH 值在 7.2～8.6 之间，接近中性，并含有大量溶解氧，因此除了特别活泼的金属，如 Mg 及其合金外，大多数金属和合金在海水中的腐蚀过程都是氧的去极化过程，腐蚀速率由阴极极化控制。
（2）海水中 Cl^- 浓度高，对于钢、铁、锌、镉等金属来说，它们在海水中发生电化学腐蚀时，阳极过程的阻滞作用很小，增加阳极过程阻力对减轻海水腐蚀的效果并不显著。
（3）海水是良好的导电介质，电阻率比较小，因此在海水中不仅有微观腐蚀电池的作用，还有宏观腐蚀电池的作用。
（4）海水中金属易发生局部腐蚀破坏，除了上面提到的电偶腐蚀外，常见的破坏形式还有小孔腐蚀、缝隙腐蚀、湍流腐蚀和空泡腐蚀等。
（5）不同地区海水组成及盐浓度差别不大，因此地理因素在海水腐蚀中显得并不重要。

2. 海水常见腐蚀类型

在海水环境中，最常见的腐蚀类型是电偶腐蚀、缝隙腐蚀、小孔腐蚀、冲击腐蚀和空泡腐蚀。

（1）电偶腐蚀：大多数金属或合金在海水中的电极电位不是一个恒定的数值，而是随着水中溶解氧含量、海水的流速、温度以及金属的结构与表面状态等多种因素的变化而变化的。在海水中，不同金属之间的接触将导致电位较负的金属腐蚀加速，而电位较正的金属腐蚀速率降低。

（2）缝隙腐蚀：缝隙腐蚀通常在全浸条件下或者在飞溅区最严重，在海洋大气中也发现有缝隙腐蚀。凡属需要充足的氧气不断弥合氧化膜的破裂从而保持钝性的金属，在海水中都有对缝隙腐蚀敏感的倾向，如图 4-6 所示。缝隙可能是因设计结构（如密封垫圈、铆钉）等造成的，也可能是由海洋污损生物（如藤壶或软体动物）栖居在表面所致。

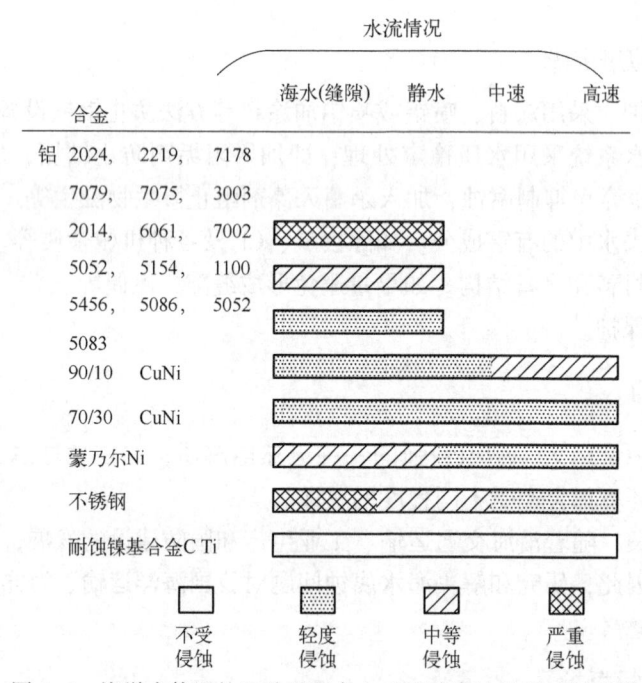

合金	海水(缝隙)	静水	中速	高速
铝 2024, 2219, 7178				
7079, 7075, 3003				
2014, 6061, 7002	严重侵蚀			
5052, 5154, 1100	中等侵蚀			
5456, 5086, 5052	轻度侵蚀			
5083				
90/10 CuNi	轻度		中等	
70/30 CuNi	轻度			
蒙乃尔Ni	中等			
不锈钢	严重			
耐蚀镍基合金 C Ti	不受侵蚀			

图 4-6　海洋中使用的几种重要合金对缝隙腐蚀的相对敏感性

（3）小孔腐蚀：暴露在海洋大气中金属的小孔腐蚀可能是由分散的盐粒或大气污染物引起的，表面特性或冶金因素如夹杂物、保护膜的破裂、偏析和表面缺陷等也可能引起小孔腐蚀。

（4）冲击腐蚀：在涡流情况下，常有空气泡卷入海水中，夹带气泡的快速流动的海水冲击金属表面时，保护膜可能被破坏，金属便可能产生局部腐蚀。

（5）空泡腐蚀：在海水温度下，如果周围的压力低于海水的蒸气压，海水就会沸腾，产生蒸气泡，这些蒸气泡的破裂反复冲击金属表面，使其受到局部破坏。金属碎片掉落后，新的活化金属便暴露在腐蚀性的海水中，所以海水中的空泡腐蚀造成的金属损失既有机械损伤又有海水腐蚀。

3. 影响海水腐蚀的主要因素

影响钢铁在海水中腐蚀速率的既有化学因素（含盐量、含氧量），又有物理因素（海水流速）及生物因素（海洋生物），比单纯盐水腐蚀复杂很多，主要有以下几个方面。

（1）含盐量：海水中含盐总量以盐度表示，盐度是指 100g 海水中溶解固体盐类物质的总质量。海水盐度波动直接影响钢铁腐蚀速率，同时大量 Cl^- 破坏钝化膜或阻止钝化。

（2）含氧量：海水中含氧量增加，可使腐蚀速率增大，但随着海水深度增加，含氧量将下降。

（3）温度：温度越高，腐蚀速率越大，但随温度上升，溶解氧下降，而氧在水中的扩散速率增加，因此，总的效果还是加速腐蚀。

（4）构筑物接触海水的位置：从海洋腐蚀的角度出发，以接触海水的位置从下至上将海洋环境划分为 3 个不同特性的腐蚀区带，即全浸带、潮差带和飞溅带。普通碳钢构件在海水中不同部位的腐蚀情况，如图 4-7 所示。处于干、湿交替区的飞溅带，此处海水与空气充分接触，氧供应充足，再加上海浪的冲击作用，使飞溅带腐蚀最为严重。潮差带是指平均高潮线和平均低潮线之间的区域。高潮位处因涨潮时受高含氧量海水的飞溅，腐蚀也较严重；高潮位与低潮位之间，由于氧浓差作用而受到保护；在紧靠低潮线的全浸带部分，因供氧相对缺少而成为阳极，使腐蚀加速。平静海水处（全浸带）的腐蚀受氧的扩散控制，腐蚀随温度变化，生物因素影响大，随深度增加腐蚀减弱。污泥区有微生物腐蚀产物（硫化物），泥浆一般有腐蚀性，有可能形成泥浆海水间腐蚀电池，但污泥中溶氧量大大减少，又因腐蚀产物不能迁移，因此腐蚀减小。

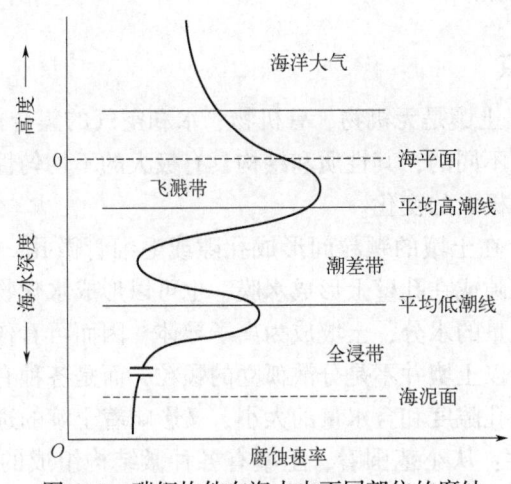

图 4-7 碳钢构件在海水中不同部位的腐蚀

（5）海水流速：钢铁结构与海水间相对运动速度增加则氧扩散加速，使腐蚀速率增大，当流速很大时，会造成冲击腐蚀或空化破坏。

（6）海洋生物：生物因素对腐蚀的影响很复杂，在大多数情况下是加大腐蚀的，尤其是局部腐蚀。海洋生物附着在海水中的金属设备表面或舰船水下部分，可引起金属缝隙腐蚀。

4. 防止海水腐蚀的措施

（1）合理选材：合理选材是控制腐蚀最常用的方法。不同金属在海水中的耐蚀性差别较大。对于大型海洋工程结构，通常采用价格低廉的低碳钢和低合金钢，再覆之涂料并采取阴极保护措施来控制腐蚀。环境的腐蚀条件比较苛刻时，应选用较耐蚀的材料。例如，船舶螺旋桨用铸造铜合金（铍青铜、铝青铜等）制造，军用快艇选用铝合金制造，海洋探测用深潜器选用钛合金制造等。

（2）电化学保护：阴极保护是防止海水腐蚀的有效方法，其中外加电流阴极保护便于调节，牺牲阳极阴极保护简便易行，两种方法都被广泛采用。但要注意这种保护方法只有在全浸区才有效。

（3）涂层保护：涂装技术仍是至今普遍采用的防腐蚀方法，海洋大气带、飞溅带和潮差带主要依靠涂层来防护。涂料的品种较多，应根据构筑物所处环境进行选择。选择耐蚀性好的涂料固然重要，但涂装的施工质量绝不可忽视，涂装前的表面处理也十分重要，要严格进行脱脂、除锈和表面的清洁工作。

第三节　土壤腐蚀

金属在土壤中的腐蚀属于最重要的实际腐蚀问题。土壤由于组成、性质及其结构的不均匀，极易构成氧浓差电池腐蚀，使地下金属设施遭受严重的局部腐蚀。例如，井下设备、地下通信设备、金属支架、各种设备的底座、水管道、气管道、油管道等都不断地遭受土壤腐蚀，而这些往往很难及时发现和检修，给生产带来很大的损失和危害。因此，研究土壤腐蚀的规律，寻找有效的防护措施具有重要的意义。

一、土壤腐蚀的特点

1. 土壤电解质的特点

（1）土壤的多相性：土壤是无机物、有机物、水和空气的集合体，具有复杂多相结构。不同土壤的土粒大小也是不同的，其性质和结构具有极大的不均匀性，因此，与腐蚀有关的电化学性质也会随之发生极大的变化。

（2）土壤的多孔性：在土壤的颗粒间形成孔隙或毛细管微孔，孔中充满空气和水。水分在土壤中可直接渗浸孔隙或在孔壁上形成水膜，也可以形成水化物或以胶体状态存在。正是由于土壤中存在着一定量的水分，土壤成为离子导体，因而可看作腐蚀性电解质。由于水具有形成胶体的作用，所以土壤并不是分散孤立的颗粒，而是各种有机物、无机物的胶凝物质颗粒的聚集体。土壤的孔隙度和含水量的大小，又影响着土壤的透气性和电导率的大小。

（3）土壤的不均匀性：从小范围看，土壤有各种微结构组成的土粒、气孔、水分的多少以及结构紧密程度的差异。从大范围看，有不同性质的土壤交替更换等。因此，土壤的这种物理和化学性质，尤其是与腐蚀有关的电化学性质，也随之发生明显的变化。

（4）土壤的相对固定性：对于埋在土壤中金属，其表面的土壤固体部分可以认为是固定不动的，仅土壤中的气相和液相可以做有限的运动，例如土壤孔穴的对流和定向流动，以及地下水的移动等。

2. 土壤腐蚀过程的特点

土壤腐蚀与在电解液中的腐蚀一样，是一种电化学腐蚀。大多数金属在土壤中的腐蚀属于氧的去极化腐蚀，只有在强酸性土壤中才发生氢的去极化腐蚀。

土壤腐蚀的条件极为复杂，对腐蚀过程的控制因素差别也较大，大致有以下几种控制特征：

对于大多数土壤来说，当腐蚀取决于腐蚀微电池或距离不太长的宏观腐蚀电池时，腐蚀主要由阴极过程控制，如图4-8(a)所示，与全浸在静止电解液中的情况相似。

对于疏松、干燥的土壤，随着氧渗透率的增加，腐蚀则转变为阳极控制，如图4-8(b)所示，此时腐蚀过程的控制特征接近于潮的大气腐蚀。

对于长距离宏观电池作用下的土壤腐蚀，如地下管道经过透气性不同的土壤形成氧浓差腐蚀电池时，土壤电阻成为主要的腐蚀控制因素，或称为阴极—电阻混合控制，如图4-8(c)所示。

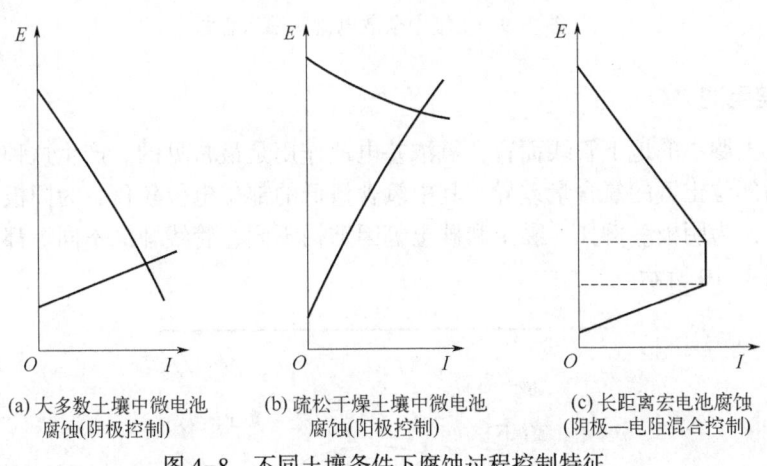

(a) 大多数土壤中微电池腐蚀(阴极控制)　(b) 疏松干燥土壤中微电池腐蚀(阳极控制)　(c) 长距离宏电池腐蚀(阴极—电阻混合控制)

图4-8　不同土壤条件下腐蚀过程控制特征

二、土壤腐蚀的类型

1. 微电池和宏观电池引起的土壤腐蚀

在土壤腐蚀的情况下，除了因金属组织不均匀性引起的腐蚀微电池外，还可能存在由于土壤介质的不均匀性引起的宏观腐蚀电池。

2. 杂散电流引起的土壤腐蚀

所谓杂散电流是指由于原定的正常电路漏失而流入他处的电流。土壤中因杂散电流而引起的管道腐蚀，如图4-9所示。正常情况下电流流程为电源正极→架空线→机车→路轨→电源负极。但当路轨与土壤间绝缘不良时，就会有一部分电流从路轨漏到地下，进入地下管道某处，再从管道的另一处流出，回到路轨。电流离开管线进入大地处成为腐蚀电池的阳极区，该区金属遭到腐蚀破坏，腐蚀破坏程度与杂散电流的电流强度成正比。电流强度越大，腐蚀就越严重。

3. 土壤中的微生物腐蚀

和土壤腐蚀有关的微生物主要有4类：硫化菌（SOB）、厌氧菌（SRB）、真菌、异养菌。真菌和异养菌属于喜氧菌，在含氧的条件下生存；厌氧菌的生存及活动是在缺氧的条件下进行的；而硫化菌属于中性细菌，有氧无氧都可进行生理活动。微生物对地下金属构件的腐蚀是新陈代谢的间接作用，不直接参与腐蚀过程。

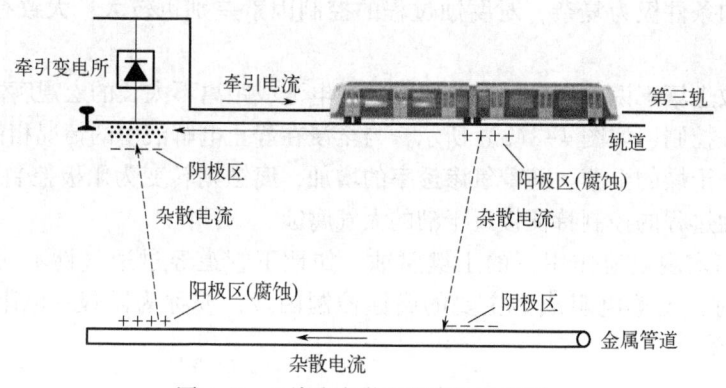

图 4-9　土壤中杂散电流腐蚀示意图

4. 氧浓差电池

对于埋在土壤中的地下管线而言，氧浓差电池作用是最常见的。产生这种电池作用的原因是管线不同部位土壤的氧含量差异，其中氧含量低的部位电位较负，为阳极，氧含量高的部位电位较正，为阴极。例如，黏土和砂土等因结构不同、管线埋深不同等都容易形成氧浓差电池，如图 4-10 所示。

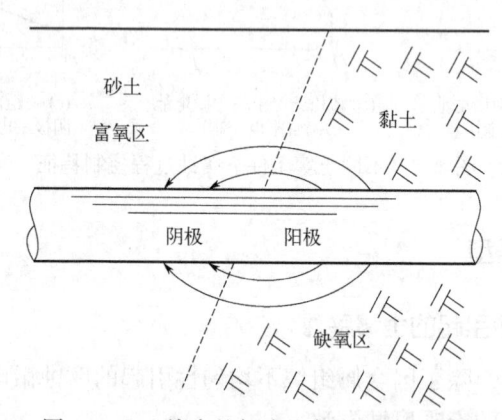

图 4-10　土壤中的氧浓差腐蚀电池示意图

5. 盐浓差电池

盐浓差电池是由于土壤介质的含盐量不同而产生的，盐浓度低的部位电极电位较负，成为阳极而加速腐蚀。

6. 温差电池

温差电池在油井和气井的套管以及压气站的管道中可能产生。位于地下深层的套管处于较高的温度，为阳极；而位于地表附近即浅层的套管温度低，为阴极。图 4-11 是压气站产生温差电池的例子。当热气进入管道后，把热量传给土壤，温度下降，所以靠近压气站的管线是阳极，而离压气站较远的管线是阴极。

7. 新旧管线构成的腐蚀

当新旧管线连在一起时，由于旧管线表面有腐蚀产物层，其电极电位比新管线更正，成为阴极，加速新管的腐蚀，如图 4-12 所示。

图 4-11　压气站附近的温差电池

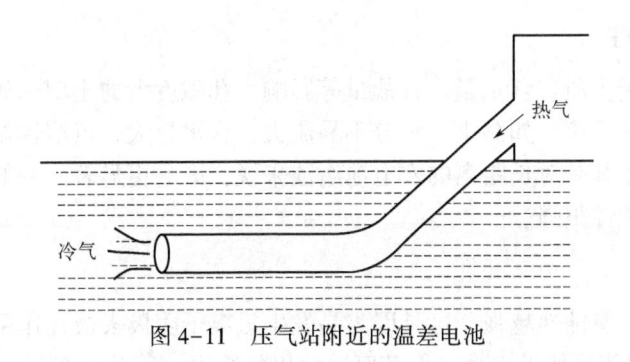

图 4-12　新旧管线形成的腐蚀电池
1—旧管（阴极）；2—新管（阳极）

三、土壤腐蚀的影响因素

与腐蚀有关的土壤性质主要是孔隙度（透气性）、含水量、含盐量、导电性等。这些性质的作用又是相互的。

1. 孔隙度（透气性）

较大的孔隙度有利于氧渗透和水分保存，而它们都是腐蚀初始发生的促进因素。透气性良好会加速腐蚀过程，但是还必须考虑到在透气性良好的土壤中也更易生成具有保护能力的腐蚀产物层，阻碍金属的阳极溶解，使腐蚀速率慢下来。

2. 含水量

土壤中含水量对腐蚀的影响很大。当土壤中可溶性盐溶解在其中时，便形成了电解液，因而含水量的多少对土壤腐蚀有很重要的影响，随着含水量增加，土壤中盐分溶解量也增加，金属腐蚀性增大，直到可溶性盐全部溶解时，腐蚀速率可达最大值。但当水分过多时，会使土壤胶粒膨胀，堵塞了土壤的孔隙，阻碍了氧的渗入，腐蚀速率反而下降。

3. 含盐量

土壤中一般含有硫酸盐、硝酸盐和氧化物等无机盐类，这些盐类大多是可溶性的。除了Fe^{2+}之外，一般阳离子对腐蚀影响不大；对腐蚀有影响的主要是阴离子，特别是SO_4^{2-}及Cl^-影响最大，例如海边潮汐区或接近盐场的土壤，腐蚀性很强。

4. 土壤的导电性

土壤的导电性受土质、含水量及含盐量等影响，孔隙度大的土壤，如沙土，水分易渗透流失；而孔隙度小的土壤，如黏土，水分不易流失，含水量大，可溶性盐类溶解得多，导电性好，腐蚀性强，尤其是对长距离的宏电池腐蚀来说，影响更显著。一般低洼地和盐碱地因导电性好，所以腐蚀性很强。

5. 其他因素

通常酸度越大，腐蚀性越强，这是因为易发生氢离子阴极去极化作用。当土壤中含有大量有机酸时，其pH值虽然近中性，但其腐蚀性仍然很强。因此，衡量土壤腐蚀性时，应测定土壤的总酸度。

温度升高能增加土壤电解液的导电性，加快氧的渗透扩散速率，因此加速腐蚀。温度升高，如在25~35℃时，最适宜于微生物的生长，从而也加速腐蚀。

四、防止土壤腐蚀的措施

1. 覆盖层保护

考虑到经济性及机械化施工的方便性，埋地钢质管道普遍使用的防腐覆盖层主要为石油沥青和煤焦油沥青的覆盖层（防腐绝缘层），一般用填料加固或用玻璃纤布、石棉等把管道缠绕加固绝缘起来。近年来还发展了挤塑聚乙烯、PE（聚乙烯）胶黏带、熔结环氧树脂（FBE）及复合覆盖层（含三层PE）。

石油沥青是使用历史最长的防腐涂料，如果腐蚀环境无微生物、无深根植物，那么仍不失为一种经济适用的防腐覆盖层，当然它的流淌性不适合高温环境。

熔结环氧树脂是所有防腐涂料中与钢管黏结力最强、抗各种环境腐蚀最好、抗机械冲击最强的防腐涂料，但由于涂覆层薄（不到1mm），抗尖锐物体的冲击较差，在石方地段慎用。

聚乙烯胶黏带具有绝缘性能好、机械强度高、抗渗透性强等特点，但该产品黏结力差，尤其与焊缝较多的钢管结合较差。

为克服上述缺点，开发了三层PE防腐管道，这是一种将环氧树脂的抗阴极剥离黏结与聚乙烯的抗冲击强度相结合的复合结构。然而聚乙烯的耐老化性能与耐环境应力开裂尚未经长期使用的检验，一旦聚乙烯外覆盖层老化或开裂失效，内层薄薄的环氧树脂就很难达到等效的防腐作用，再加上价格较高，因此它只适合在特殊地质条件下采用。

各种防腐覆盖层有各自的优缺点，应根据管道线路的地质条件、腐蚀环境，因地制宜地选用，并不是价格高就一定好，而是以安全、适用、经济为原则。

2. 耐蚀金属材料和金属镀层

采用某些合金钢和有色金属（如铅），或采用锌镀层来防止土壤腐蚀。但这种方法由于不经济很少使用，且不宜用于酸性土壤。

3. 处理土壤，减少其侵蚀性

如用石灰处理酸性土壤，或在地下构件周围填充石灰石碎块，移入侵蚀性小的土壤，加强排水，以改善土壤环境、降低腐蚀性。

4. 阴极保护

在采用上述保护方法的同时，可附加阴极保护措施。如将适当的外涂层和阴极保护相结合，对延长地下管道寿命是最经济的方法。这样既可弥补保护层损伤造成的保护不足，又可减少阴极保护的电能消耗。

第四节 高温气体腐蚀

金属在高温气体中的腐蚀是一种很普遍而又重要的腐蚀形式。如石油化工生产中各种管式加热炉管，其外壁受高温氧化而破坏；金属在热加工如锻造、热处理等过程中，也发生高温氧化；在合成氨工业中，高温高压的 H_2、N_2、NH_3 等气体对设备也会产生腐蚀。因此，了解金属氧化的机理及其规律，对于正确选用高温结构材料、寻找有效的防护措施、防止或减缓金属在高温气体中的腐蚀是非常必要的。

一、金属高温氧化的可能性

1. 金属的高温氧化可能性判断

在高温气体中的腐蚀产物以膜的形式覆盖在金属表面，此时金属的抗氧化性能强弱直接取决于膜的性能优劣。若腐蚀产物的体积小于金属的体积，膜不能覆盖金属的整个表面，此时其抗氧化的能力就低。若腐蚀产物体积过大，膜内会产生应力，应力易使膜开裂、脱落。当腐蚀产物和金属的体积比接近一时，其抗氧化性能最理想。

金属氧化的化学反应为：

$$xM + \frac{1}{2}yO_2 \longrightarrow M_xO_y$$

如果在一定的温度下，氧的分压与氧化物的分压相等，则反应达到平衡；如果氧的分压大于氧化物的分压，金属朝生成氧化物的方向进行；反之，当氧的分压小于氧化物的分压时，反应就朝着相反的方向进行。

2. 金属氧化的电化学过程

金属氧化过程的开始，虽然是由化学反应引起的，但金属在高温（或干燥）气体中的腐蚀中膜的成长过程则是一个电化学过程，如图 4-13 所示。

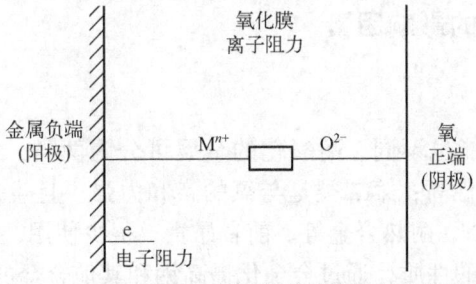

图 4-13 金属表面高温氧化膜成长的电化学过程

阳极反应使金属离子化，它在膜—金属界面上发生，这可看作阳极，其反应为：

$$M \longrightarrow M^{n+} + ne$$

阴极反应（氧的离子化）在膜—气体的界面上发生，此时可将其看作阴极，其反应为：

$$\frac{1}{2}O_2 + 2e \longrightarrow O^{2-}$$

电子和离子（金属离子和氧离子）在膜的两极间流动。由图4-13可见，氧化膜本身是既能电子导电又能离子导电的半导体，作用如同电池中的外电路和电解质溶液，金属通过膜把电子传递给膜表面的氧，使其还原变为氧离子，氧离子和金属离子在膜中又可以进行离子导电，即氧离子往阳极（金属与氧化物界面处）迁移，而金属离子往阴极（氧化膜同气相界面处）迁移，或者在膜中某处，再进行二次的化合过程。氧化速率取决于经过氧化膜的物质迁移速率。要使氧化膜生长，其本身也必须具有很好的离子（电子）导电性。事实上，多数金属的氧化物是半导体，既有电子导电性，又有离子导电性。

高温气体腐蚀和水溶液中的腐蚀有一定的区别：在水溶液中，金属与水相结合形成水合离子，一般水合程度都很大，氧变成OH^-的反应也需要水或水合离子参加。然而，在高温气体腐蚀中，氧直接离子化。

3. 金属上的表面膜

金属在干燥气体中的腐蚀，其腐蚀产物覆盖在金属表面之后，能在一定程度上降低金属的腐蚀速率。这层表面膜若要具有保护性，必须满足以下条件：

（1）膜必须是紧密的、完整的，能覆盖金属的所有表面。

（2）膜必须是致密性的。膜的组织结构致密，金属离子或氧离子在其中扩散系数小、电导率低，可以有效地阻碍腐蚀环境对金属的腐蚀。

（3）膜在高温介质中是稳定的。金属氧化膜的热力学稳定性要高，而且熔点要高、蒸气压要低，才不易熔化和挥发。

（4）膜要有足够的强度和塑性，而且膜与基体的附着性要好，不易剥落。

（5）膜具有与基体金属相近的热膨胀系数。

例如，在高温空气中，铝和铁都能生成完整的氧化膜，由于铝的氧化膜具备上述条件，因而有良好的保护作用；而铁的氧化膜，由于与金属结合不牢固，所以不能起到良好的保护作用。由于金属氧化后生成氧化膜，所以一般可以用膜的厚度来代表金属腐蚀的量。如果随着时间的延长膜的厚度不变，说明膜的保护能力很强，金属不再继续腐蚀。如果随着时间的延长膜的厚度增长很快，说明膜的保护能力很差。

二、金属高温氧化的影响因素

1. 金属的抗氧化性能

不同的金属抗氧化性能也不同。耐氧化的金属可分为两类，第一类是贵金属，如Au、Pt、Ag等，其热力学稳定性高；第二类是与氧的亲和力强，且生成致密的保护性氧化膜的金属（或合金），如Al、Cr、耐热合金等。前者昂贵，很少使用，因此，工程上多利用第二类耐氧化金属（或合金）的性质，通过合金化提高钢和其他合金的抗氧化性能。

2. 氧化膜的保护性

所谓金属的抗氧化性并不是指在高温下完全不被氧化，而通常是指在高温下迅速氧化，但在氧化后能形成一层连续而致密的、并能牢固地附着在金属表面的薄膜,从而使金属具有不再继续被氧化或氧化速率很小的特性。

3. 温度的影响

温度升高会使金属氧化的速率显著升高。例如,钢铁在较低的温度下（200~300℃）,表面已生成一层可见的、保护性能良好的氧化膜,氧化速率非常缓慢,随着温度的升高,氧化速率逐渐加快,但在570℃以下,氧化膜由Fe_3O_4和Fe_2O_3组成,相对来说,它们有保护作用,氧化速率仍然较低。而当温度超过570℃以后,氧化层中出现大量有晶格缺陷的FeO,形成的氧化膜层结构变得疏松（称为氧化铁皮）,不能起保护作用,这时氧原子容易穿过膜层而扩散到基体金属表面,使钢铁继续氧化,且氧化速率大大增加。当温度高于700℃时,除了生成氧化铁皮外,同时还发生钢的脱碳（钢组织中的渗碳体减少）现象。脱碳作用中析出的气体破坏了钢表面膜的完整性,使耐蚀性降低,同时随着碳钢表面含碳量的减少,造成表面硬度、疲劳强度的降低。

4. 气体介质的影响

不同气体介质对钢铁的氧化有很大的影响。大气中含有SO_2、H_2O和CO_2可显著地加速钢的氧化;碳钢在CO、CH_4等高温还原性气体长期作用下,将使其表面产生渗碳现象,可促进裂纹的形成;在高温高压的H_2中,钢材会出现变脆甚至破裂的现象（称为氢侵蚀）;在合成氨工业中除了氢侵蚀外,还有钢的氮化问题,氮化使钢材的塑性和韧性显著降低,变得硬而脆。大气或燃烧产物中,含硫气体的存在会导致产生高温硫化腐蚀。高温硫化腐蚀比氧的高温氧化腐蚀严重得多,主要是硫化物膜层易于破裂、剥落、无保护作用,有些情况下不能形成连续的膜层。

三、防止高温氧化的措施

（1）主要方法是合理选择耐热金属结构材料。

（2）改变气相介质成分,即应用保护性气体或控制气体成分,以降低气体介质的侵蚀性。

（3）应用保护性覆盖层,即在金属构件表面覆盖金属或非金属层,以防止气体介质与底层金属直接接触从而达到提高抗氧化性的目的。较常用的是热扩散的方法（又称为表面合金化）,如渗铝、渗铬、渗硅等。此外,还可以在金属表面涂刷耐高温涂料或用炔—氧焰喷涂或等离子喷涂的方法,使耐热的氧化物、碳化物、硼化物等在金属表面形成具有抗高温性能的陶瓷覆盖层。

第五节 石油化工生产中特殊介质的腐蚀

石油化工生产过程中存在一类特殊的腐蚀,引起腐蚀的主要因素为一些特殊介质的作用,主要有硫化氢（H_2S）腐蚀、二氧化碳（CO_2）腐蚀和环烷酸腐蚀等。了解这些特殊介质中金属腐蚀的特点和规律,对延长设备使用寿命、保证正常生产是非常重要的。

一、H_2S腐蚀

在石油天然气工业及其他工业中广泛存在着H_2S腐蚀的问题。其原因在于原油和天然气中都或多或少含有一些硫化物,此外,在以天然气、石油和煤等为原料的加工工业中,存在于原料中的各种硫化物在加工时经常分解出 H_2S,因而腐蚀问题普遍存在。

材料在受 H_2S 腐蚀时,其腐蚀破坏形式主要包括全面腐蚀、氢损伤两大类。

1. 全面腐蚀

1) H_2S 腐蚀的机理和特点

碳钢在 250℃ 以下的无水 H_2S 中基本不发生腐蚀,然而一旦有水存在,金属的腐蚀就相当严重。

H_2S 在水中发生的离子化过程如下:

$$H_2S = H^+ + HS^-$$
$$HS^- = H^+ + S^{2-}$$

而 H_2S 水溶液对金属(如铁)的腐蚀则是一种电化学反应。

阳极反应: $Fe \longrightarrow Fe^{2+} + 2e$

阴极反应: $2H^+ + 2e \longrightarrow H_2 \uparrow$

Fe^{2+} 与 S^{2-} 反应: $Fe^{2+} + S^{2-} \longrightarrow FeS \downarrow$

由此可见,H_2S 的存在使 Fe^{2+} 的浓度降低,促使阳极过程发生,加速金属的溶解,此时 H_2S 的存在促进氢向钢中的渗透,也加速了氢引起的各种腐蚀破坏。

H_2S 导致钢铁的全面腐蚀,可能使整个金属表面的厚度均匀减小,也可能将金属的表面腐蚀得凹凸不平。当金属表面受到 H_2S 的全面腐蚀时,有鳞片状硫化物腐蚀产物沉积。生产设备和构件在遭受硫化物腐蚀时,一般常在其某些死角区可见大量黑色硫化铁腐蚀产物堆积,硫化铁腐蚀产物有时呈片状,有时呈黑色污泥状。若生产介质内含有 O_2,则腐蚀产物中会生成少许黄色的硫黄;若存在 CN^-,则硫化铁产物与 CN^- 相互作用生成络合物,遇空气则转化为蓝色的铁氰化物。

H_2S 的腐蚀产物常以固态形式存在。在静止或流速不太大的腐蚀环境中,适当的 pH 条件下,金属硫化物能在金属表面生成膜。

2) H_2S 腐蚀的影响因素

(1) H_2S 浓度。H_2S 的电化学腐蚀与水溶液中 H_2S 浓度的关系,如图 4-14 所示。曲线表明,在钢铁表面存在硫化铁保护膜的情况下,硫化氢超过一定值时,腐蚀速率反而下降,高浓度的硫化氢不一定比低浓度硫化氢腐蚀更严重。从图中可见,H_2S 浓度达到 1800mg/L 以后,H_2S 浓度对腐蚀速率没有影响。如果含 H_2S 介质中还有其他腐蚀性组分,如 CO_2、Cl^-、残酸等时,将促使 H_2S 对钢材的腐蚀速率大大提高。

(2) pH 值。H_2S 水溶液的 pH 值发生变化时,腐蚀速率也将随之变动。H_2S 水溶液的 pH 值为 6 左右时,腐蚀速率发生急剧变化。当 pH 值小于 6 时,钢的腐蚀速率很高,腐蚀液呈浑浊的黑色。一般认为 pH 值为 6 是一个临界值。由

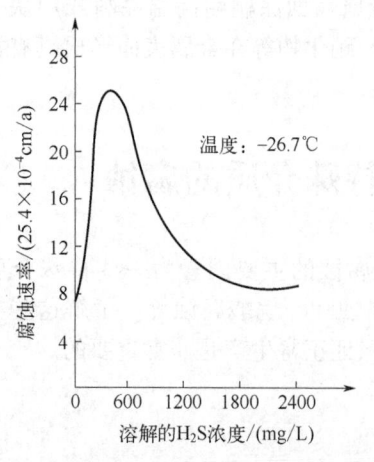

图 4-14 钢在不同浓度 H_2S 水溶液中的腐蚀

于天然气井底的 pH 值为 6.0±0.2，正好处于决定油管寿命的临界值。因此如果 pH 值小于 6，则油管的寿命很难超过 20 年。

（3）温度。在低温地区，钢铁在 H_2S 水溶液中的腐蚀速率随温度的增加而增大。在 10% H_2S 水溶液中，当温度从 55℃ 增加到 84℃ 时，腐蚀速率约增加 20%；温度继续升高，则腐蚀速率下降；在 110~200℃ 之间时腐蚀速率最小。在 40℃ 时碳钢的腐蚀速率比 120℃ 时的约高 1 倍。这是因为：在饱和 H_2S 水溶液中，碳钢在 50℃ 以下时生成的是无保护性的硫化铁膜，在室温下的潮湿 H_2S 气体中（甚至在 100℃ 含蒸汽的 H_2S 中）钢表面产生的也是无保护性的硫化铁膜。但是在 100~200℃ 下的 H_2S 水溶液中生成的硫化铁膜却具有较好的保护性能。

（4）腐蚀时间。在 H_2S 水溶液中，碳钢和低碳合金钢的初始腐蚀速率较大，约为 0.7mm/a，但随着时间的增长，腐蚀速率迅速降低，2000h 后腐蚀速率趋于平稳，约为 0.011mm/a，如图 4-15 所示。这是由于随着暴露时间的增加，硫化铁腐蚀物逐渐沉积在钢铁表面形成一层具有减轻腐蚀作用的保护膜。

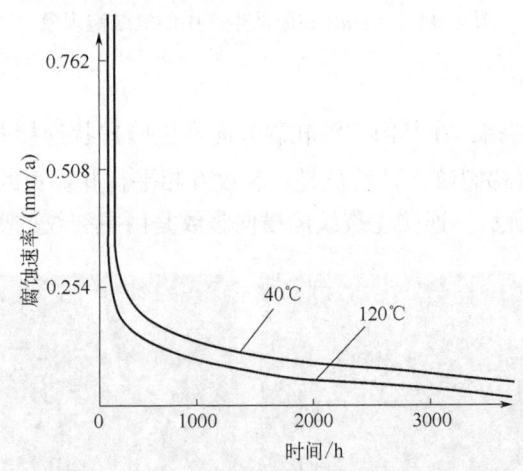

图 4-15　碳钢在 H_2S 水溶液中的腐蚀速率与暴露温度及时间的关系

（5）流速。碳钢和低合金在含 H_2S 流体中的腐蚀速率，通常随着时间的增长而逐渐下降，这是相对于流体在某特定流速下而言的。如果流体流速较高或处于湍流状态，由于钢铁表面上的硫化铁腐蚀产物膜受流体的冲刷被破坏或黏附不牢固，将一直保持其初始的高速腐蚀，从而使设备、管线（尤其是弯头等部位）、构件等很快受到破坏。

在天然气田上，为了避免其他酸性气体的腐蚀，设计规定阀门的气体流速要低于 15m/s，但为了防止在流速太低的部位因气体中的液体沉积引起管线底部或其他较低部位有浓差引起的腐蚀，因此又规定气体的流速应大于 3m/s。

2. 氢损伤

在含 H_2S 酸性气田上，氢损伤通常表现为硫化物应力开裂（SSC）和氢诱发裂纹（HIC），后者包括氢脆（HE）、氢鼓泡（HB）、氢致台阶式开裂（HIBC）等几种形式的破坏。

1）H_2S 引起的氢鼓泡

氢鼓泡是氢损伤的类型之一，是指氢原子扩散到钢中时，在钢的空穴处结合成氢分子，当氢分子不能扩散时，就会在金属某些部位积累形成巨大内压，引起钢材鼓泡，甚至破裂。这种现象经常在低强度钢，特别是含有夹杂物的低强度钢中发生。在含有硫化物的介质中，H_2S、S^{2-}在金属表面的吸附对析氢过程有阻碍作用，从而促使氢原子向金属内部渗透。这种破坏常发生在石油天然气输送与加工的设备上，如图 4-16 所示。

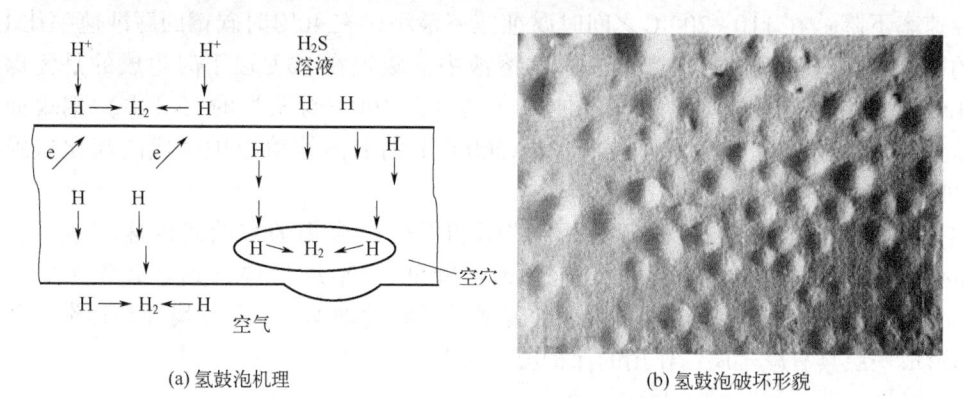

(a) 氢鼓泡机理　　　　　　　　　　(b) 氢鼓泡破坏形貌

图 4-16　16MnR 在原油生产中的氢鼓泡现象

2) 氢诱发阶梯裂纹

暴露于 H_2S 环境中的钢，在其内部沿轧制方向产生阶梯状连接并易于穿过壁厚的裂纹，这种裂纹就称为氢诱发阶梯裂纹。其特征是：裂纹互相平行并被短的横向裂纹连接起来，形成"阶梯"，如图 4-17 所示。连接主裂纹的横向裂纹是由主裂纹的剪切应力引起的。

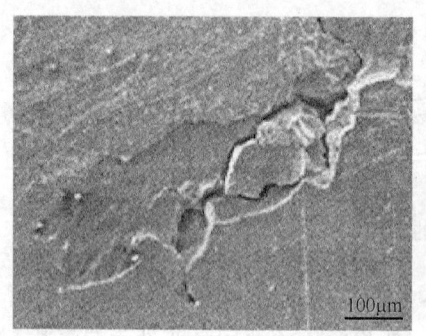

(a) 发生氢诱发阶梯裂纹破坏剖面图 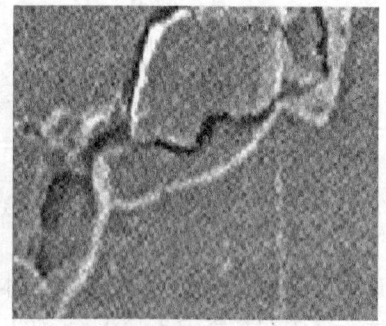　　　(b) 发生阶梯裂纹破坏的局部放大图

图 4-17　16MnR 在 H_2S 腐蚀环境中的腐蚀

氢诱发阶梯裂纹常发生于设备及管线钢件中。这种裂纹的产生会使设备的有效壁厚迅速减薄，从而导致管线出现泄漏或破裂。氢诱发阶梯裂纹发生的原因与氢鼓泡的相似，氢鼓泡多发生在表面缺陷部位，而氢诱发阶梯裂纹一般出现于钢的内部。

3) H_2S 应力腐蚀开裂 (SSCC)

碳钢和低合金钢在含硫化氢的水溶液中发生的应力蚀开裂称为硫化氢应力腐蚀开裂，简称 SSCC，其中沿钢材轧制方向伸展的台阶状裂纹或氢泡，又常称作"氢致开裂"。在 H_2S 腐蚀引起的管道破坏中，H_2S 应力腐蚀开裂 (SSCC) 造成的破坏最严重，所占比例也最大。溶液中硫化氢浓度越高，开裂倾向越大。

4) 氢脆

在 H_2S 腐蚀环境中，由于 HS^- 或其他物质（如氰化物或氢氟酸）的存在，降低了阴极反应中氢原子转化为氢分子的速度，因此一部分氢原子通过扩散进入钢基体内，在氢原子扩散过程中，当遇到材料存在内部缺陷（如在晶界或相界上缺陷、位错等）时，氢原子就可能停留在此处，随着扩散到达缺陷处。氢原子增多，氢原子迅速结合为氢分子，在外界环境（如温度等）的不断变化中，将在这些缺陷部位形成高的氢分压；随着缺陷处的压力增加，在缺陷边缘形成应力集中区，导致材料内部界面之间破裂并形成微小裂纹。当裂纹边缘应力强度因子超过钢材料的应力强度因子时，微裂纹不断发展、扩大，形成裂纹。在这一过程中，由于氢的渗入而导致金属材料的性能发生变化，由韧性逐渐转变为脆性，在生产过程中常可能导致灾难性事故的发生。

3. H_2S 腐蚀的防护措施

1) 选用耐 H_2S 腐蚀的材料

正确选用耐 H_2S 腐蚀的合金钢，是防止 H_2S 腐蚀、提高设备寿命的可靠方法之一。提高钢材本身的抗腐蚀性能来防止 H_2S 腐蚀是最安全、简便的途径，主要是在钢材中加入金属铬和镍等元素材料。铬是提高合金钢耐 H_2S、CO_2 的元素之一，镍是提高合金钢耐腐蚀和耐热的重要元素。为了节省镍，还可以用锰和氮取代不锈钢中的部分镍。常用的材料为特种低合金钢、不锈钢等。

2) 覆盖层保护法

通过表面技术处理，在金属表面覆盖各种保护层，把被保护金属与腐蚀性介质隔开，是防止金属腐蚀的有效方法。

3) 电化学保护

可采用人为改变管材与介质间的电极电位、改变腐蚀介质的性质方法，保护管材及组件，提高使用寿命，常采用的方法是阴极保护。

4) 应用添加剂、缓释剂

（1）碱性添加剂：碱性添加剂是针对高含气田开发的，可在实时监测条件下适时加入碱性添加剂，维持环境中的 pH 值为 9~11，使之不会产生氢原子，避免氢脆对管材的伤害。

（2）添加缓蚀剂：添加缓蚀剂可以减缓腐蚀介质对金属的腐蚀。常用的缓蚀剂主要分为无机缓蚀剂和有机缓蚀剂。常用的无机缓蚀剂主要有聚磷酸盐、硅酸盐、铬酸盐、亚硝酸盐、硼酸盐、亚砷酸盐、钽酸盐等。有机缓蚀剂与无机缓蚀剂相比，有机成膜缓蚀剂更能减缓 H_2S 腐蚀，其缓蚀作用原理大多是经物理吸附（静电引力等）和化学吸附（氮、氟、磷、硫的非共价电子对），覆盖在金属表面而对金属起到保护作用（不含化学变化）。

如果防护系统需要由多种金属构成，单一的缓蚀剂难以满足要求，此时应当考虑缓蚀剂的复配使用。目前国内外常用的缓蚀剂是咪唑啉、噁唑啉系列产品和有机胺类、胺类的脂肪酸盐、季铵化合物、酰胺化合物和丙炔醇类等。

二、CO_2 腐蚀

众所周知，CO_2 腐蚀是石油天然气开发、集输和加工中的主要腐蚀类型之一。随着石油天然气工业的发展，尤其是 CO_2 驱油工艺的发展，油气开采和集输过程中的 CO_2 腐蚀问题日益突出。

CO_2 在与水共存时具有较强的腐蚀性，会对金属材料产生严重破坏。CO_2 腐蚀能使油气井的使用寿命显著低于设计寿命。此外，油气储运中，输送管道输送的介质为油、气、水多相介质，其中又混杂了 CO_2、H_2S 等酸性气体，在温度、压力、流速以及交变应力等多种因素的影响下，管道的内腐蚀十分严重，即使采取内防腐措施也收效甚微。因此，对油气管道内 CO_2、H_2S 腐蚀作用规律及腐蚀机理进行研究，是实施有效的防腐措施的关键。

1. CO_2 腐蚀类型

CO_2 对设备可形成全面腐蚀（均匀腐蚀），也可以形成局部腐蚀，具体类型如下。

1) 全面腐蚀

与前述腐蚀基本类型中全面腐蚀的形貌相似，形成 CO_2 全面腐蚀时，金属的全部或大部分表面上均匀地受到破坏。CO_2 腐蚀属于氢去极化腐蚀，往往比相同 pH 值的强酸腐蚀更严重。其腐蚀除受到去极化反应速率控制外，还与腐蚀产物是否在金属表面形成保护层有很大关系。

2) 局部腐蚀

局部腐蚀是指钢铁表面局部发生严重的腐蚀，而其他部分没有腐蚀或依然只发生轻微腐蚀。现场失效的 CO_2 腐蚀多为溃疡式的穿孔腐蚀，国际上普遍认为，小孔腐蚀、台地状腐蚀和涡旋状腐蚀是 CO_2 腐蚀的典型形貌，此外还有其他一些腐蚀形貌。

（1）CO_2 的小孔腐蚀：发生 CO_2 小孔腐蚀的钢材上一般可以发现凹孔并且凹孔四周光滑。随着 CO_2 分压的增大和介质温度的升高，材料对小孔腐蚀的敏感性增强。一般说来，CO_2 的小孔腐蚀存在一个温度敏感区间，且与材料的组成有着密切的关系。在含 CO_2 的油气井中的油层套管，点腐蚀主要出现在温度为 80~90℃ 的部位，如图 4-18(a) 所示。

（2）CO_2 的台面状腐蚀：钢质管材处于流动的、含 CO_2 的水介质中所发生的 CO_2 腐蚀的破坏形式往往是台面状腐蚀。台面状腐蚀往往在材料的局部出现较大面积的凹台，底部平整，周边垂直凹底，流动诱使局部腐蚀形状如凹沟，即平行于物流流动方向的刀形线沟槽，如图 4-18(b) 所示。当在钢铁表面形成大量的碳酸亚铁膜，而此膜又不是很致密和稳定时，极容易造成此类破坏，导致金属发生更严重的腐蚀。

（3）CO_2 的流动诱发的局部腐蚀：指钢铁材料在湍流介质条件下发生的局部腐蚀，在此类腐蚀情况下，往往在被破坏的金属表面形成沉积物层，但表面很难形成具有保护性的膜。腐蚀形状有涡旋状、蜂窝状等，如图 4-18(c) 所示。

(a) CO_2 的小孔腐蚀　　　　(b) CO_2 的台面状腐蚀　　　　(c) CO_2 的流动诱发的局部腐蚀

图 4-18　油管 CO_2 腐蚀形貌

2. CO_2 腐蚀机理

在 CO_2 腐蚀环境中，碳钢的腐蚀是一种很复杂的现象。干燥的 CO_2 气体没有腐蚀性，它较易溶解于水中，而在碳氢化合物中的溶解度则更高，当 CO_2 溶解于水中形成碳酸时，就会引发钢铁材料发生电化学腐蚀并促进其发展。其原因在于，当钢铁材料暴露在含 CO_2 的介质中时，表面很容易沉积一层垢或腐蚀产物。当这层垢或腐蚀产物的结构较为致密时，将像一层物理屏障，阻抑金属的腐蚀；当这层垢或腐蚀产物为不致密的结构时，垢下金属缺氧，就和周围的富氧区形成一个氧浓差电池。垢下金属因缺氧，电位较负而发生阳极溶解，导致沉积物下方腐蚀。垢外大面积阴极区的存在则形成了小阳极—大阴极的腐蚀电池，从而促进了垢或腐蚀产物膜下方金属基体的快速腐蚀。

由于 CO_2 腐蚀存在于各种不同的环境条件中，各种因素的相互影响也各不相同，因而有关 CO_2 的腐蚀机理有很多理论。现有已知的一些机理仅局限于某些特定的条件；还有一些机理也仅为实验室研究的结果，在现场并未得到广泛的认同，所以目前还没有得到具有广泛意义的可以揭示各种不同条件下 CO_2 腐蚀的机理。

CO_2 在油气采输管道内的腐蚀反应机理也较复杂，在不同流相下具有不同的腐蚀机理及反应特点。单相流管道中金属可能发生 CO_2 腐蚀。整个腐蚀分为溶解、物质传递、电化学反应、扩散四个过程。CO_2 在水溶液中溶解并形成参与腐蚀反应的活性物质，然后反应物通过流体传递到金属表面，进一步在阴极和阳极分别发生电化学反应，最后腐蚀产物向溶液中扩散；多相流动介质的 CO_2 腐蚀主要是通过三种力学作用促进腐蚀的进程：流体剪切、冲刷腐蚀和基体变形。这三种力学作用，主要是通过破坏腐蚀产物膜，导致在膜破损处发生小孔腐蚀来促进腐蚀进程。研究表明，流动流体对腐蚀产物膜的冲刷破坏作用对局部腐蚀速率的影响巨大。所以腐蚀产物膜的微观结构和力学性能对于 CO_2 腐蚀行为和规律具有支配性的影响。

3. CO_2 腐蚀的影响因素

影响 CO_2 腐蚀的主要因素有 CO_2 分压、温度、溶液 pH 值、介质组成、流速、载荷和材料等。

1) CO_2 分压

CO_2 分压（p_{CO_2}）是影响 CO_2 腐蚀的一个重要参数。p_{CO_2} 大于 0.2MPa 时为 CO_2 腐蚀环境。研究表明，钢的腐蚀速率随 CO_2 分压增加而增大。

2) 温度

大量的研究结果表明，温度是影响 CO_2 腐蚀的重要因素。在一定温度范围内，碳钢在 CO_2 水溶液中的腐蚀速率随温度升高而增大，但当温度升得较高时，在碳钢表面生成致密的腐蚀产物（$FeCO_3$）膜后，碳钢的溶解速率将随着温度升高而降低，如图 4-19 所示。

温度对 CO_2 腐蚀的影响主要表现在三个方面，一是温度影响了介质中 CO_2 的溶解度，介质中 CO_2 的浓度随着温度升高而减小；二是温度影响了反应进行的速率，反应速率随温度的升高而增大；三是温度影响了腐蚀产物成膜的性质。

根据温度对腐蚀的影响，铁的 CO_2 腐蚀可分为以下四种：

(1) 当温度低于 60℃时，腐蚀产物膜为 $FeCO_3$，膜软而无附着力，金属表面光滑，主要发生均匀腐蚀；

(2) 当温度为 60~110℃时，铁表面可生成具有一定保护性的腐蚀产物膜，局部腐蚀较突出；

(3) 当温度为 110~150℃时，均匀腐蚀速率较高，局部腐蚀严重（一般为深孔），腐蚀产物为厚而疏松的 $FeCO_3$ 粗结晶；

(4) 当温度高于 150℃时，生成细致、紧密、附着力强的 $FeCO_3$ 和 Fe_3O_4 膜，腐蚀速率较低。

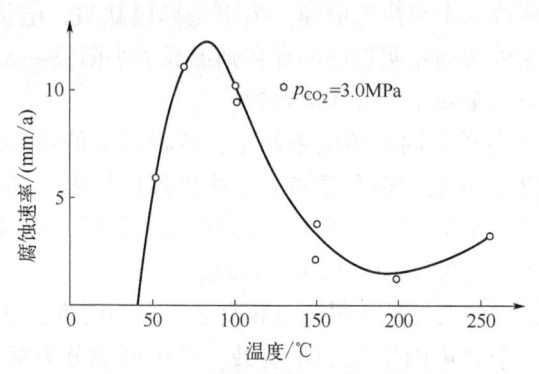

图 4-19 温度与腐蚀速率的关系

分析表明，温度的变化可能影响了基体表面 $FeCO_3$ 晶核的数量与晶粒长大的速率，从而改变了腐蚀产物膜的结构与附着力，即改变了膜的保护性。由此可见，温度主要是通过影响化学反应速率与腐蚀产物成膜机制来影响 CO_2 腐蚀的。

3) 溶液 pH 值

当 CO_2 分压一定时，pH 值增大将降低 $FeCO_3$ 的溶解度，有利于生成 $FeCO_3$ 保护膜。pH 值对腐蚀速率的影响表现在两个方面：(1) pH 值增大使保护膜更容易形成；(2) pH 值增大改善了 $FeCO_3$ 保护膜的特性，使其保护作用增加。

4) 介质组成

若介质中含有 H_2S，则将加速腐蚀的进程；HCO_3^- 的存在会抑制 $FeCO_3$ 的溶解，促进钝化膜的形成，从而降低碳钢的腐蚀速率；Ca^{2+}、Mg^{2+} 的存在增大了溶液的硬度，虽可以降低全面腐蚀概率，却可能导致局部腐蚀的发生；O_2 与 CO_2 共存时可能引起严重腐蚀。研究表明，当钢铁表面未生成保护膜时，腐蚀速率随 O_2 含量的增加而增加；但如果钢铁表面形成了保护膜，则 O_2 对腐蚀速率的影响甚微。在饱和的 O_2 溶液中，CO_2 的存在作为腐蚀催化剂会大大增加钢铁的腐蚀速率。

5) 流速

一般认为，随着流速的增加，H_2CO_3 和 H^+ 等去极化剂能更快地扩散到电极表面，增强阴极去极化作用，同时使腐蚀产生的 Fe^{2+} 迅速离开腐蚀金属的表面，因而腐蚀速率增大；在流动条件下，当介质中气液固三相共存时，有可能在钢管表面产生冲刷腐蚀。

6) 载荷

载荷的增加将大大加速碳钢在 CO_2 溶液中的腐蚀失重，而且连续载荷较间断载荷作用明显，将引起更严重的腐蚀。载荷和 CO_2 在钢铁的腐蚀中起协同效应。

7) 材料

材料的化学成分、含量、热处理工艺和微观组织结构在碳钢的 CO_2 腐蚀中有着重要作用。如：钢中加入 Cr 元素后可以降低腐蚀速率，且随着 Cr 含量的增加，腐蚀速率降低。除了 Cr 元素之外，研究发现 Mo 元素也可能提高碳钢的抗 CO_2 腐蚀的能力。C 的含量对 CO_2 腐蚀性能的影响与碳钢组织结构中 Fe_3C 相有密切关系：一方面，Fe_3C 在腐蚀过程中会暴露在钢铁表面充当阴极而加速钢铁的腐蚀；另一方面，Fe_3C 又可能形成腐蚀产物膜的结构支架而阻滞 CO_2 腐蚀。

4. 对 CO_2 腐蚀的防护

目前对于 CO_2 腐蚀的防护，在油气田中应用较多的方法是涂防腐涂层、阴极保护法、管线的合理选材和使用缓蚀剂。

对于管外壁防腐，使用较多的方法主要是涂防腐涂层、阴极保护法或两者相结合的方法；对于管内壁防腐，由于管内的环境和管外相差较大，对管材的保护方法也有不同，主要的方法是适当选材和选用缓蚀剂。

对于选材，管线的化学成分对腐蚀过程会产生很大的影响。在合金中，少量合金元素的加入可以显著地降低腐蚀速率（如 Cr），因此除碳钢外，也可考虑选用 Cr_{13} 型马氏体不锈钢、双相不锈钢、316L 不锈钢及双金属复合管等，但必须从安全性、经济性、现场施工情况等多方面综合考虑，优选最佳的管材。

实际工业体系中，环境是极其复杂的，在不同的油气田环境中，所用的缓蚀剂成分可能是不一样的。在一个油气田适用的缓蚀剂，在另一个油气田中未必能发挥效用。目前使用较多是咪唑啉类的缓蚀剂，复合型的缓蚀剂使用也较广泛。

三、环烷酸腐蚀

环烷酸是一种存在于石油中的含饱和环状结构的有机酸。石油中的酸性化合物包括环烷酸、脂肪酸、芳香酸及酚类，环烷酸是石油中有机酸的主要组分（占有机酸总量的50%以上），故一般称石油中的酸为环烷酸。石油中的环烷酸是成分复杂的高沸点羧酸混合物，相对分子质量差别较大，介于 180~700 之间，以 300~400 的为多；其沸点范围大约在 177~371℃。低相对分子质量的环烷酸在水中的溶解度很小，高相对分子质量的环烷酸不溶于水，但是环烷酸腐蚀形成的某些化合物可溶于油中。

1. 环烷酸腐蚀的特点和机理

在我国加工的原油中，稠油所占比例逐年增加，在稠油的炼制过程中，环烷酸腐蚀是一种危害性较大的腐蚀形式。环烷酸对金属的腐蚀与其浓度、温度、流速有关。在常温下，环烷酸对金属几乎不腐蚀，在 200℃ 以上，酸值超过 0.05mg KOH/g 时，可观察到金属腐蚀。随着温度升高，在 270~280℃，腐蚀达到一个高峰，然后开始下降，在 350℃ 又出现第二个腐蚀高峰，随着温度的进一步升高，腐蚀速率开始回落，400℃ 以上观察不到环烷酸腐蚀，其原因在于超过此温度时，环烷酸可能已经完全分解。

环烷酸腐蚀一般为均匀腐蚀，但在高流速区，则为沟槽状局部腐蚀，大多发生在温度为 220~400℃ 的高流速的工艺介质中。如：炼油厂严重腐蚀主要出现在产生涡流的高速冲刷部位，如常减压装置和转油线上。

环烷酸与铁能生成油溶性的环烷酸铁，生成的环烷酸铁溶解在油中，易被流动介质冲走，从而暴露出金属裸面，使腐蚀不断进行，而且使金属表面形成沟槽状腐蚀。在温度升高的过程中，油中存在的活性硫化物开始分解，产生出的 H_2S 与 Fe 发生反应，生成具有一定保护作用的 FeS 膜。环烷酸具有溶解 FeS 膜的能力，因而加剧了对金属的腐蚀；环烷酸与

FeS 反应生成的 H₂S 又与金属发生腐蚀，形成循环腐蚀。这种交互作用的结果，进一步加速了设备的腐蚀。

2. 环烷酸腐蚀的防护

（1）混炼。原油的酸值可以通过混合加以降低。如果将高酸值和低酸值的原油混合到酸值低于环烷酸腐蚀发生的临界酸值以下，则可以在一定程度上解决环烷酸腐蚀问题。

（2）注碱。在原油进入蒸馏装置前，可注入苛性钠以中和环烷酸。但研究表明，注碱所生成的环烷酸钠有促进腐蚀的作用。同时注碱引起钠离子含量增加，对下游深加工催化裂化中使用的催化剂有中毒作用。此外，注碱会导致渣油灰分增高，使得以渣油为燃料的电厂和化肥厂的锅炉管结垢。所以现在已不推荐使用注碱法控制环烷酸腐蚀。

（3）使用缓蚀剂。用高温缓蚀剂抑制有机酸（主要是环烷酸）的腐蚀，其用量小，不影响油品质量，不影响后续加工，克服了原油注碱的缺点，可作为更换材质的补充。

近年来已研制出一些特殊的减缓环烷酸腐蚀的缓蚀剂。它们大致可分为磷系和非磷系缓蚀剂两类。

【思考与练习】

1. 什么是大气腐蚀？大气腐蚀的主要影响因素有哪些？
2. 大气腐蚀是如何分类的？它们之间有什么关系？
3. 什么叫相对湿度？相对湿度小于100%时，金属表面为什么会形成水膜？
4. 防止大气腐蚀的主要措施有哪些？
5. 钢铁在淡水中电化学腐蚀的特点是什么？主要受哪些环境因素的影响？
6. 海水腐蚀的特点是什么？主要影响因素有哪些？
7. 引起土壤腐蚀的主要原因有哪些？
8. 试比较水的腐蚀、大气腐蚀、土壤腐蚀的共同点与不同点。
9. H₂S 导致的腐蚀类型主要有哪些？什么叫 H₂S 的应力腐蚀破裂？
10. 为什么 SSCC 的发生往往是突发性的，较难预测？
11. 什么叫 CO_2 腐蚀？为什么需要研究 CO_2 腐蚀？其现实意义何在？
12. CO_2 腐蚀的主要类型有哪些？引起 CO_2 腐蚀的主要因素是什么？
13. CO_2 腐蚀的影响因素主要涉及哪些内容？为什么？
14. 什么叫环烷酸腐蚀？为什么需要研究环烷酸腐蚀？
15. 环烷酸腐蚀的主要类型有哪些？引起环烷酸腐蚀的主要因素是什么？

第五章 腐蚀控制方法

【学习目标】
1. 了解正确选材和合理设计防腐结构的一般原则。
2. 掌握覆盖层保护法的分类、特性、施工方法及应用。
3. 掌握电化学保护法的分类、保护机理、系统构成及操作方法。
4. 熟悉杂散电流的腐蚀机理、特点、判定及排流方法。
5. 了解缓蚀剂的作用机理、分类、缓蚀效果影响因素及选用原则。

为了控制和防止金属腐蚀而采取的综合方法或手段，称为防腐技术。金属材料腐蚀的原因是表面形成工作着的腐蚀电池，即存在不同电位的电极及电极间的电子通道和离子通道。金属腐蚀控制方法主要是破坏其条件，使腐蚀电池无法工作。目前工程上有四类腐蚀控制方法，它们分别是选材和材料表面改性、覆盖层技术、电化学保护技术、缓蚀剂技术。

选材和材料表面改性着眼于材料本身，通过合理选择材料、研制更耐腐蚀的新材料或者改变材料工作表面性质来达到克服或减缓材料腐蚀问题的效果。缓蚀剂技术着眼于环境，通过向环境加入少量化学物质，使环境腐蚀性在数量级层面显著降低，缓蚀剂效率测量和评价方法是腐蚀研究的重要组成部分。覆盖层技术和电化学保护技术更直接地着眼于材料/环境界面，是应用范围广泛的防腐蚀技术，也是腐蚀科学与现实工程重点研究内容之一。

第一节 选材与设计

正确选材、合理设计、精心施工以及良好的维护管理等是设备长期安全运转的基本保证。其中正确选材是一项十分重要而又相当复杂的工作，选材的合理与否直接影响产品的性能。

一、正确选用耐蚀材料

在设计和制造产品或构件时，首先应选择对使用介质具有耐蚀性的材料。选材时既要考虑材料的力学性能和制造工艺性，又要考虑材料在特定介质中的耐蚀性，同时尽可能降低成本。特别是在石油化工行业，由于产品种类很多，生产工艺条件复杂，往往会对材料提出不同的要求，为此，必须在选择材料时从各方面进行全面综合的考虑。合理选材的一般原则主要体现在以下 5 个方面。

(1) 材料既应满足强度、刚度、稳定性等力学性能及满足各种工况条件下的耐热、耐磨、导电、绝缘等物理性能，还应满足与结构相适应的加工工艺性能，如压力容器设备的可焊性、铸造结构设备的液态流动性等。

(2) 设备角度。包括设备的用途，加工要求和加工量，设备在整个装置中所占的地位以及各设备之间的相互影响，是否易于检查、修理或更换，预期的使用寿命。

(3) 腐蚀环境。包括一般环境条件的介质种类、浓度、温度、压力、流速、充气等，实际环境条件的原料和工艺液体中的杂质，设备局部区域（如缝隙、死角）内介质的浓缩、杂质的富集，可能的局部过热或局部温度偏低，介质条件变化的幅度等。

（4）腐蚀的后果。包括可能发生的腐蚀类型；对全面腐蚀有良好耐蚀性的材料，如不锈钢，要特别注意可能发生的局部腐蚀，避免设备产生电偶腐蚀；同一结构中的零部件，尽量采用同一种金属材料，必须选用不同种材料的，应尽量选用电偶序表中位置相近的材料，以降低发生电偶腐蚀的可能性；更要预测腐蚀破坏导致的后果及严重程度。

（5）考虑材料的价格和市场供应情况。在满足使用要求的前提下，应选择那些价格较低、市场供应充足的材料。

因此，所谓合理选用耐蚀材料，就是要综合考虑周围介质和工作条件的变化加以选择。任何材料，都只能在一定的介质和工作条件下才具有较高的耐蚀性，满足所有条件的耐蚀材料是不存在的。

二、合理设计防腐结构

合理的设计和正确选材同样重要，合理的设计不仅可以使材料的耐蚀性能得以充分发挥，而且可以弥补材料内在性能的不足。如果设备设计不恰当，有时虽然选用了优良的耐蚀材料，但是同样会造成产品的过早报废。

1. 结构设计

防腐蚀结构设计是否合理，对均匀腐蚀、缝隙腐蚀、接触腐蚀、应力腐蚀和微生物腐蚀的敏感性影响很大，为减少或防止这些腐蚀，防腐蚀结构设计应遵循以下一般原则。

1）避免死角

设备局部出现的液体残留或固体物质沉降堆积，不仅会使介质因局部浓度增加而导致腐蚀性加强，并且很可能会导致微生物的繁殖生长，引起腐蚀。为此，设计结构形状时不仅要求尽量简单，而且要合理，从而避免死角和排液不尽的死区。以下介绍了几种合理与不合理的设计，如图5-1所示。

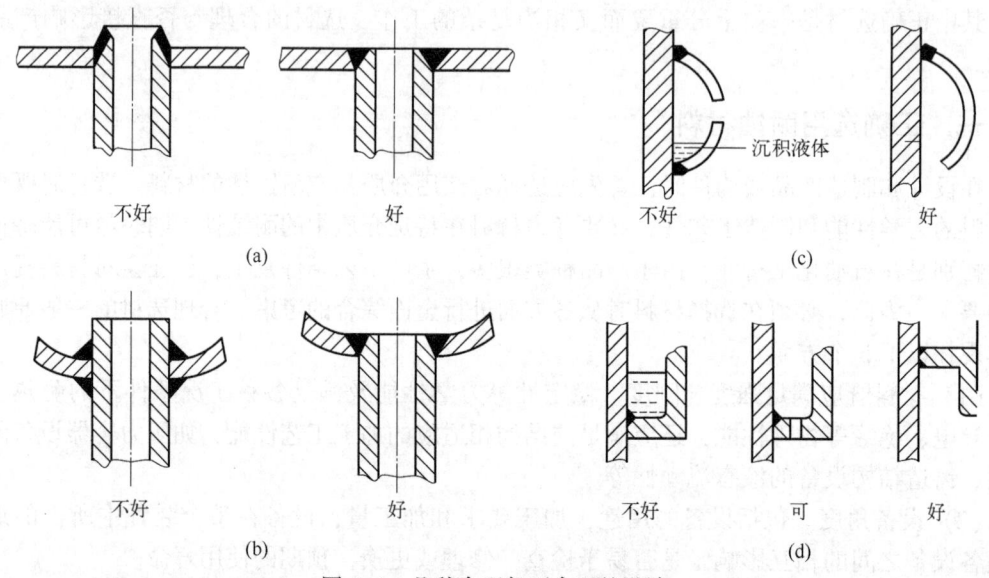

图5-1 几种合理与不合理的设计

2) 避免间隙

许多金属（如碳钢、铝、不锈钢、钛等）都容易在有缝隙、液体流动不畅的地方形成缝隙腐蚀，并且缝隙腐蚀产生后又往往会引发小孔腐蚀和应力腐蚀，造成更大的破坏。良好的结构设计是防止缝隙腐蚀最好的方法。

最常出现间隙腐蚀的部位是密封面和连接部位，如图 5-2 所示。由于焊接能避免连接部位的间隙，因此应尽量以焊接替代螺栓连接或铆接。焊接时，采用连续焊、密封焊，并应避免出现焊缝根部未焊透等焊接缺陷。

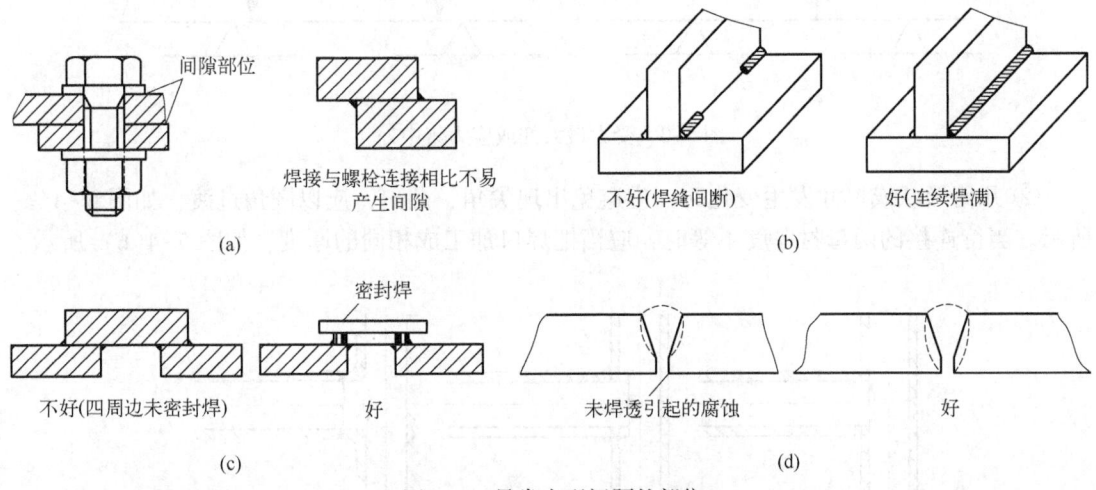

图 5-2 最常出现问题的部位

3) 妥善处理异种金属接触

异种金属接触会由于它们在腐蚀介质中的腐蚀电位不同而引起电偶腐蚀。由于在许多连接部位和设备中必须采用不同金属，那么在设计中要妥善处理以减缓腐蚀速率，如果异种金属连接是靠焊接等方法，就不能采用常规的绝缘措施（如加合成橡胶、聚四氟乙烯等绝缘连接片）来防止电偶腐蚀。这时，就要注意以下问题。

(1) 避免大阴极小阳极的不利结构：不同金属连接时，应尽量采用大阳极小阴极的有利结合，这样腐蚀电流分散在大的阳极表面，电流密度小，腐蚀速率慢；反之，如果阳极面积小，阳极电流密度就大，腐蚀速率就快，会导致整个设备出现严重的局部腐蚀。解决的具体办法是在容易产生腐蚀的部位采用耐蚀性好的材料。

(2) 避免焊接腐蚀：就焊接接头而言，由于焊缝组织粗大、夹杂多，而且还存在焊接残余应力，因而即使焊缝和母材化学成分相同，焊缝的电位也往往低于母材的电位，导致焊缝首先被腐蚀。而且，焊缝的表面积大大小于母材，又构成大阴极与小阳极的不利结构，使焊缝腐蚀速率加大。对于这种情况，可以选用较母材耐蚀性高的焊条，使实际焊缝由于含有合金（或合金量高）而具有较母材更高的电极电位。

(3) 尽量减小两种直接接触金属之间的电位差：同一结构中，不能采用相同材料时，尽量选用在电偶序中相近的材料。如果结构不允许，所用的两种材料腐蚀电位相差很大时，可以采取在偶接处加入腐蚀电位介于两者之间的第三种金属的方法，使两种金属间的电位差下降。

(4) 避免应力过分集中：应力集中将导致局部区域腐蚀加快，同时会增大产生应力腐蚀的可能性，所以应予以避免。为此，应从以下几个方面着手。

① 避免使用应力、装配应力和焊接残余应力在同一个方向上叠加。如图5-3所示，应避免焊缝安排在受力最大处或应力集中处。

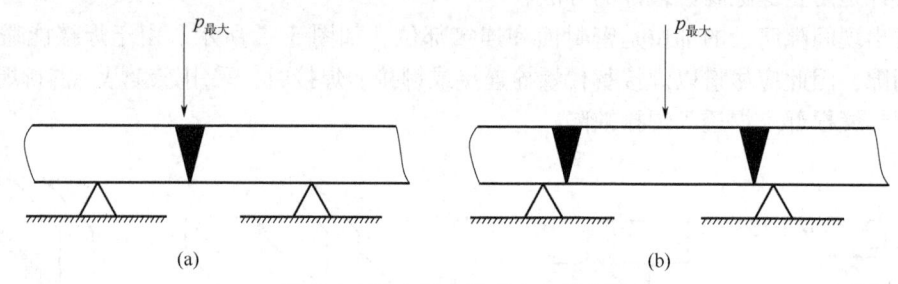

图5-3 受力最大处或应力集中处

② 几何形状或尺寸发生变化时，应避免出现尖角、凸出，应以圆角过渡，如图5-4(a)所示。当待连接的两母材厚度不等时，应当把焊口加工成相同的厚度，如图5-4(b)所示。

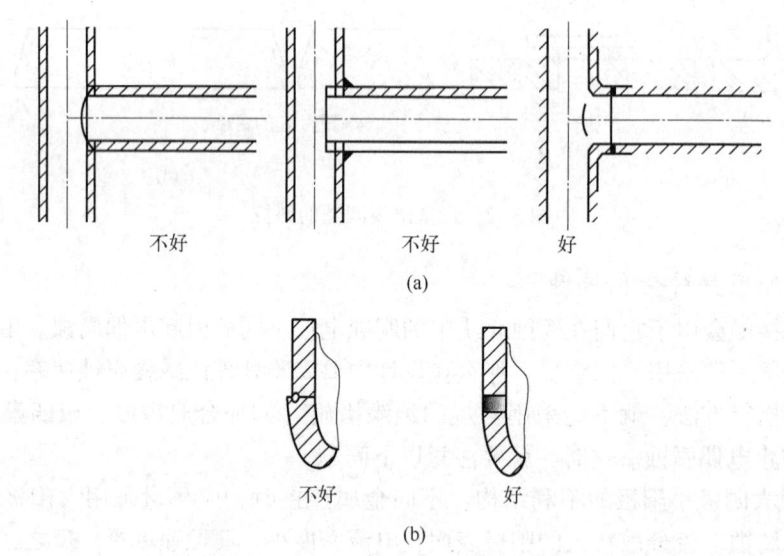

图5-4 几何形状或尺寸发生变化和当待连接的两母材厚度不等时的处理方法

③ 设备上尽量避免焊缝聚集、交叉焊缝和闭合焊缝，以减小焊接残余应力，如图5-5所示。

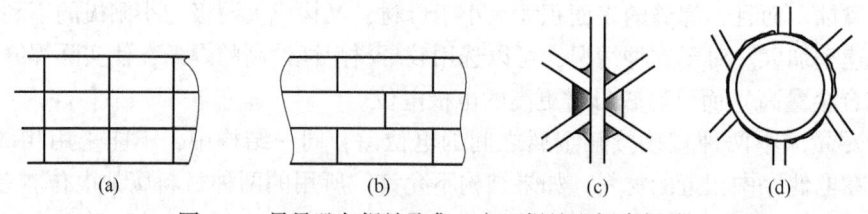

图5-5 尽量避免焊缝聚集、交叉焊缝和闭合焊缝

④ 尽量采用双面焊缝。单面焊接时根部往往未焊透，导致产生应力集中。

2. 强度设计

防腐蚀强度设计就是在设计结构以及校核强度时，考虑腐蚀对结构强度的影响，以避免结构产生早期破坏。力学因素和腐蚀因素是相互作用的。首先，均匀腐蚀状态下强度因素既可以减缓腐蚀也可以加速腐蚀，从而改变设备的预期使用寿命；其次，一些局部腐蚀形态（如小孔腐蚀、缝隙腐蚀、晶间腐蚀等）往往会成为结构使用中表面的裂纹源或应力集中部位，从而对强度造成较大影响；再次，腐蚀介质和机械力的联合作用会使结构发生应力腐蚀、氢脆等破坏，其危险性更大，设计时必须认真对待。

考虑到腐蚀与强度之间的关系，设计时需采取以下措施：

(1) 增加腐蚀裕量（腐蚀速率乘以预期工作时间，称为"腐蚀裕量"）。如果材料在介质中只产生均匀腐蚀，那么常用的处理方法是设计时把腐蚀与强度的问题分开处理。首先根据强度选取构件的尺寸和厚度，然后再根据材料在介质中的平均腐蚀速率确定一个附加厚度，两者相加即为实际确定的构件厚度。

(2) 尽可能减小结构或焊接接头部位的应力集中，以避免外加应力、焊接应力在应力集中区重叠后增大应力峰值。

多数金属材料在外力作用下，腐蚀行为都会产生不同程度的变化。一般认为，拉应力作用下电位降低，腐蚀电流增加。应力较小时，材料仅仅产生弹性变化，电位降低值不大，但是当应力超过材料的屈服极限产生塑性变形时，影响就急剧增大，电位降低值较弹性变化时要高出几十倍甚至几百倍。应变的影响在腐蚀行为上则表现出腐蚀电流密度增加，以及与其他未产生塑性变形部位之间由于电位差而引起腐蚀。由于应力越大对腐蚀影响越大，所以应尽量从结构上避免应力集中。例如，避免尖锐过渡而采用平滑过渡；避免采用应力集中系数较大的焊接搭接接头，而采用应力集中系数小的对接接头；不同厚度的对接接头采用圆滑过渡的等厚连接；避免焊接交叉密集等。

(3) 可能遭受应力腐蚀的结构在设计时要考虑应力腐蚀临界应力 σ_{cr}、应力腐蚀门槛应力强度因子 K_{ISCC} 以及应力腐蚀裂纹亚临界扩展速率 da/dt。

3. 加工制造方法设计

金属材料在机械加工、锻造和挤压、铸造、焊接、热处理及零部件装配等过程中可能产生许多腐蚀隐患，因此必须重视加工制造工艺方法，要对制造过程提出技术条件和要求。

1) 加工制造中的防腐原则

(1) 能热加工时不用冷加工。因为冷加工易造成残余应力而加速腐蚀，例如，热弯曲管比冷弯曲管要好，试验测出，低碳钢管冷弯曲成 U 形时，其局部拉伸残余应力可达 100MPa 以上。

(2) 加工中应避免或消除残余应力。例如，钢制圆筒冷弯、焊接成形后，通过打、压、拉消除残余应力，或通过时效、热处理消除应力等。

(3) 加工表面光滑，避免疤痕、凸凹缺陷。因为这些缺陷都是腐蚀源。

(4) 避免温差悬殊的加工，因为过热会引起材料"过烧"，温差大也会产生工艺不均匀的残余应力。

(5) 加工环境应干燥、通风、清洁。

(6) 有腐蚀性介质的工序应设在流程的首或尾，这样有利于隔离操作或减少对上下工序的影响。

（7）工序间间隔周期长时，应做工序间防腐处理。

2）焊接工艺中引起的应力腐蚀与防控

焊接是设备设施建造的主要工艺手段。由于焊接工艺的不正确，会造成构件受力不均匀、焊缝区织构疏松、晶粒粗大、脱碳等，工艺粗糙引起的焊疤、焊瘤、漏焊等以及接线不正确产生的杂散电流等，这些都会引起构件的局部腐蚀——应力腐蚀、晶间腐蚀、缝隙腐蚀、选择性腐蚀和杂散电流腐蚀等。因此焊接工程师必须对焊接工艺中所引起的腐蚀问题给予充分注意，防治方法一般有如下七种：

（1）焊后热处理，例如淬火、退火等。

（2）松弛处理，例如变形法或锤击法。

（3）改进工艺，例如用电子束焊、保护气体焊、冷焊等。

（4）采用耐蚀焊条，例如用超低碳焊条、含铌焊条、双相焊条等。

（5）表面强化处理，例如喷丸等。

（6）氢脆敏感材料的特殊处理，例如钛材、马氏体高强钢、低合金钢等，除了用惰性气体保护焊以外，还应采用低氢焊条，并保持表面及环境干燥。

（7）焊件同体接线，避免漏电和产生杂散电流，例如水中船体焊接时，地线必须连接在船体上，以避免产生杂散电流腐蚀。

3）铸造工艺对腐蚀的影响与防控

普通铸铁（钢）件的铸造缺陷（如缩孔、气孔、砂眼、夹渣等）是引起腐蚀的主要因素；而不锈钢铸件，除了普通铸造缺陷以外，还易产生由成分偏析、表面渗碳等缺陷而引起的腐蚀。因此在铸造工艺中，应注意以下七点：

（1）改进铸造方法。压铸比模铸好，模铸比砂铸好，压铸是避免一般铸造缺陷的最好方法。

（2）精细铸造工艺。尽量减少缩孔、气孔、砂眼、夹渣等缺陷。

（3）改进造型和模具设计。尽量减少铸件内应力和缩孔。

（4）进行热处理。消除成分偏析和残余应力。

（5）表面处理。例如表面喷丸、钝化等改进表面状态。

（6）改进材料成分。例如添加稀土元素，改进铸造性能。

（7）改进模具材料。例如不锈钢铸件不能用有机材料模，而用陶模最好。

4）工艺流程中的防腐蚀原则

作为工艺流程设计工程师或工艺师，必须从防腐蚀角度考虑工艺流程安排，以杜绝腐蚀源。工艺流程设计可分为设备运行流程设计和生产工艺流程设计两种，二者的防腐蚀原则分别叙述如下。

（1）设备运行流程设计防腐蚀原则：

① 工艺运行路线有利于温度、流速、受力等均匀；

② 接触腐蚀介质或易于产生腐蚀的部位应与主体分开，或单件独立、易于拆卸、清洗、检修和更换；

③ 气、液体进出畅通，腐蚀产物或污秽能顺利排除。

（2）生产工艺流程设计防腐蚀原则：

① 有腐蚀性介质的工序应安排在首工序或尾工序执行，或工序隔离，以减少对其他工

序的污染；
② 尽量采用常温常压生产工艺，避免高温高压工艺；
③ 生产环境应干燥、清洁、通风、无污染，以减少工序间腐蚀。

第二节　覆盖层保护

覆盖层保护法是最普遍最实用的防腐蚀方法之一。它是用耐蚀性能良好的金属或非金属覆盖在耐蚀性能较差的材料表面，将基底材料与腐蚀介质隔离开，以达到控制腐蚀的目的，不仅能大大提高基底金属的耐蚀性能，而且能节约大量的重金属和合金。

一、覆盖层保护的材料要求与技术要求

（1）覆盖层材料的选择要求：
① 在使用环境中有良好的耐蚀性；
② 和基底材料相容；
③ 使设备的功能不受影响，如传热、导电等方面的性能能够保持；
④ 种类的选择在经济上合理等。
（2）覆盖层保护技术的基本要求：
① 结构致密、完整，不透过介质；
② 与基体金属有良好的结合力，不易脱落；
③ 具有较高的硬度和耐磨性；
④ 在整个被保护表面上均匀分布。

在工业上，应用最普遍的表面覆盖层主要有金属覆盖层和非金属覆盖层两大类，此外还有用化学或电化学方法生成的覆盖层（如"发蓝""磷化"等）以及暂时性覆盖层等。覆盖层的详细分类如图5-6所示。

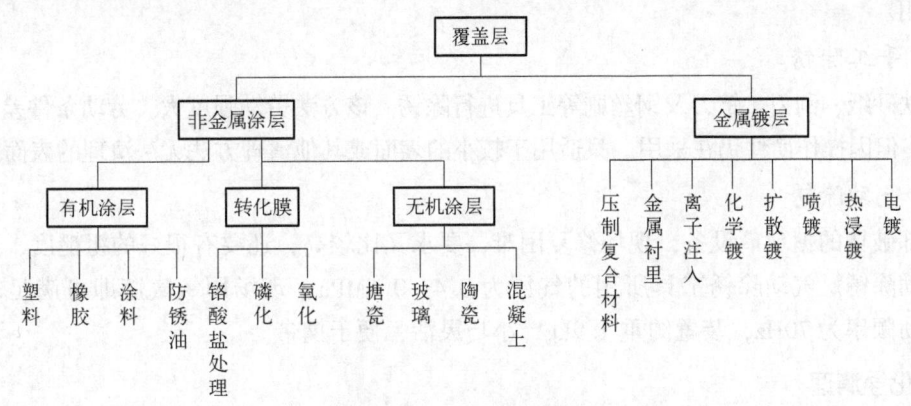

图 5-6　覆盖层的分类

二、表面清理

不论采用金属还是非金属覆盖层，也不论被保护的表面是金属还是非金属，要使覆盖层牢固地附着在工件的表面上，在施工前就必须对工件表面进行清理，否则，不仅影响覆盖层

— 115 —

与基体金属的结合力和耐蚀性，而且还会使基体金属继续腐蚀，使覆盖层剥落。表面清理包括采用机械或化学、电化学方法清理金属表面的氧化皮、锈蚀、油污、灰尘等污染物，也包括防腐施工前水泥混凝土结构的表面清理。

1. 机械清理

机械清理主要是利用机械力除去金属表面的锈层与污物，是广泛采用的表面清理技术，其基本方式有两种。一是借助机械力或风力带动工具敲铲除锈；二是用压缩空气带动固体磨料喷射到金属表面，用冲击力和摩擦方式除锈。

1) 喷射除锈（喷砂除锈）

喷射清理是以压缩空气为动力，将磨料以一定速率喷向被处理的钢材表面，以除去氧化皮和铁锈及其他污物的一种同效表面处理方法。清理所用的磨料有激冷铁砂、铸钢碎砂、铜矿砂、铁丸或钢丸、金刚砂、硅制河砂、石英砂等。喷砂清理装置由空气压缩机、喷砂罐、喷嘴等组成。移动式的喷砂设备还便于现场施工。

喷砂清理法不仅清理迅速、干净，而且使金属表面产生一定的粗糙度，使覆盖层与基底金属能更好地结合。但是，喷砂清理最大问题是粉尘问题，必须采取有效措施以保护操作人员的身体健康。除操作人员自身防护外，还可以采用下列方法以避免硅尘的危害。

（1）采用铁丸代替石英砂，可避免硅尘。

（2）采用湿法喷砂。将砂与水在罐中混合，然后像干法喷砂一样操作。水中要加入一定量的 $NaNO_2$，以防止钢铁生锈。但是这种方法在有些场合不适用，并且大量的水和湿砂都要处理，冬天还会结冰，所以受到一定限制，化工厂用得不多。

（3）采用密闭喷砂。将喷砂的地点密闭起来，操作人员不与粉尘接触，这是一种较为有效的劳动保护方法。喷砂后应用压缩空气将金属表面的灰尘吹净，并在 8 小时内涂上底漆或采用其他措施防止再生锈。在南方潮湿的天气，喷砂后要设法尽快涂上底漆。

除此之外，还有抛丸清理法、高压水除锈、抛光、滚光、火焰清理等方法，可根据具体情况选用。

2) 手工除锈

用铁砂纸、刮刀、铲刀及钢丝刷等工具进行除锈。该方法劳动强度大、劳动条件差、除锈不完全，但因操作简便仍在采用。只适用于较小的表面或其他清理方法无法清理的表面。

3) 气动除锈

局部破坏的搪玻璃设备，现场修复困难，要求又比较高，还要有很好的粗糙度，这时需采用气动除锈。气动除锈工具所用的气压为 0.4～0.6MPa，现场用氧气瓶即可满足动力要求，振动频率为 70Hz，装置约重 1.9kg，小巧灵活，便于携带。

2. 化学清理

1) 化学除油

金属表面的油污，会影响到表面覆盖层与基底金属的结合力，因此，不论是金属还是非金属的覆盖层，施工前均要除油。尤其是电镀，微量的油污都会严重影响到镀层的质量。对于酸洗除锈的工件，如有油污，酸洗前也应除油。

化学除油方法有多种，最简单的是用有机溶剂清洗，常用的溶剂有汽油、煤油、酒精、四氯化碳、三氯乙烯等。清理时可将工件浸在溶剂中，或用干净的棉纱（布）浸透溶剂后擦洗。由于溶剂多数对人体有害，所以应注意安全。

除用溶剂清洗外，还可用碱液清洗，即利用油脂在碱性介质下发生皂化或乳化作用来除油。一般用氢氧化钠及其他化学药剂配成溶液，在加热条件下进行除油处理。

2) 酸洗除锈

将金属在无机酸中浸泡一段时间以清除其表面的氧化物，这种方法叫作酸洗除锈。它是一种常用的化学清理方式。

酸洗除锈常用的酸溶液有硫酸、盐酸或硫酸与盐酸的混合酸。为防止酸对基体金属的腐蚀，常在酸中按一定配方加入缓蚀剂。升高酸的温度可提高酸洗效率，但是要加强安全措施的防护工作。

酸洗可采用浸泡法、淋洗法及循环清洗法等。酸洗后先用水洗净，然后用稀碱液中和，再用热水冲洗并用低压蒸汽吹干。

3) 酸洗膏除锈

用酸洗的酸加上缓蚀剂和填料制成膏状物，将它涂在被处理的金属表面上，待锈除掉后，用水冲洗干净，再涂以钝化膏（重铬酸盐加填料等）使金属钝化以防再生锈。若酸洗膏含有磷酸，可起磷化作用，酸洗后不必进行钝化处理，可以保持数小时不生锈。

4) 锈转化剂清理

锈转化剂清理是一种新型的钢铁表面清理方法。这种方法就是将锈转化剂的两种组分按一定比例混合，1小时后采用刷涂、辊涂等方法涂于钢铁表面（表面带有一定水分也可施工），利用锈转化剂与锈层反应，在钢铁表面形成一层附着紧密、牢固的黑色转化膜层，这层膜具有一定的保护作用，可暴露在大气中10~15天而不再生锈。

同时转化膜层与各种涂料及合成树脂均有良好的结合力，适用于各种防腐涂料工程及以合成树脂为黏结剂的防腐衬里工程。

应用锈转化剂进行钢铁表面清理具有施工周期短、工作效率高、劳动强度低、工程费用省、无环境污染等特点，是一种高效、经济的清理方法。

3. 电化学清理

将金属置于一定配方的碱溶液中作为阴极（阴极除油法）或阳极（阳极除油法），配以相应的辅助电极，通以直流电一段时间，以除去油污，这种方法叫作电化学除油。电化学除油的特点是效果好、速度快，主要用于一些对表面处理有较高要求，工件形状又不太复杂的场合。

4. 混凝土结构表面处理

混凝土和水泥砂浆的表面作为防腐覆盖层基体前需要进行处理。要求表面平整，没有裂缝、毛刺等缺陷，油污、灰尘及其他脏物都要清理干净。

新的水泥表面防腐施工前要烘干脱水，一般要求水分含量不大于6%。如果是旧的水泥表面，则要把损坏的部分和腐蚀产物都清理干净。如带酸性残留物质，还要用稀的碳酸钠中和后再用水冲洗干净，待干燥至水分含量不大于6%时，方可进行施工。混凝土表面找平一般可用水泥砂浆，但水泥砂浆处理不好会引起找平层起翘、分层、脱壳等，树脂胶泥找平层的效果比水泥砂浆好得多，但要多费些树脂。

三、金属覆盖层

1. 金属覆盖层的分类

用耐蚀性较好的一种（或多种）金属或合金把耐蚀性较差的金属表面完全覆盖起来以防止腐蚀的方法，称为金属覆盖层保护。这种通过一定的工艺方法牢固地附着在基体金属上，而形成几十微米乃至几个毫米以上的功能覆盖层称为金属覆盖层。

根据金属覆盖层在介质中的电化学行为，可将其分为阳极性覆盖层和阴极性覆盖层。

（1）阳极性覆盖层。阳极性覆盖层的电极电位比基体金属的电极电位负。使用时，即使覆盖层被破坏，还是可作为牺牲阳极继续保护基体金属免遭腐蚀。阳极性覆盖层越厚，其保护性能越好。在一定条件下，锌、镉、铝对碳钢来说为阳极性覆盖层。

（2）阴极性覆盖层。阴极性覆盖层的电极电位比基体金属的电极电位正。使用时，一旦覆盖层的完整性被破坏，将会与基体金属构成腐蚀电池，加快基体金属腐蚀。阴极性覆盖层越厚，孔隙率越低，其保护性能越好。常用镍、铜、铅、锡作为碳钢的阴极性覆盖层。

金属覆盖层是阳极性覆盖层还是阴极性覆盖层并不是绝对的，它随介质条件的变化而变化。比如，在有机酸中，锡的电极电位比铁负，对铁来说锡却成了阳极性覆盖层。

根据获得金属覆盖层的工艺方法一般可分为金属镀层和金属衬里两大类，具体分类如图 5-7 所示。

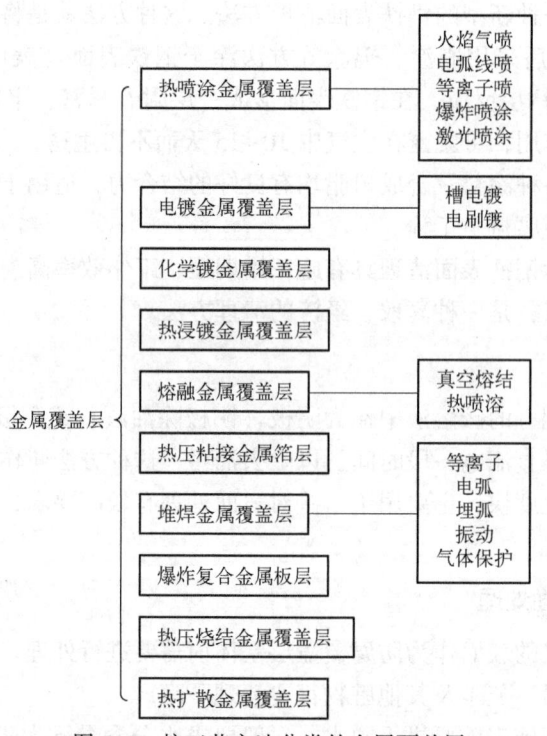

图 5-7 按工艺方法分类的金属覆盖层

2. 金属覆盖层工艺方法及应用

制备金属覆盖层的方法有电镀、化学镀、热喷涂、渗镀、热浸镀等，见表 5-1。

表 5-1 金属覆盖层常用工艺方法

工艺方法名称	主要特点	适用范围	设计注意事项
电镀（电沉积）和电刷镀	电解质溶液中通直流电在阴极表面形成电结晶覆盖层，大部分在水溶液中常温处理，工艺简单，覆盖层均匀光滑，有孔隙，厚度可控，一般在十几到几十微米之间	多用于大数量中小零件或精密螺纹件的装饰，可防腐蚀、提高耐磨等	深孔、盲孔或易存积液件及焊接组合件不能电镀，对于高强应力钢件要注意氢脆问题
化学镀	在溶质中通过离子置换或自催化反应使金属离子还原沉积到基体表面形成覆盖层，多在水溶液中常温或低温处理，工艺简单，覆盖层厚度一般小于 $25\mu m$	适合不同大小各种复杂零件防腐蚀装饰层或作金属与有机件的预镀底层	主要厚度受到限制，镀种少，目前主要有铜和镍及其合金等可用
热喷涂	金属熔化后高速喷涂到基体表面形成机械结合覆盖层，工艺灵活，各种材料金属均可喷涂，覆盖层粗糙多孔，厚度可达 5mm 以上	用于大面积钢件防腐蚀和尺寸修复等，有色黑色金属、有机与无机非金属材料等均可喷涂，可用于各行业中	细管内腔或长深孔不能喷涂，覆盖层应封闭或熔融后使用
热浸镀	零件浸入熔融的覆盖金属中形成扩散连接的黏结层，故覆盖层结合力好、生产效率高，但不均匀	适合低熔点金属及合金覆盖层（锌、铝、铅、锡及其合金）对各种复杂零件防腐蚀用，尺寸大小受镀槽限制	基体需耐覆盖层金属熔点以上 50℃，并对基体有热处理影响，不能存有液孔
熔结与堆焊	通过喷涂熔融或气焊、真空熔覆的方法获取熔融致密的扩散结合层，一般作厚层毛坯件，需磨削精加工	主要用于修复或特种防腐蚀	基体要耐热，注意热变形
热结与复合	通过轧、拔、压、热黏、爆炸等方法把覆盖层金属复合在基体金属表面，可得到其他方法达不到的覆盖层厚度和薄层	主要用于管、板、棒等半成品件材，常见包覆材料有铜、铝、铅、银、镍、锡、铂、钯、钛、不锈钢等	注意加工面的覆盖层修复
热扩散（热浸）	在热活化金属氛围中基体金属表面形成相互扩散的合金相覆盖层，结合牢而致密，性脆，工艺繁杂，效率低	适合精密螺纹件的特种防护，零件尺寸受工艺设施限制	基体要耐热，注意热变形和热处理影响

1) 电镀

将要电镀的工件作为阴极浸于含有镀层金属离子的盐溶液中，利用直流电作用从电解质中析出金属，并在工件表面沉积，从而获得金属覆盖层的方法称为电镀（或电沉积）。

用电镀方法得到的镀层多数是纯金属，如 Au、Pt、Ag、Cu、Sn、Pb、Co、Ni、Cd、Cr、Zn 等，但也可得到合金的镀层，如黄铜、锡青铜等。电镀装置示意图如图 5-8 所示。

电镀时将待镀工件（如碳钢）作为阴极与直流电源的负极相连，将镀层金属（如铜）作为阳极与直流电源的正极相连。电镀槽中加入含有镀

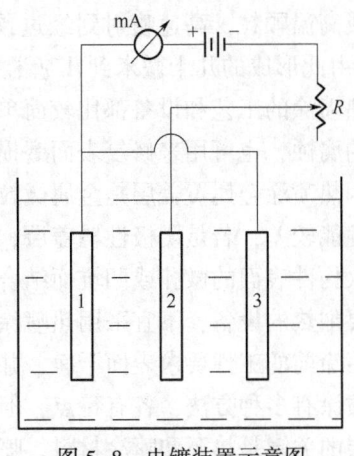

图 5-8 电镀装置示意图
1,3—阳极（镀层金属铜）；2—阴极（碳钢工件）

— 119 —

层金属离子的盐溶液（如硫酸铜溶液）及必要的添加剂。当接通电源时，阳极发生氧化反应，镀层金属溶解（如 Cu $\longrightarrow$ Cu^{2+}+2e）；阴极发生还原反应，溶液中的金属离子析出（如 Cu^{2+}+2e $\longrightarrow$ Cu），使工件获得镀层。如果阳极是不溶性的，则需间歇地向电镀液中添加适量的盐，以维持电镀液的浓度。电镀层的厚度可由工艺参数和时间来控制。电镀层的性能除了受阴极电流密度、电解液的种类、浓度、温度等条件影响之外，还和被镀工件的材料及表面状态有关。

用电镀法覆盖金属有一系列优点，如可在较大范围内控制镀层厚度，镀层金属消耗较少；无须加热或加温不高；镀层与工件表面结合牢固；镀层厚度较均匀；镀层外表美观等。

2) 化学镀

利用置换反应或氧化还原反应，使金属盐溶液中的金属离子析出并在工件表面沉积，从而获得金属覆盖层的方法称为化学镀。

化学镀覆金属层工艺有如下优点：

(1) 不需要外加电源；

(2) 不受工件形状的影响，可在各种几何形态工件表面获得均匀的镀层；

(3) 所需设备及操作均比较简单；

(4) 镀层厚度均匀，致密性良好，针孔少以及耐蚀性优良等。

其缺点是：溶液稳定性较差，维护与调整比较麻烦；一般情况下镀层较薄（可采用循环镀的方法获得较厚的镀层）。

化学镀也和电镀一样，镀层的性能受镀液的浓度、温度、浸渍时间及被镀工件的表面状态等条件影响，而且对以上指标的控制要求更严。

在防腐中用得较多的是化学镀镍，即将工件放在含镍盐、次磷酸钠（NaH$_2$PO$_2$）及其他添加剂的弱酸性溶液中，利用次磷酸钠将 Ni^{2+} 还原为镍，从而在工件表面获得镀镍层。化学镀镍的工件，常用作抗碱性溶液的腐蚀。

近几年，化学镀覆金属层得到很大发展，不仅可镀单金属，而且可以化学镀覆合金和弥散复合层，镀液的稳定性也得到很大改善。

3) 热喷涂

利用不同的热源，将欲涂覆的涂层材料熔化，并用压缩空气或惰性气体使之雾化成细微液滴或高温颗粒，高速喷射到经过预处理的工件表面形成涂层的技术，称为热喷涂（或喷镀）。由此形成的几十微米到几毫米厚的附着层统称为热喷涂覆盖层。

热喷涂的工艺和设备都比较简单，能喷镀多种金属和合金，该法主要用于防止大型固定设备的腐蚀，也可用来修复表面磨损的零件。

因热喷涂金属覆盖层是金属微粒相互重叠成多层的覆盖层，因此这种覆盖层是多孔的，耐蚀性能较差，若是阴极性覆盖层，则必须做封闭孔隙处理。此外，覆盖层仅仅依靠金属微粒楔入构件表面的微孔或凹坑而结合，与底层金属结合不牢。故对于操作温度波动较大或外部需要加热的设备，不宜采用热喷涂防腐。

喷涂前的工件要求表面干净，并有一定粗糙度，故多用喷砂除锈。

喷涂有多种方法，各有特点，但其喷涂过程、涂层形成原理和结构基本相同。用喷涂制备涂层的关键是热源和喷涂材料。喷涂方法是根据热源来分类的，大致可分为气喷涂、电喷涂和等离子喷涂三种。

（1）气喷涂。气喷涂是利用可燃性气体（常用炔—氧焰）燃烧熔化金属丝（喷涂材料），再用压缩空气将熔融金属喷于工件表面。对喷涂材料的加热熔化和雾化是通过线材火焰喷枪（气喷枪）实现的。这种方法成本低、操作方便，可喷涂熔点较低的金属。用这种方法得到的涂层，其结构为明显的层状结构，其中含有明显的气孔和氧化物夹渣。

（2）电喷涂。电（弧）喷涂是将两根被喷涂的金属丝作为消耗性电极，利用直流电在两根金属丝之间产生电弧熔化金属丝，再用压缩空气将熔融金属喷于工件表面。这种方法成本低、效率高、涂层结合强度高（比气喷涂一般要提高50%以上），可喷涂熔点较高的金属或合金。

（3）等离子喷涂。等离子喷涂是利用高温等离子体焰流熔化难熔金属和某些金属氧化物，在一定压力的气体吹送下，以极大的速度喷到工件表面。所谓等离子体是指利用电能将工作气体（氩气、氮气等）加热到极高温度，从而使中性气态分子完全离子化。当等离子体的正负离子重新结合成中性分子时，能释放出大量的能量，从而达到很高的温度以熔化或软化粉状材料。用这种方法形成的涂层气孔少，涂层金属微粒氧化程度很小，并可牢固地附着在金属表面，多用作耐高温的材料。

总之，热喷涂金属覆盖层在石油、化工、机械、电子、航空航天等各个领域都得到广泛应用。工业上用这种方法来喷涂铝、锌、锡、铅、不锈钢等，其中喷涂铝用得较广，主要用于对高温二氧化硫、三氧化硫的防腐。

4）渗镀

渗镀是利用热处理的方法将合金元素的原子扩散到金属表面，以改变其表面的化学成分，使表面合金化，以改变钢表面硬度或耐热、耐蚀性能，故渗镀又称为热扩散金属覆盖层（或表面合金化）。

在防腐中应用较普遍的是渗铝，方法之一是在钢件表面喷铝后，再按一定的操作工艺在高温下热处理，使铝向钢表层内扩散，形成渗铝层。此外还有渗铬、渗硅等，对于防止钢件的高温气体腐蚀有较好效果。

影响热扩散金属覆盖层的主要因素是：热扩散温度、热扩散时间、扩散元素与基体组成、扩散工艺方法等。

5）热浸镀

热浸镀（热镀）金属覆盖层是将工件浸放在比自身熔点更低的、熔融的镀层金属（如锡、铝、铅、锌等）中，或以一定的速度通过熔融金属槽，从而使工件表面获得金属覆盖层的方法。这种方法工艺较简单，故工业上应用很普遍，例如钢管、薄钢板、铁丝的镀锌以及薄钢板的镀锡等。

热镀只适用于镀锌、镀锡或间接镀铅等低熔点金属。热镀锌的钢铁制品可以防止大气、自来水及河水的腐蚀，而镀锡的钢铁制品主要用于食品工业中，因为锡对大部分的有机酸和有机化合物具有良好的耐蚀性，而且无毒。但用这种方法不易得到均匀的镀层。

影响热浸金属覆盖层的主要因素是：热浸温度、浸镀时间、从镀槽中提出的速度、基体金属表面成分组成、结构和应力状态、浸镀金属液成分组成等。

6）金属衬里

金属衬里就是把耐蚀金属衬在基底金属（一般为普通碳钢）上，如衬铅、钛、铝、不锈钢等。

生产中除采用单一金属制的设备外，为了防止设备腐蚀、节省贵重金属材料以及满足某些单一金属难以满足的技术要求，还可采用在碳钢和低合金钢上衬不锈钢、钛、镍、蒙乃尔合金等，以及使用复合金属板来制造容器、塔器、储槽等设备。

获得这种金属衬里的方法有很多，如塞焊法、条焊法、熔透法、爆炸法等。还有一种方法叫双金属，即利用热轧法将耐蚀金属覆盖在底层金属上制成的复合材料。如在碳钢板上压上一层不锈钢板或薄镍板，或将纯铝压在铝合金上，这样就可以使价廉的或具有优良力学性能的底层金属，与具有优良耐蚀性能的表层金属很好地结合起来。这类材料一般都为定型产品。

四、非金属覆盖层

在金属设备上覆上一层有机或无机的非金属材料进行保护是化工防腐蚀的重要手段之一。根据腐蚀环境的不同，可以覆盖不同种类、不同厚度的耐蚀非金属材料，以得到良好的防护效果。

1. 非金属覆盖层的分类

非金属覆盖层一般可分为有机非金属覆盖层和无机非金属覆盖层两类。

1）有机非金属覆盖层

凡是由有机高分子化合物为主体组成的覆盖层称为有机非金属覆盖层。根据目前使用的有机覆盖层材料和工艺方法，可将其进行归纳分类，见表5-2。

表5-2 有机非金属覆盖层的分类

种类	分类	主要工艺方法
涂料覆盖层	油脂类（油基涂料覆盖层）	刷涂、浸涂、喷涂、电泳涂等
	树脂类（树脂涂料覆盖层）	
	橡胶类（橡胶涂料覆盖层）	
塑料覆盖层	乙烯塑料类	粉末喷涂、衬贴、挤衬、包覆、填抹等
	氟塑料类	
	醚酯塑料类	
	纤维素塑料类	
橡胶覆盖层	天然橡胶	衬贴、挤衬、包覆等
	合成橡胶	

有机高分子化合物都是由最基本的官能团组成的。官能团的性质和组成形态决定了有机高分子化合物的性能。因此有机非金属覆盖层的性能与其所含官能团的性质是分不开的。

有机非金属覆盖层的主要性能指标是耐温性能、耐老化性能和力学性能（如强度、抗冲击性、耐受损性等）。

2）无机非金属覆盖层

凡是以非金属元素氧化物或金属与非金属元素生成的氧化物为主体构成的覆盖层称为无机非金属覆盖层。由于其耐热、耐蚀和高绝缘等特点，近几年来得到广泛发展和应用。

按覆盖层结构和工艺方法不同，目前出现的无机非金属覆盖层种类如图5-9所示。

无机非金属覆盖层的主要组成是无机氧化物（如硅酸盐、磷酸盐等），经过胶合或高温熔融烧结而成。大多数无机非金属覆盖层的性能特点如下：

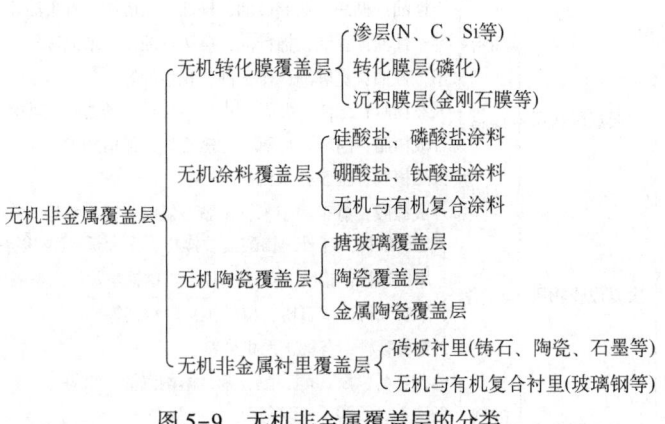

```
                    ┌─ 无机转化膜覆盖层 ┬─ 渗层(N、C、Si等)
                    │                  ├─ 转化膜层(磷化)
                    │                  └─ 沉积膜层(金刚石膜等)
                    │
                    │─ 无机涂料覆盖层 ┬─ 硅酸盐、磷酸盐涂料
                    │                  ├─ 硼酸盐、钛酸盐涂料
无机非金属覆盖层 ┤                  └─ 无机与有机复合涂料
                    │
                    │─ 无机陶瓷覆盖层 ┬─ 搪玻璃覆盖层
                    │                  ├─ 陶瓷覆盖层
                    │                  └─ 金属陶瓷覆盖层
                    │
                    └─ 无机非金属衬里覆盖层 ┬─ 砖板衬里(铸石、陶瓷、石墨等)
                                            └─ 无机与有机复合衬里(玻璃钢等)
```

图 5-9 无机非金属覆盖层的分类

（1）脆性大，冲击韧性差；
（2）导热性差，导电性差而绝缘性好；
（3）热胀系数小，耐热震性差；
（4）耐高温，抗高温氧化性好；
（5）耐蚀性好，尤其是耐电化学腐蚀；
（6）在自然条件下使用寿命很长。

2. 非金属覆盖层的工艺方法及应用

1）涂料覆盖层

涂料是目前防腐中应用最广的非金属材料品种之一，用涂料保护设备、管线是应用很广的一类防护措施。

由于过去涂料主要是以植物油或采集漆树上的漆液为原料经加工制成的，因而称为油漆。我国自古就有用生漆保护埋在土壤中棺木的方法。石油化工和有机合成工业的发展，为涂料工业提供了新的原料来源，如合成树脂、橡胶等。这样，油漆的名字就不够确切了，称为涂料比较恰当。不过习惯上涂料也常称为油漆。

（1）涂料的种类。

涂料一般可分为油基涂料（成膜物质为干性油类）和树脂基涂料（成膜物质为合成树脂）两类。按施工工艺又可分为底漆、中间层和面漆，底漆是用来防止已清理的金属表面产生锈蚀，并用它增强涂膜与金属表面的附着力；中间层是为了保证涂膜的厚度而设定的涂层；面漆为直接与腐蚀介质接触的涂层。因此，面漆的性能直接关系到涂层的耐蚀性能。按涂料中是否含有颜料又可分为清漆和瓷漆。没有加入颜料的透明体称为清漆，加入颜料的不透明体称为瓷漆或色漆、调和漆等。

（2）涂料的组成。

涂料的组成大体上可分成三部分，即主要成膜物质、次要成膜物质和辅助成膜物质，如图 5-10 所示。

① 主要成膜物质：作为主要成膜物质的是油脂、树脂和橡胶，在涂料中常用的油脂是桐油、亚麻仁油等。树脂有天然树脂和合成树脂。天然树脂主要有沥青、生漆、虫胶等；合成树脂的种类很多，常用的有酚醛、环氧、过氯乙烯树脂等。橡胶也分天然橡胶和合成橡胶。天然橡胶包括生胶、氯化橡胶，合成橡胶包括氯丁、丁苯等。

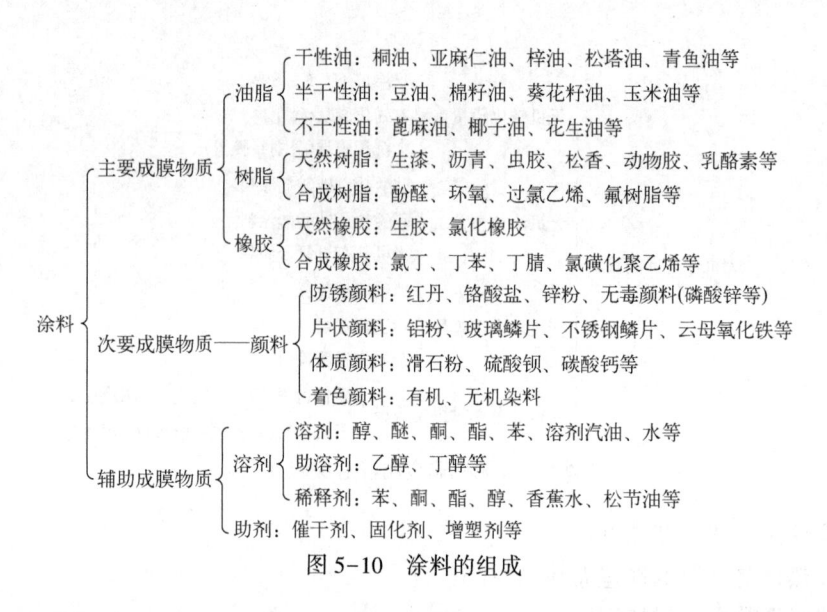

```
                    ┌ 干性油：桐油、亚麻仁油、梓油、松塔油、青鱼油等
           ┌ 油脂 ─┼ 半干性油：豆油、棉籽油、葵花籽油、玉米油等
           │        └ 不干性油：蓖麻油、椰子油、花生油等
   ┌主要成膜物质┤ 树脂 ┌ 天然树脂：生漆、沥青、虫胶、松香、动物胶、乳酪素等
   │        │        └ 合成树脂：酚醛、环氧、过氯乙烯、氟树脂等
   │        └ 橡胶 ┌ 天然橡胶：生胶、氯化橡胶
涂料┤                 └ 合成橡胶：氯丁、丁苯、丁腈、氯磺化聚乙烯等
   │               ┌ 防锈颜料：红丹、铬酸盐、锌粉、无毒颜料(磷酸锌等)
   ├次要成膜物质──颜料┤ 片状颜料：铝粉、玻璃鳞片、不锈钢鳞片、云母氧化铁等
   │               │ 体质颜料：滑石粉、硫酸钡、碳酸钙等
   │               └ 着色颜料：有机、无机染料
   │            ┌ 溶剂 ┌ 溶剂：醇、醚、酮、酯、苯、溶剂汽油、水等
   └辅助成膜物质┤        ├ 助溶剂：乙醇、丁醇等
                │        └ 稀释剂：苯、酮、酯、醇、香蕉水、松节油等
                └ 助剂：催干剂、固化剂、增塑剂等
```

图 5-10　涂料的组成

② 次要成膜物质：次要成膜物质是各种颜料。除使涂料呈现装饰性外，更重要的是改善涂料的物理、化学性能，提高涂层的机械强度和附着力、抗渗性和防腐蚀性能。颜料分为防锈颜料、片状颜料、体质颜料和着色颜料四种。

a. 防锈颜料：防锈颜料起防锈蚀作用，如红丹、锌粉、锌铬黄等，其中应用最早、应用范围最大的是红丹，它属于铅系防锈颜料，能与基料（如亚麻仁油）反应生成各种铅皂而起缓蚀作用。

b. 片状颜料：片状颜料能屏蔽（或阻挡）水、氧、离子等腐蚀因子的透过。相互平行交叠的片状颜料在漆膜中能切断毛细微孔，起到迷宫作用，延长腐蚀因子渗透的途径，从而提高涂层的防蚀能力。常用片状颜料有铝粉、玻璃鳞片、不锈钢鳞片、云母氧化铁、片状锌粉等。其中云母氧化铁主要成分是 $\alpha\text{-}Fe_2O_3$，呈片状似云母，薄片的厚度约几微米，直径为数十至一百微米，配制成涂料后，能屏蔽水、氧的透过，也能阻挡紫外线的照射，因此不仅可以制成底漆，也可制成灰色面漆和中间层涂料，实效良好，在国内外已广泛应用。

c. 体质颜料：防腐蚀涂料中除加入防锈颜料、片状颜料外，还常加入一些填充料（有时称之为体质颜料），如滑石粉、硫酸钡、碳酸钙等，其主要作用并非降低成本，而是提高漆膜的机械强度，减少漆膜干燥时的收缩以保持附着力，并能降低水汽透过率。

d. 着色颜料：主要起装饰、标志作用。

③ 辅助成膜物质：辅助成膜物质只是对成膜的过程起辅助作用。它包括溶剂和助剂两种。溶剂和稀释剂的主要作用是溶解和稀释涂料中的固体部分，使之成为均匀分散的漆液。涂料覆于基体表面后即自行挥发，常用的溶剂及稀释剂多为有机化合物，如松节油、汽油、苯类、酮类等。助剂是在涂料中起某些辅助作用的物质，常用的有催干剂、增塑剂、固化剂等。

（3）涂层的保护机理。

一般认为，涂层是由于下面三个方面的作用对金属起保护作用的。

① 隔离作用：金属表面涂覆涂料后，相对来说把金属表面和环境隔开了，但薄薄的一层涂料是难以起到绝对的隔离作用的，因为涂料一般都有一定的孔隙，介质可自由穿过而到达金属表面对金属构成腐蚀破坏。为提高涂料的抗渗性，应选用孔隙少的成膜物质和适当的固体填料，同时增加涂层的层数，以提高其抗渗能力。

② 缓蚀作用：借助涂料的内部组分（如红丹等防锈颜料）与金属反应，使金属表面钝化或生成保护性的物质，以提高涂层的防护作用。

③ 电化学作用：介质渗透涂层接触到金属表面就会对金属产生电化学腐蚀，如在涂料中加入比基体金属电位更负的活性金属（如锌等），就会起到牺牲阳极的阴极保护作用，而且锌的腐蚀产物较稳定，会填满膜的孔隙，使膜紧密，腐蚀速率因而大大降低。

除此以外，有一些涂料具有较为特殊的保护作用，例如水泥制品的防渗涂层、橡胶的防老化涂层、金属的耐磨涂层等。

(4) 涂层系统。

以防腐蚀为主要功能的涂料称为防腐蚀涂料，它们在许多场合往往有几道涂层，以组成一个涂层系统发挥功效，包括底漆、中间层和面漆。

① 底漆：底漆是用来防止已清理的金属表面产生锈蚀，并用它增强漆膜与金属表面的附着力。它是整个涂层系统中极重要的基础，具有以下特点。

a. 对底材（如钢、铝等金属表面）有良好的附着力，其基料往往含有羟基、羧基等极性基团。

b. 因为金属腐蚀时在阴极为碱性，所以底漆的基料宜具耐碱性，例如氯化橡胶、环氧树脂等。

c. 底漆的基料具有屏蔽性，阻挡水、氧、离子的透过。

d. 底漆中应含有较多的颜料、填料，其作用是：使漆膜表面粗糙，增加与中间层或面漆的层间结合；使底漆的收缩率降低，因为底漆在干燥成膜过程中，溶剂挥发及树脂交联固化，均产生体积收缩而降低附着力，加入颜料后可使漆膜收缩率变小，保持底漆的附着力；颜料颗粒有屏蔽性，能减少水、氧、离子的透过。

e. 某些底漆中含有缓蚀颜料。

f. 一般底漆的漆膜不厚，太厚会引起收缩应力，影响附着力。

g. 底漆应黏度较低，对物面有良好的润湿性，且其溶剂挥发慢，可充分对焊缝、锈痕等部位深入渗透。

② 中间层：中间层的主要作用如下。

a. 与底漆及面漆附着良好。漆膜之间的附着力并非主要靠极性基团之间的吸引力，而是靠中间层所含的溶剂将底漆溶胀，使两层界面的高分子链紧密缠结。

b. 在重防腐涂料系统中，中间层的作用之一是通过加入各种颜料，能较多地增加涂层的厚度以提高整个涂层的屏蔽性能。在整个涂层系统中，往往底漆不宜太厚，面漆有时也不宜太厚，因此中间层涂料可制成厚膜涂料。

③ 面漆：面漆的主要作用及特点如下。

a. 面漆为直接与腐蚀介质接触的涂层。因此，面漆的性能直接关系到涂层的耐蚀性能。

b. 防止日光紫外线对涂层的破坏。如面漆中含有的铝粉、云母氧化铁等阻隔日光的颜料，能延长涂层寿命。

c. 作为标志（如化工厂中不同管道颜色）、装饰等。

d. 某些耐化学品涂料（如过氯乙烯漆），往往最后一道面漆是不含颜料的清漆，以获得致密的屏蔽膜。

(5) 防腐涂层的性能要求及选择要点。

防腐涂层应具备的条件和一般涂层有很多相同之处，但由于防腐涂层往往在较苛刻的条件下使用，因此在选择时，还要考虑下列因素。

① 对腐蚀介质的良好稳定性。漆膜对腐蚀介质必须是稳定的，不被介质分解破坏，不被介质溶解或溶胀，也不与介质发生有害的反应。选择防腐涂料时一定要查看涂料的耐蚀性能，此外还应注意使用温度范围。

② 良好的抗渗性能。为了保证涂层有良好的抗渗性，防腐涂料必须选用透气性小的成膜物质和屏蔽性大的填料；应用多层涂装，而且涂层要求达到一定的厚度。

③ 涂层具有良好的机械强度。涂层的强度尤其是附着力一定要强，单一涂料达不到要求时，可用其他附着力好的涂料作底漆。

④ 被保护的基体材料与涂层的适应性。如钢铁与混凝土表面直接涂刷酸性固化剂的涂料时，钢铁、混凝土就会遭受固化剂的腐蚀，在这种情况下，应涂一层相适应的底层。又如有些底漆适用于钢铁，有些底漆适用于有色金属，使用时必须注意它们的适用范围等。

⑤ 施工条件的可能性。有些涂料需要一定的施工条件，如热固化环氧树脂涂料就必须加热固化，如条件不具备，就要采取措施或改用其他品种。

⑥ 底漆与面漆必须配套使用方能起到应有的效果，否则会损害涂层的保护性能或造成很多的涂层质量事故，以及涂料及稀释剂的损失报废。具体的配套要求可查阅有关规程或文献。

⑦ 经济上的合理性。防腐涂料使用面积大、用量多，而且需要定期修补和更新，除特殊情况外，应选用成本低、原料来源广的品种，主要还是考虑被保护设备的价值、对生产的影响、涂层使用期限、表面处理和施工费用等。

总之，选择涂料应遵循高效、高质、低耗、节约、减少环境污染，以及改善劳动条件等原则。

(6) 涂料调配及涂装方法。

① 涂料调配方法。

涂刷操作前的涂料调配是合理使用涂料、保证涂层质量的重要环节。涂料调配前必须熟悉层次及涂层厚度。调配时应核对涂料类别名称、型号及品种，目测涂料的外观质量，要搅拌均匀，用铜丝筛过滤掉一些不宜使用的物质。先从底层涂料开始依次进行调配。

② 涂装方法。

涂装的施工方法很多，每种方法都有其特点和一定的适用范围，正确选用合适的涂装方法对保证防腐层质量是非常重要的。涂装方法有手工刷涂、机械喷涂、淋涂和滚涂等。机械喷涂是金属管道和储罐施工中常用的方法，可分为空气喷涂、高压无空气喷涂、静电喷涂和粉末喷涂等。常用的几种涂装方法的原理、特点和适用范围，见表5-3。

表5-3 常用涂装方法

涂装方法	基本原理	主要特点	适用范围	工具与设备
刷涂	用不同规格的刷子蘸涂料，按一定手法来回刷涂	省料，工具简单，操作方便，不受地点环境的限制，适应性强。但费工时，效率低，劳动强度大，外观欠佳	用于储罐等容器内壁的涂装，对快干挥发性的涂料（如硝基漆、过氯乙烯、热塑性丙烯酸等）不宜采用	毛刷可分为扁形、圆形和歪脖形三种。规格为宽12mm、25mm、38mm、50mm、62mm、75mm、100mm和4~8管排笔、8~20管排笔等。漆刷使用后的保管：短时间中断施工应将涂料从刷子中挤出来，按颜色不同分开放；较长时间不用的刷子应用溶剂洗净后保管

续表

涂装方法	基本原理	主要特点	适用范围	工具与设备
淋涂	以压力或重力喷嘴，将涂料形成细小液滴淋到构件上覆盖了金属表面。常分为帘幕淋涂或喷射淋涂两种	省料，工效高，可实现自动流水作业，劳动强度低	用于管道预制厂的防腐管线作业线上，也可用于结构复杂的异形物的施工	将待淋物（管子）置于传动带上，涂料通过装有喷嘴的装置经过滤流出清洁的涂料幕帘，淋于以一定速度移动的管子上，以薄膜形式覆盖，剩余的涂料可回收
滚涂	分手工滚涂和机械滚涂两种。用羊毛或其他多孔性吸附材料制成的滚筒，蘸上涂料进行手工或机械滚涂	在高固体分、高黏度下施工，从而一次即可获得较厚的涂膜，在施工时只需要加入高沸点的溶剂	适用于大面积，如墙壁、船舶等的涂装。机械滚涂用于桶壁、塑料薄膜及防腐管作业线上	主要设备是滚筒、传动带等，注意控制涂料的黏度和滚动的速度
空气喷涂	利用压缩空气在喷嘴产生负压，将涂料带出，并分散为雾状，均匀涂敷于金属表面	施工方便，效率高，涂料损耗大，污染严重，要多次喷涂	为广泛使用的方法	空气压缩机、油水分离器、空气调节器、除尘设备、喷嘴、喷枪及排风设备等。压力控制在 $0.3\sim 0.5$MPa，喷距25cm
高压无空气喷涂	利用压缩空气驱动的高压泵使涂料增加到 $10\sim 15$MPa，然后通过一特殊喷嘴喷出。当高压液体涂料离开喷嘴，达大气时立即膨胀，均匀地喷涂在工件表面上	喷涂涂料固体分高，效率高，污染少，涂层的质量好	适用大面积喷涂，如油罐的涂装	高压泵、蓄能器、调压阀、过滤器、高压软管、喷枪等

涂层的耐蚀性一般是指漆膜的耐蚀性，而如果漆膜被破坏、穿孔，绝大多数涂层对底层金属都不能起保护作用。涂层要做到完整无缺是很困难的，特别是大型结构的涂层，因此在工厂的实际使用中，对于与强腐蚀性物质接触的设备，一般不采用单独的涂料保护。而涂料保护层多用于大气、土壤、某些气体环境或腐蚀性并不很强烈的液体环境。

（7）防腐涂料的发展

自涂料广泛用于工业化生产以来，防腐涂料取得了迅速的发展，主要表现在：

① 高分子化学、合成树脂的发展，提供了优良的成膜物质，如环氧树脂、聚氨酯树脂、氟树脂等，其耐蚀性远优于早期的油性漆。

② 工艺的发展、用户提出新要求，促使涂料不断进步。如造船厂的保养车间底漆、汽车底的防石击涂料、石油化工厂的热交换器涂料等。

③ 施工应用方法迅速发展，使涂装技术本身发展成为门类繁多、装备复杂的专门技术，同时也促进了涂料的进步。

④ 各国对防腐涂料做了大量的科学研究，促进了涂料的不断进步。

⑤ 政府部门对环保、劳动保护的要求，促使开发出了无毒的、低表面能防污染涂料。

我国涂料工业开创至今已有近百年历史，取得了巨大发展，但较国外先进水平尚存在很大差距。

2）塑料覆盖层

塑料涂层是把有关树脂、助剂、填料等制成粉末后，附着在物体表面固化成层的。塑料涂层有如下优点：
(1) 无有机溶剂的弊端（污染、易造成火灾等）；
(2) 成膜可薄可厚（30~500μm 以上）；
(3) 可用自动化施工；
(4) 形成覆盖层致密、耐久，防腐蚀性能优越。

其缺点是：
(1) 工艺复杂，需要加温塑化、淬火等；
(2) 工装成本高，工件大小受到限制；
(3) 不易更换品种。

目前，获取塑料覆盖层的方法除了厚板衬贴和热焊以外，还有以粉末热喷涂、流化床热浸涂、静电喷涂和内衬热轧等工艺方法做成塑料覆盖层的工艺。如空气喷涂法，即把相关塑料粉末通过特制喷枪喷到被预热的零部件上，塑料粉末受热初步塑化后，再进一步在烘烤炉中加热到全塑化后，再迅速冷却固化成层。

除了将塑料粉末喷涂在金属表面，经加热固化形成塑料涂层（喷塑法）外，也可用层压法将塑料薄膜直接黏结在金属表面形成塑料覆盖层。有机涂层金属板是近年来发展最快的，不仅能提高耐蚀性，而且可制成各种颜色、各种花纹的板材（彩色涂层钢板），用途很广。常用的塑料薄膜有：丙烯酸树脂薄膜、聚氯乙烯薄膜、聚乙烯薄膜等。

3）玻璃钢衬里

玻璃钢在防腐领域中应用时间最早、范围最广的是作为设备衬里。

(1) 树脂的选用。

针对环境介质的腐蚀性，正确选用耐蚀树脂是选材过程中首先要考虑的问题。目前，耐蚀玻璃钢衬里常用的树脂有环氧树脂、酚醛树脂、呋喃树脂、聚酯树脂等。其中环氧树脂的性能显得较为优越，它黏附力高，固化收缩率小，固化过程中没有小分子副产物生成，其组成玻璃钢的线胀系数与基体钢材差不多，因此它是一种比较理想的玻璃钢衬里用树脂。一些耐蚀性较好，但黏附性能较差的树脂，用环氧改良后，既可以保持原有的耐蚀性，又提高了其黏附能力。如呋喃树脂由于黏附力差，不宜单独用作玻璃钢衬里，经环氧树脂改良后，效果较好。

(2) 玻璃纤维的选用。

用于耐腐蚀玻璃钢的玻璃纤维主要选择中碱（用于酸性介质）或无碱（用于碱性介质）无捻粗纱方格玻璃布。一般选用厚度为 0.2~0.4mm，经纬密度为 (4×4)~(8×8) 纱根数/cm^2。

(3) 玻璃钢衬里层结构。

玻璃钢衬里层主要起屏蔽作用，应具有耐蚀、抗渗以及与基体表面有良好的黏结强度等方面的性能，故其结构一般由以下几部分构成。

① 底层：底层是在设备表面处理后为防止钢铁返锈而涂覆的涂层，底层的好坏决定了整个衬里层与基体的黏结强度。因此，必须选择黏附力高的、线胀系数与基体尽可能接近的树脂。环氧树脂是比较理想的胶黏剂，所以设备表面处理后多数涂覆环氧涂料，为了使涂层的线胀系数接近于碳钢的线胀系数，树脂内应加入适当的填料。

② 腻子层：主要是填补基体表面不平的地方，通过腻子的找平，提高玻璃纤维制品的铺覆性能。腻子层所用的树脂基本上与底层相同，只是填料多加些，使之成为胶泥状的物料。

③ 玻璃钢增强层：主要起增强作用，使衬里层构成一个整体。为了提高抗渗性，每一

层玻璃织物都要保证被树脂浸润并有足够的树脂含量。

④ 面层：主要是富树脂层。由于它直接与腐蚀介质接触，故要求有良好的致密性、抗渗能力，并对环境有足够的耐蚀、耐磨能力。

当然，对同一种树脂玻璃钢衬里来说，衬层越厚，抗渗耐蚀的性能就越好。对主要用于耐气体腐蚀或用作静止的、腐蚀性不大的液体储槽来说，一般衬贴3~4层玻璃布就可以了。如果环境条件苛刻，并考虑到手糊玻璃钢抗渗性差的弱点，一般都要求衬层厚度在3mm以上。但盲目增加玻璃钢衬层的厚度是没有必要的，因为一般说来玻璃钢衬层在3~4mm已具有足够的抗渗能力，而设备的受力要求完全是由外壳来承受的。

(4) 施工工艺。

目前玻璃钢衬里多用手糊施工，其施工工艺有分层间断衬贴（间歇法）与多层连续衬贴（连续法）两种。其中间歇法是每贴一层布待干燥后再贴下一层布直至所需厚度，而连续法则是连续将布一层接一层贴上去直至所需厚度。显然，间歇法施工周期长，但质量较易保证；而连续法则大大地缩短了施工周期，但质量不如间歇法。一般来说，当衬里层不太厚时宜采用间歇法，而对较厚的衬里层则可采用连续法。

玻璃钢施工工艺的简单流程：基体表面处理→涂刷底层→刮腻子→贴衬布→养护→质量检查。

4）橡胶衬里

橡胶衬里技术已有百余年的历史，在防腐领域是一项重要的防护技术。橡胶衬里是把预先加工好的板材粘贴在金属表面，其接口可以通过搭边黏合，因此橡胶的整体性较强，没有像涂料或玻璃钢衬里固化前由于溶剂挥发等所产生的针孔或气泡等缺陷。橡胶衬里层一般致密性高、抗渗性强，即使衬层局部区域与基体表面离层，腐蚀介质也不容易透过。

橡胶衬里具有一定的弹性，而且韧性一般都比较好，它能抵抗机械冲击和热冲击，可应用于受冲击或磨蚀的环境中。

橡胶衬里可单独作为设备内防腐层，也可作为砖板衬里的防渗层。

(1) 橡胶衬里的材料。

① 衬里橡胶种类：

橡胶分天然胶和合成胶两大类。目前用于衬里的仍多为天然胶。衬里施工用的橡胶板，是由橡胶、硫黄和其他配合剂混合而成的生橡胶板。橡胶衬里就是把这种生橡胶板按一定的工艺要求将衬贴在设备表面后，再经硫化而制成的保护层。

按含硫量的不同，天然橡胶板又分为硬橡胶板、半硬橡胶板和软橡胶板三类。含硫量40%以上的为硬橡胶，而含硫量3%~4%左右的为软橡胶，含硫量介于两者之间大约在20%~30%的为半硬橡胶，这三类橡胶板都发展了一系列的牌号。

合成橡胶也可以与天然橡胶混炼，如丁苯橡胶与天然橡胶混炼，但耐蚀性和物理机械性能与天然橡胶没有明显区别，用于衬里时的操作程度也完全相同。按含硫量的不同也可制成硬橡胶板、软橡胶板和半硬橡胶板。

合成橡胶如氯丁橡胶、丁苯橡胶、丁腈橡胶、丁基橡胶、聚异丁烯（作衬里时用胶水粘贴，不需硫化）、氯磺化聚乙烯等均可制成橡胶板。

② 配合剂：

生胶片是在原料橡胶中加入各种配合剂炼制而成的，添加配合剂是为了改善橡胶的力学性能和化学稳定性。生胶料的配合剂种类很多，作用也比较复杂，根据其作用可分为硫化剂、硫化促进剂、硫化活性剂、补强剂、填充剂、防老剂、防焦剂、增塑剂、着色剂等。

硫化剂也叫交联剂，它使生橡胶由线型长链分子结构转变为大分子网状结构，即把生橡胶转化为熟橡胶，也称为硫化橡胶。熟橡胶相较生橡胶，物理力学性能和耐蚀性都有一定的提高。其他配合剂也各有其不同作用，以满足对橡胶的使用性能要求。

③ 胶浆：

胶浆是由胶料和溶解剂以一定的比例配制而成。胶料要求无油、无杂质，并与选用的橡胶板配套使用。胶浆配制时，先将胶料剪成小块，放入盛放已配好溶剂的胶浆桶内，立即采用机械或人工搅拌，直至胶料全部溶解，再将胶浆桶密封起来，待48h后才能贴衬使用。

（2）衬胶层结构选择。

① 不太重要的固定设备衬单层硬橡胶，用于气体介质或腐蚀、磨损都不严重的液体介质的管道，也可只衬一层胶板。

② 一般都采用衬两层硬质胶或半硬质胶，在有磨损和温度变化时可用硬橡胶板作底层，软橡胶板作面层。

③ 如果环境特别苛刻，其结构可按具体条件选用。可考虑衬三层，一般衬一层软胶板或一硬一软的三层衬里结构。

以上所指的胶板的厚度一般均为2~3mm，如果采用1.5mm厚的胶板，考虑到衬里层太薄时，可适当增加层数，但一般不超过3层。

（3）橡胶衬里施工工艺。

① 施工程序。

表面清理→胶浆配制→涂底浆→涂胶浆→铺衬橡胶板→赶气压实→检查（修补）→铺衬第二层橡胶板→检查（修补）→硫化处理→硬度检查→成品。

衬胶设备的表面要求平整、无明显凸凹处，无尖角、砂眼、缝隙等缺陷，转折处的圆角半径应不小于5mm，表面清理也较严，铁锈、油污等必须清理干净。

设备表面清理后涂上2~3层生胶浆，把生橡胶片裁成所需的形状，在其与金属粘接的一面也涂上两层生胶浆，待胶浆干燥后，把生橡胶片小心地贴在金属表面，用70~80℃的烙铁把胶片压平，赶走空气，使金属与橡胶紧密结合，胶片之间采用搭接缝，宽度约为25~30mm，也可用生胶浆粘接，并用烙铁来压平（此法即热烙冷贴法）。此外还有冷滚冷贴法、热贴法。经检查合格后进行硫化。

② 硫化。

硫化就是把衬贴好橡胶板的设备用蒸汽加热，使橡胶与硫化剂（硫黄）发生反应而固化的过程。硫化后使橡胶从可塑态变成固定不可塑状态，经硫化处理的衬胶层具有良好的物理机械性能和稳定性。

硫化一般在硫化罐中进行，即将衬贴好橡胶板的工件放入硫化罐中，向罐内通蒸汽加热进行硫化。实际操作中一般都是根据橡胶板的品种，控制蒸汽压力和硫化时间来完成硫化过程。

5）砖板衬里

砖板衬里指的是用耐蚀砖板材料衬于钢铁或混凝设备内部，将腐蚀介质与被保护表面隔离开的方法。这是一种防腐性能好、工程造价高的防腐蚀技术。

砖板衬里技术包括材料、胶合剂、衬里结构的选择和施工技术等一系列问题。现择其要点分述如下：

(1) 砖板材料的选择。

用于防腐蚀衬里的合格砖板材料，应符合以下要求：

① 对腐蚀介质有良好的耐蚀性，耐酸材料耐酸度应大于90%；

② 耐温差性能好；

③ 能耐一定的机械振动、磨刷等；

④ 耐压性能好；

⑤ 砖板的表面应平整，无裂缝凹凸等缺陷；

⑥ 砖板的断面应均匀致密，无气泡夹杂；

⑦ 花岗岩、辉绿岩吸水率应小于1%。

砖板衬里材料以无机材料为主，常用材料包括耐酸瓷板、耐酸砖、化工陶瓷、辉绿岩板、天然石材、人造铸石、玻璃、不透性石墨板等。

所有硅酸盐耐酸材料的耐酸性能都很好，耐酸砖、耐酸瓷板和辉绿岩板等对于硝酸、硫酸、盐酸等都可采用。然而对于耐碱性，则辉绿岩板要好得多，它除熔融碱外对一般碱性介质都耐腐蚀。所以，在碱性的或酸、碱交替的环境中，以采用辉绿岩板衬里为宜。但是辉绿岩板的热稳定性又不及耐酸瓷板，在要求有一定的热稳定性和耐蚀性的条件下，则选择耐酸瓷板为宜，而耐酸瓷板中又以耐酸耐温瓷板的热稳定性最好。当需要耐含氟的介质（如含氟磷酸等）或需要一定的传热能力的衬里层时，则要选用不透性石墨衬里。

总之，材料的选择不仅要考虑耐蚀性，还要考虑其他的性能指标。除了耐酸度以外，最重要的指标为吸水率和热稳定性，要进行综合性的全面考虑后确定，并且在施工前必须严格检查。

(2) 胶合剂的选择。

胶合剂的选择和施工，关系整个衬里层的质量，首先是选择要恰当。常用的胶合剂有水玻璃耐酸胶泥（一般也简称耐酸胶泥、硅质胶泥）、树脂胶泥和沥青胶泥等，其中用得最广的是水玻璃耐酸胶泥。

(3) 衬里层结构的选择。

砖板材料衬里层的损坏多出现在接缝处，原因很多，很重要的一条就是接缝太多。只要很少的接缝不密实，腐蚀介质就会渗进去腐蚀设备的壳体。同时，砖板材料本身以及固化后的胶合剂都是脆性材料，比较容易开裂。所以，用砖板材料衬里的主要生产设备应该有防渗层，防渗层除了在衬里层渗漏时保护壳体外，还可在器壁与砖板材料衬里层之间起到一定的热变形补偿作用，这种有防渗层的砖板材料衬里层称为复合衬里。防渗层现在已多采用衬玻璃钢、衬橡胶、衬软聚氯乙烯等，特别是玻璃钢现已广泛用作复合衬里的防渗层。

除了在腐蚀性不强的介质或干燥的气体中或不太重要的设备外，砖板材料衬里很少采用单层衬里，至少两层。两层的灰缝要互相错缝，以减少介质通过灰缝渗透的可能性。衬里设备的管接头结构特别重要，这些部位最易渗漏，必须采取防渗措施。

(4) 衬里施工及后处理。

① 施工工序：基底处理→衬隔离层→衬第一层砖板→衬第二层砖板→养护。

② 基底处理：一般采用喷射除锈，除锈后要求基底表面无锈、无油污及其他杂质，并应干燥。

③ 衬隔离层：基底处理合格后，干燥条件下要在24h内涂刷底胶，潮湿条件下要在8h

内涂刷底胶，隔离层的铺衬和相应底胶的涂刷应符合对应的（玻璃钢、橡胶衬里）技术操作规程。

④ 砖板衬里方法：砖板衬里施工方法有挤缝法、勾缝法、预应力法。挤缝法在耐蚀砖板胶泥砌筑中被广泛使用；勾缝法仅适用于砌筑最面层，且要求勾缝胶泥防腐级别要大于砌筑胶泥；预应力法可提高衬里层的耐蚀性，常用膨胀胶泥、加温固化等方法来实现。

⑤ 固化养生：砖板衬里施工完毕后，要进行规定方法的自然固化或加热固化处理，固化养生后即可投入使用。须经加热固化处理的砖板衬里设备，在加热时衬里表面受热应均匀，严防局部过热，严禁骤然升降温度。

⑥ 砖板衬里缺陷修复：砖板衬里施工过程中，可能会出现一些缺陷，应该在固化或热处理前进行修补，这时胶泥处于初凝状态（衬砌 8h 后左右），强度低，采取措施比较方便。

⑦ 其他：衬里设备不能经受冲撞和震动，也不能局部受力，衬里以后不能再行施焊，否则会损坏衬里层，安装和使用时都必须十分小心。这些问题不仅针对砖板材料衬里的设备，对于其他具有非金属覆盖层的设备如衬玻璃钢、衬塑料、衬搪瓷设备等也都是必须要注意的。

第三节　电化学保护

电化学保护是利用外部电流使金属电位发生改变，从而降低金属腐蚀速率的一种防腐方法。由于电化学保护法具有良好的社会效益和经济效益，目前得到了广泛的应用和较快的发展。

按照电位改变的方向不同，电化学保护分为两大类型：阴极保护和阳极保护。

一、阴极保护

阴极保护是通过外加直流电流或更负的金属构成电偶，使得被保护的金属成为电化学腐蚀电池的阴极而减少或消除腐蚀的一种电化学保护方法。

1. 阴极保护的分类及选择

1）阴极保护方法的分类

根据阴极电流的来源不同，阴极保护技术可分为牺牲阳极阴极保护和外加电流阴极保护两大类。

（1）牺牲阳极阴极保护法就是将被保护的金属连接一种比其电位更负的活泼金属或合金，依靠活泼的金属或合金优先溶解（即牺牲）所释放出的阴极电流使被保护的金属腐蚀速率减小的方法，如图 5-11 所示。

（2）外加电流阴极保护则是将被保护的金属与外加直流电源的负极相连，由外部的直流电源提供阴极保护电流，使金属电位变负，从而使被保护的金属腐蚀速率减小的方法，如图 5-12 所示。

2）阴极保护方法的选择

阴极保护方法的优缺点比较列于表 5-4。在实际工程中应根据工程规模大小、防腐层质量、土壤环境条件、电源的利用及经济性进行比较，择优选择。

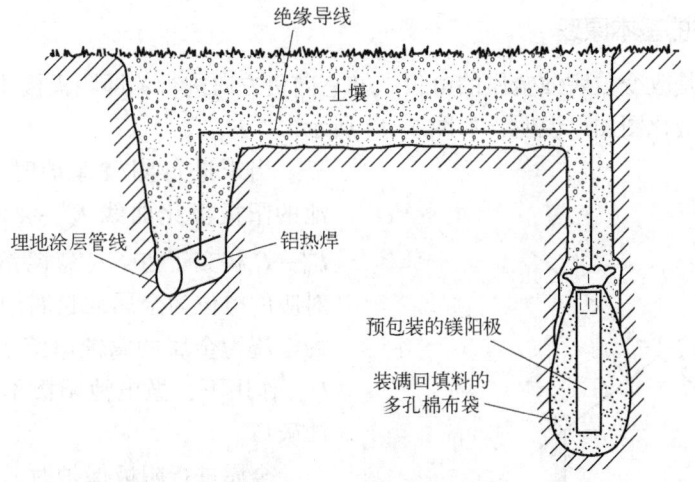

图 5-11 埋地管道的牺牲阳极阴极保护示例

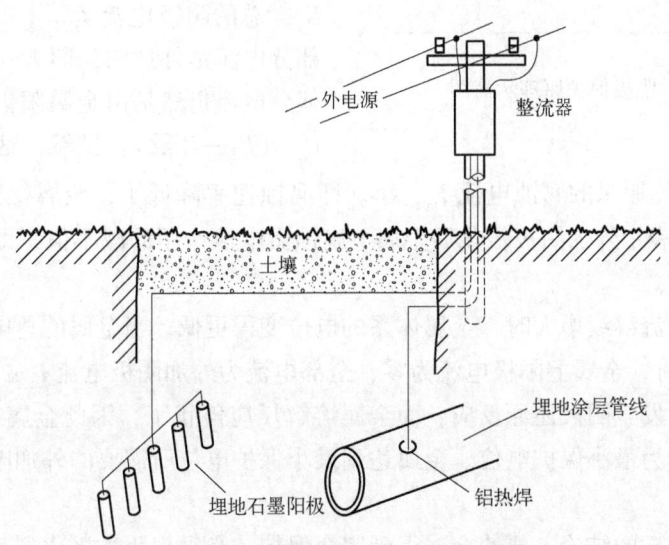

图 5-12 埋地管道的外加电流阴极保护示例

表 5-4 阴极保护方法优缺点比较

方法	优点	缺点
外加电流法	(1) 单站保护范围大，因此，管道越长相对投资比例越小； (2) 驱动电位高，能够灵活控制阴极保护电流输量； (3) 不受土壤电阻率限制，在恶劣的腐蚀条件下也能使用； (4) 采用难溶性阳极材料，可作长期的阴极保护	(1) 一次性投资费用较高； (2) 需要外部电源； (3) 对邻近的地下金属构筑物干扰大； (4) 维护管理较复杂
牺牲阳极法	(1) 保护电流的利用率较高，不会过保护； (2) 适用于无电源地区和小规模分散的对象； (3) 对邻近地下金属构筑物几乎无干扰，施工技术简单； (4) 安装及维修费用小； (5) 接地、防腐兼顾	(1) 驱动电位低，保护电流调节困难； (2) 使用范围受土壤电阻率的限制，对于大口径裸管或防腐涂层质量不良的管道，由于费用高，一般不宜采用； (3) 在杂散电流干扰强烈地区，丧失保护作用； (4) 投产调试工作较复杂

2. 阴极保护的基本原理

阴极保护就是改变被腐蚀金属的电位，使它向负方向进行，即阴极极化，因此阴极保护的基本原理可用极化图加以说明，如图 5-13 所示。

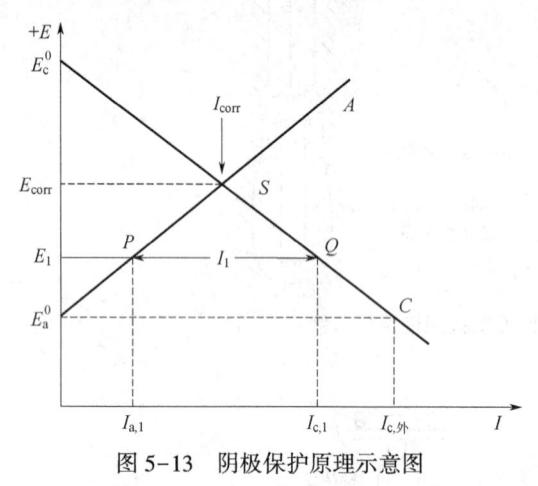

当未进行阴极保护时，金属腐蚀微电池的阳极极化曲线 $E_a^0—A$ 和阴极极化曲线 $E_c^0—C$ 相交于点 S（忽略溶液电阻），此点对应的电位为金属的自腐蚀电位 E_{corr}，对应的电流为金属的腐蚀电流 I_{corr}。在腐蚀电流 I_{corr} 作用下，微电池阳极不断溶解，导致腐蚀破坏。

金属进行阴极保护时，在外加阴极电流 I_1 的极化下，金属的总电位由 E_{corr} 变负到 E_1，总的阴极电流 $I_{c,1}$（$E_1—Q$ 段）中，一部分电流是外加的，即 I_1（$P—Q$ 段），另一部分电流仍然是由金属阳极腐蚀提供的，即 $I_{a,1}$（$E_1—P$ 段）。显然，这时金属微电池的阳极电流 $I_{a,1}$，要比原来的腐蚀电流 I_{corr} 小。即腐蚀速率降低了，金属得到了部分的保护。差值（$I_{corr}-I_{a,1}$）表示外加阴极极化后金属上腐蚀微电池作用的减小值，即腐蚀电流的减小值，称为保护效应。

图 5-13 阴极保护原理示意图

当外加阴极电流继续增大时，金属体系的电位变得更低。当金属的总电位达到微电池阳极的起始电位 E_a^0 时，金属上阳极电流为零，全部电流为外加阴极电流 $I_{c,外}$（$E_a^0—C$ 段），这时，金属表面上只发生阴极还原反应，而金属溶解反应停止了，因此金属得到完全的保护。这时金属的电位称为最小保护电位。金属达到最小保护电位所需要的外加电流密度称为最小保护电流密度。

由此可得出这样的结论：要使金属得到完全保护，必须把阴极极化到其腐蚀微电池阳极的平衡电位。

3. 阴极保护的基本控制参数

1）最小保护电位

由阴极保护原理可知，最小保护电位是通过阴极极化使金属结构达到完全保护或有效保护所需的最正的电位，控制电位在负于最小保护电位的一个电位区间内可以达到阴极保护的目的。例如钢在海水中的保护电位在-0.90~-0.80V（对银/氯化银/海水电极）范围内。当电位比-0.80V 更正时，钢不能达到完全的保护，所以该值又称为最小保护电位。当电位比-0.90V 更负时，在阴极上可能会析氢，因而有氢脆的危险。

保护电位值常常用来作为判断阴极保护是否充分的基准。利用参比电极和高阻电位计可以直接测量被保护结构各部位的电位，从而能了解受保护的情况。所以保护电位这个参数可作为监控阴极保护的一个重要指标。表 5-5 列出了有关阴极保护所需的保护电位值。

表 5-5 常温下一些常用结构金属在海水和土壤中进行阴极保护时的保护电位值

金属或合金		参比电极电位值/V			
		Cu/饱和 CuSO$_4$（土壤和淡水）	Ag/AgCl/海水（任何电解质）	Ag/AgCl/饱和 KCl	Zn/洁净海水
铁、钢	通气环境	-0.85	-0.75	-0.80	+0.25
	不通气环境	-0.95	-0.85	-0.90	+0.15
铅		-0.6	-0.5	-0.55	+0.50
铜合金		-0.65~-0.50	-0.55~-0.40	-0.60~-0.45	+0.45~+0.60
铝及铝合金		-1.20~-0.95	-1.10~-0.85	-1.15~-0.90	-0.10~+0.15

2) 最小保护电流密度

最小保护电流密度是指金属电位处于最小保护电位时外加的电流密度值，此时金属腐蚀速率降至最低。如果采用的电流密度小于该值，虽然也能起到一定的保护作用，但保护效果较差。如果采用的电流密度大于该值，则在一定范围内也能达到完全保护，但会增大耗电量，经济上欠合理。如果采用的电流密度远大于该值，则保护作用反而有些降低，这种现象称为"过保护"。因此，电流必须控制在低于最小保护电流密度的一段范围内。

最小保护电流密度的大小主要与被保护金属的种类、腐蚀介质的性质、保护系统中电路的总电阻、阳极的形状和大小等因素有关。表 5-6 列出了某些金属或合金在不同介质中的最小保护电流密度值。这些因素有时能使最小保护电流密度由几毫安每平方米变化到几百安每平方米。

表 5-6 某些金属或合金在不同介质中的最小保护电流密度值

金属或合金	介质条件	最小保护电流密度/（mA/m^2）
不锈钢化工设备	稀 H$_2$SO$_4$+有机酸，100℃	120~150
碳钢碱液蒸发锅	NaOH，从 23%浓缩至 42%和 50% 120~130℃	3000
铁	0.1mol/L HCl，吹空气，缓慢搅拌	920
	5mol/L KOH，100℃	3000
	5mol/L NaCl+饱和 CuCl$_2$，静止，18℃	1000~3000
锌	0.1mol/L HCl，吹空气，缓慢搅拌	32000
	0.005mol/L KCl	1500~3000
钢制海船船壳（有涂料）	海水	6~8
钢制海船船壳（漆膜不完整）	海水	150~250
青铜螺旋桨	海水	3000~400
钢制船闸（有涂料）	淡水	10~15
钢（有较好的沥青玻璃覆盖层）	土壤	1~3
钢（沥青覆盖层破坏）	土壤	17
钢	混凝土	55~270

由此可见，最小保护电流密度不是一成不变的。另外在阴极保护设计中，这虽然是重要的参数，但是在实际应用中要测定它是比较困难的。因此，通常在阴极保护中控制和测定的

是最小保护电位。

3) 最佳保护参数

最适宜的阴极保护是指既能达到较高的保护程度，又能得到较大的保护效率。保护程度（P）可由下式表示：

$$P=\frac{I_{corr}-I_a}{I_{corr}}\times100\%=\left(1-\frac{I_a}{I_{corr}}\right)\times100\% \qquad (5-1)$$

式中　P——保护程度，%；

I_{corr}——未加阴极保护时的金属腐蚀电流密度，A/m^2；

I_a——阴极保护时的金属腐蚀电流密度，A/m^2。

保护效率（Z）可由下式表示：

$$Z=\frac{P}{I_{appl}/I_{corr}}=\frac{I_{corr}-I_a}{I_{appl}}\times100\% \qquad (5-2)$$

式中　Z——保护效率，%；

I_{appl}——阴极保护时外加的电流密度，A/m^2。

阴极保护时电位的负移与 I_{corr} 及 I_a 的关系可由下式表示：

$$\Delta E=\frac{RT}{F}\frac{2.31\lg I_{corr}}{I_a} \qquad (5-3)$$

式中　R——气体常数，$8.31J/(mol\cdot K)$；

T——绝对温度，K；

F——法拉第常数，96500C/mol。

在实际应用中，电极电位和电流密度在被保护结构表面的分布往往是不均匀的，在靠近阳极和远离阴极处有显著的差别。阴极保护所能提供的保护程度达到能保证阻止金属最危险的溃疡腐蚀（点腐蚀、缝隙腐蚀等）时，即可认为是适宜的。在这种保护程度下，允许钢以不大的速率（0.1mm/a）进行均匀腐蚀。最正确的保护程度不是靠被保护表面的平均电流密度给出的，而是决定于距阳极最远点的电位负移值，通常认为该值应为50mV。

4. 阴极保护适用条件

对金属结构物实施阴极保护必须具备以下条件。

（1）被保护的金属材料在所处介质中应易于发生阴极极化。一般金属，如碳钢、不锈钢、钢及铜合金均可采用阴极保护；对于耐碱性较差的两性金属如铝、铅等，在酸性条件下可以采用阴极保护，在海水中进行阴极保护时，由于阴极极化过程中介质的pH值增加，在大电流密度下会导致两性金属溶解，所以必须在较小的保护电流下进行；而对于在介质中处于钝态的金属，外加阴极极化可能使其活化，从而产生负保护效应，故不宜采用阴极保护。

（2）腐蚀介质必须导电，并且有足以建立完整阴极保护电回路的体积。一般情况下，土壤、海泥、江河海水、酸碱盐溶液中都适宜进行阴极保护。气体介质、有机溶液中则不宜采用阴极保护。气液界面、干湿交替部位的阴极保护效果也不佳。在强酸的浓溶液中，因保护电流消耗太大，也不适宜进行阴极保护。目前，阴极保护方法主要应用于三类介质，一是淡水或海水等自然界的中性水或水溶液，主要防止船舶、码头和港口设备在其中的腐蚀；二是碱、盐溶液等化工介质，防止储槽、蒸发罐、熬碱锅等在其中的腐蚀；三是湿土壤和海泥等介质，防止管线、电缆等在其中的腐蚀。

(3) 被保护设备的形状、结构不宜太复杂。否则会由于遮蔽现象使得表面电流分布不均匀，有些部位电流过大，而有些部位电流过小，达不到保护的目的。

综上所述，表5-7归纳列出了阴极保护的一些具体的适用范围。

表5-7 阴极保护技术适用范围

可防止的腐蚀类型	全面腐蚀、电偶腐蚀、选择性腐蚀、小孔腐蚀、应力腐蚀破裂、腐蚀疲劳、冲刷腐蚀等
可保护的金属	钢铁、铸铁、低合金钢、铬钢、铬镍（钼）不锈钢、镍及镍合金、铜及铜合金、锌及铝合金、铅及铅合金等
可应用的介质环境	淡水、咸水、海水、污水、海底、土壤、混凝土、NaCl、KCl、NH_4Cl、$CaCl_2$、NaOH、H_3PO_4、HAC、NH_4HCO_3、$NH_3 \cdot H_2O$、脂肪酸、稀盐酸、油水混合液等
可保护的构筑物及设备	船舶、压载舱、钢桩、浮坞、栈桥、水下管线、海洋平台、水闸、水下钢丝绳、地下电缆、地下油气管线、油气套管、油罐内壁、油罐基础及罐底（外表面）、桥梁基础、建筑物基础、混凝土基础、换热器（管程或壳程）、复水器、箱式冷却器、输水冷却器、输水管内壁、化工塔器、储槽、反应釜、泵、压缩机等

5. 阴极保护系统组成

1）牺牲阳极阴极保护系统

牺牲阳极阴极保护系统主要由被保护金属结构物（阴极）、牺牲阳极、参比电极及测试桩、电缆等组成。

此系统中最重要的元件是牺牲阳极材料，它决定了对被保护金属实施阴极保护的驱动电压、阳极的发生电流量，从而决定了被保护金属的阴极保护电位和阴极保护有效程度。作为阴极保护用的牺牲阳极材料（金属或合金）需满足以下要求。

(1) 在电解质中要有足够负的稳定电位（应比被保护体表面最活泼的微阳极的电位 E_a 还要负），才能保证优先溶解。但也不宜过负，否则阴极上会析氢并导致氢脆。

(2) 工作中阳极极化性能小，且使用过程中电位稳定，输出电流稳定。牺牲阳极在工作中，驱动电压是逐渐减小的，阳极极化性小，才能使驱动电压的减小趋势降低，而有利于保护电流的输出。

(3) 具有较大的理论电容量和较高的电流效率。牺牲阳极的理论电容量是根据库仑定律计算的。单位质量的金属阳极产生的电量越多，就越经济。

(4) 牺牲阳极在工作时呈均匀的活化溶解，表面上不沉积难溶的腐蚀产物，使阳极能够长期持续稳定地工作。

(5) 材料来源广泛，容易加工制作且价格低廉。

牺牲阳极材料的选择，主要是看材料的成分，特别要注意材料中各元素的适宜含量和杂质的最大允许含量。此外，还要分析其组织结构，因为成分相同而组织结构不同的材料往往具有不同的性能。目前已定型生产的牺牲阳极有镁及其合金、锌及其合金、铝及其合金，并有多种配方，其中应用较多的牺牲阳极材料的电化学性能见表5-8。

表5-8 牺牲阳极的电化学性能

性能	单位	Zn、Zn合金	Mg、Mg-Mn	Mg-6Al-3Zn	Al-Zn-In
相对铁的保护电位差	V	-0.20	-0.75	-0.65	-0.25
理论发生电量	$A \cdot h/g$	0.82	2.20	2.21	2.87

续表

性能		单位	Zn、Zn 合金	Mg、Mg-Mn	Mg-6Al-3Zn	Al-Zn-In
海水中 /(3mA/cm²)	电流效率	%	95	50	55	80
	实际发生电量	A·h/g	0.78	1.10	1.22	2.30
	消耗率	kg/(A·a)	11.0	8.0	2.2	3.8
土壤中 /(0.03mA/cm²)	电流效率	%	65	40	50	65
	实际发生电量	A·h/g	0.53	0.88	1.11	1.86
	消耗率	kg/(A·a)	17.25	10.0	7.92	4.68

由于牺牲阳极保护具有不需要外加电源、管理简便、对邻近金属结构影响小等优点，宜用于厂矿或石油天然气输送站场内的区域性保护，以及难以管理的海洋、沼泽等地区的保护。但是牺牲阳极保护法在保护强腐蚀性介质的设备时，消耗的阳极量较大，经济性欠佳，所以在石油、化工生产中，使用牺牲阳极的实例较少。有关牺牲阳极种类的选择见表 5-9。

表 5-9 牺牲阳极种类的选择表

水中		土壤中	
可选阳极种类	电阻率/(Ω·cm)	可选阳极种类	电阻率/(Ω·cm)
铝	<150	带状镁阳极	>100
		镁（≤-1.7V）	60~100
锌	<150	镁	40~60
		镁（≤-1.5V）	<40
镁	<150	锌	<15
		Al-Zn-In-Si（含 Cl）	<5

2) 外加电流阴极保护系统

外加电流阴极保护系统主要由被保护金属结构物（阴极）、辅助阳极、参比电极和直流电源及其附件（测试桩、阳极屏、电缆、绝缘装置等）组成。

（1）辅助阳极。

辅助阳极与外加直流电源的正极相连接，其作用是使外加电流从阳极经介质流到被保护结构的表面上，再通过与被保护结构连接的电缆回到直流电源的负极，构成电的回路，实现阴极保护。

对外加电流阴极保护系统的辅助阳极有以下基本要求：

① 具有良好的导电性能；
② 阴极极化率小，能通过较大的电流量；
③ 化学稳定性好，耐腐蚀，消耗率低，自溶解量少，寿命长；
④ 具有一定的机械强度，耐磨损，耐冲击和震动，可靠性高；
⑤ 加工性能好，易于制成各种形状；
⑥ 材料来源广泛易得，价格低廉。

辅助阳极材料品种很多，按其溶解性分为：

① 可溶性阳极，主要有钢铁和铝，其主导地位的阳极反应是金属的活性溶解 $Me \longrightarrow Me^{n+} + ne$；

② 微溶性阳极，如铅银合金、硅铸铁、石墨、磁性氧化铁等，其主要特性是阳极溶解速率慢、消耗率低、寿命长；

③ 不溶性阳极，如铂、镀铂钛、镀铂钽、铂合金等，这类阳极工作时本身几乎不溶解。此外，还有最近开发研制的导电性聚合物柔性阳极，尚未分类。

常用辅助阳极材料的性能见表 5-10。

表 5-10 外加电流阴极保护用辅助阳极性能

阳极材料	工作电流密度/(A/m²)	消耗率/[kg/(A·a)]	适用介质
钢铁	0.1~0.9	6.8~9.1	水，土壤，化工介质
铸铁	0.1~0.9	0.9~9.1	水，土壤，化工介质
铝	0.1~10	<3.6	海水，化工介质
石墨（浸渍）	1~32（10~40）	<0.9（0.2~0.5）	水，土壤，化工介质
13%Si 铸铁	1~11	<0.5	水，土壤，化工介质
Fe-14.5%Si-4.5%Cr	10~40	0.2~0.5	水，土壤，化工介质
Fe_3O_4	10~100	<0.1	水，土壤，化工介质
Pb-6%Sb-1%Ag	160~220	0.05~0.1	海水，化工介质
Pb-Ag(1%~2%)	32~65	轻微	海水，化工介质
镀铂钛	110~1100（500~1000）	极微（6×10⁻⁶）	海水，化工介质
镀钌钛	>1100	极微	海水，化工介质
铂	550~3250（1000~5000）	极微（6×10⁻⁵）	水，化工介质

注：括号内数据为海水中使用的典型数据。

（2）参比电极。

电化学保护系统中，参比电极用来测量被保护体的电位，并将其控制在给定的保护电位范围之内。对参比电极的基本要求是：

① 电位稳定，即当介质的浓度、温度等条件变化时，其电极电位应基本保持稳定；

② 不易极化，重现性好；

③ 具有一定的机械强度，适应使用环境；

④ 制作容易，安装和维护方便，并且使用寿命长。

阴极保护常用的参比电极的性能及适用范围，见表 5-11。

表 5-11 阴极保护用参比电极的电位及适用介质

电极名称	构成	电位（SHE，25℃）/V	温度系数	适用介质
甘汞电极	$Hg/Hg_2Cl_2/KCl$（0.1mol/L）	+0.334	$-0.7×10^{-4}$	化工介质
	$Hg/Hg_2Cl_2/KCl$（0.1mol/L）	+0.280	$-2.4×10^{-4}$	化工介质
	$Hg/Hg_2Cl_2/KCl$（饱和）	+0.242	$-7.4×10^{-4}$	化工介质、水、土壤
	$Hg/Hg_2Cl_2/$海水	+0.296	—	海水
氯化银电极	$Ag/AgCl/KCl$（0.1mol/L）	+0.288	$-6.5×10^{-4}$	化工介质
	$Ag/AgCl/KCl$（饱和）	+0.196	—	土壤、水、化工介质
	$Ag/AgCl/$海水	+0.250	—	海水
氧化汞电极	$Hg/Hg^{2+}/NaOH$（0.1mol/L）	+0.17	—	稀碱溶液
	$Hg/Hg^{2+}/NaOH$（35%）	+0.05	—	浓碱溶液

续表

电极名称	构成	电位（SHE，25℃）/V	温度系数	适用介质
硫酸铜电极	Cu/CuSO$_4$（饱和）	+0.315	-9.0×10^{-4}	土壤、水、化工介质
锌电极	Zn/盐水	-0.77 ± 0.01	—	海水，盐水
	Zn/土壤	-0.80 ± 0.1	—	土壤

（3）直流电源。

在外加电流阴极保护系统中，需要有一个稳定的直流电源，能保证稳定持久的供电。对直流电源的基本要求是：

① 能长时间稳定、可靠地工作；

② 保证有足够大的输出电流，并可在较大范围内调节；

③ 有足够的输出电压，以克服系统中的电阻；

④ 安装容易、操作简便，无须经常检修。

可用来作直流电源的装置类型很多，主要有：整流器、恒电位仪、恒电流仪、磁饱和稳压器、大容量蓄电池组以及直流发电设备，如热电发生器（TEG）、密封循环蒸汽发电机（CCVT）、风力发电机和太阳能电池方阵。其中以整流器和恒电位仪应用最为广泛。太阳能电池方阵是一种新型的直流电源，在近几年得到了开发应用。风力发电机是随机性较强的电源，需要增加调频、稳压等系统，不过在有条件地区使用是十分经济的。

（4）附属装置。

附属装置在外加电流阴极保护系统中也是不可少的。

① 阳极屏蔽层。外加电流阴极保护系统工作时，某些体系或被保护体的面积较大时，辅助阳极可能需要以较高的电流密度运行，结果在阳极周围的被保护体表面的电位变得很负，以致析出氢气，并使附近的涂层损坏，降低了保护效果。特别是在分散能力不好的情况下，为了使电流能够分布到离阳极较远的部位，往往需要在阳极周围一定面积范围内设置或涂覆屏蔽层，称为阳极屏蔽层。

目前使用的阳极屏蔽材料有如下三类。

a. 涂层：环氧沥青和聚酰胺系涂料、氯丁橡胶和玻璃钢涂料等。使用时可将涂料直接涂在被保护结构的表面上。

b. 薄板：常用聚氯乙烯、聚乙烯等薄板。使用时用螺钉将薄板固定在被保护结构上，用密封胶将安装孔密封。

c. 覆盖绝缘层的金属板：先在金属薄板上涂覆绝缘涂层，固化后再将板焊接在被保护结构上。

阳极屏蔽层的形状一般取决于阳极的形状。阳极屏的尺寸与阳极最大电流量及所用涂料种类有关，通常以确保阳极屏蔽层边缘被保护结构的电位不超过析氢电位为原则。

② 电缆。外加电流阴极保护系统中，被保护体、辅助阳极、参比电极与直流电源是通过电缆相互连接的。采用的电缆有输电电缆和电位信号电缆。输电电缆可采用铜芯或铝芯电缆，为了减小线路上的压降，大多采用铜芯电缆。根据现场实际情况，电缆可采用架空或者埋地敷设方式，与其相应，要求电缆应具有耐化工大气的性能或具有防水、防海水渗透及耐其他介质腐蚀的性能，并且具有一定的强度。

③ 测试桩：主要用于阴极保护参数的检测，是管道维护管理中必不可少的装置，按测

试功能沿线布设。测试桩可用于管道电位、电流、绝缘性的测试，也可用于覆盖层检漏及交直流干扰的测试。

6. 阴极保护的操作步骤

1）收集设计参数

收集环境条件、保护电流密度、保护面积、金属结构和阴极保护系统的使用寿命等。

2）设计阴极保护系统

选择保护系统和保护参数，并根据保护面积算出电流大小，设计保护系统各部分的规格及布置，使金属结构表面的电流尽可能分布均匀并且经济合算。

3）制备和安装阴极保护系统

安装时必须使系统牢固可靠，易于更换。需保护的金属结构各个部分之间应能导电，不需保护的部分要电绝缘。

4）现场测试及定期检查

在阴极保护系统中，应设置若干个测试点，以便测定电位，维持系统的正常工作。

7. 对阴极保护系统的监控

阴极保护系统在合理的设计和施工以后，必须进行妥善的管理，使结构保持良好的保护状态。当保护系统产生缺陷时，例如保护电流不足、分布不均匀、牺牲阳极效率下降、外加电流系统发生故障等，均会降低保护效果。监控的目的就是在结构的保护状态尚未恶化时能检测出系统中的缺陷，以便尽早地采取调整和修理的措施。

对保护系统进行监控有以下几种方法：

（1）直接观察。利用目测或对构件厚度进行测量，以判断保护状态。

（2）测定试样的失重。在被保护的结构上，安装几组通电的和绝缘的试样，经过一定时间后，取下试样，通过两者的腐蚀失重求出保护效率。

（3）测定被保护结构的电位。将参比电极放置在被保护结构附近，用高阻电压计测定，或在被保护结构浸没在水下的关键部位上安装脉冲转发器，当水上的信号发生器将微波信号发送至这些脉冲转发器时，它就开始工作，水下有关部位的电位将以声波信号返回水上，并进行自动记录。

电位测定是阴极保护系统监控的主要手段，根据电位测定的结果可以判断：

① 结构的保护状态；

② 结构保护不良的部位；

③ 杂散电流通过的部位；

④ 对邻近结构的干扰程度。

由于阴极保护有较高的经济效益，故在防腐蚀工程中应用较为广泛。

（4）阴极保护参数自动遥测。一项较大的阴极保护工程，往往是按区域划分的，在各自的区域中建立分站。阴极保护的电源设备（或恒电位仪）就放在现场附近的分站里，由它提供所需的保护电流。施工操作时，将被保护体的电极电位通过屏蔽电缆引入分站，用于观察和作为阴极保护电源的输出考量。

阴极保护系统投入运行后，由于各种因素的影响，可能造成被保护体处于负保护或过保状态，这是阴极保护工程所不希望的。维护人员为了了解情况，经常需要到现场观察记录数据，这不仅劳动强度大，而且也不能及时发现问题，从而降低了阴极保护的质量。采用阴极保护参数自动遥测系统，能对现场的电极电位、保护电流、槽压、仪器的状态等多种参数实现远距离监测与控制。

8. 阴极保护法的应用

阴极保护法应用于海水和土壤中金属结构物的防腐，已经有很长的历史了。随着新型阳极材料以及各种自动控制的恒电位仪的研制和应用，阴极保护在工业用水和制冷系统以及石油、化工系统中，也得到了日益广泛的应用。表 5-12 是国内外阴极保护的一些应用实例。

表 5-12 国内外阴极保护的应用实例

应用环境	外加电流阴极保护法				牺牲阳极阴极保护法			
	设备名称	介质条件	保护措施	保护效果	设备名称	介质条件	保护措施	保护效果
工业用水、冷却系统及化工设备	碳钢碱液蒸发锅	NaOH，从 23%浓缩至 42%和 50%，120~130℃	碳钢阳极，$i_n = 3A/m^2$，$E_p = 1.09V$（Hg/HgO 电极）	未保护前 40 天内发生应力腐蚀开裂，保护后可用 4~5 年	铅管	$BaCl_2$ 和 $ZnCl_2$ 溶液	锌基牺牲阳极	延长设备寿命两年
	合成氨水冷器	管外为水，管内为 280~320atm 的 N_2、H_2、NH_3 混合气	石墨阳极，$i_p = 0.5A/m^2$	保护前水腐蚀严重，保护后腐蚀停止	衬镍的结晶器	100℃的卤化物	镁牺牲阳极	解决了因镍腐蚀影响产品质量问题
	不锈钢制化工设备	100℃稀硫酸和有机酸混合液	高硅铸铁阳极，$i = 0.12~0.15A/m^2$	原来一年内有焊缝腐蚀和晶间腐蚀，保护后得以防止	不锈钢蒸汽冷凝水系统设备	蒸汽冷凝水	镁合金牺牲阳极	设备使用寿命延长 10 年以上
	铜和哈氏合金反应器	10%HCl	铅银合金阳极	保护前电偶腐蚀严重，保护后腐蚀减轻	铜制蛇管	110℃，54%~70%的 $ZnCl_2$ 溶液	锌基牺牲阳极	使用寿命由原来的 6 个月延长至 1 年
地下设施	碳钢地下输油管道材料（有沥青绝缘防腐层）	氯化钠型盐渍，部分含碳酸盐，土壤电阻率 1.5~10Ω·m	无缝钢管阳极，$i_p = 0.16A/m^2$	未用阴极保护前，两年多发生腐蚀穿孔，采用阴极保护后，6 年未发现腐蚀穿孔	埋地高压油气管线（碳钢材料，有涂层，美国）	土壤	用镁牺牲阳极管线进行热点保护	良好
	国内外大多数地下油气管道、地下通信电缆	土壤	—	良好	地下油气管道、地下通信电缆（日本）	土壤	镁牺牲阳极或 Al-Zn-In-Sn-Mg 牺牲阳极	良好

续表

应用环境	外加电流阴极保护法				牺牲阳极阴极保护法			
	设备名称	介质条件	保护措施	保护效果	设备名称	介质条件	保护措施	保护效果
船舶	大型船舰,如大型油船、军舰	海水	—	良好	中小型舰船,如油轮	海水	锌基和铝基牺牲阳极	良好
港口及近海工程设施	大型原料码头和油码头	海水	—	—	钢板桩码头、栈桥、钢闸门、趸船、锚链、浮船坞	海水	铝基牺牲阳极	良好
	部分近海采油、钻井平台	海水	—	—	大部分近海采油、钻井平台,海地输油管线,滨海电厂拦污栅、循环水管道(日本)	海水	锌基和铝基牺牲阳极	良好

二、阳极保护

1. 阳极保护的基本原理

阳极保护的基本原理就是利用可钝化体系的金属阳极钝化性能,向金属通以足够大的阳极电流,使其表面形成具有很高耐蚀性的钝化膜,并用一定的电流维持钝化,保持金属表面的钝化膜不消失,则金属的腐蚀速率会大大降低,即达到了对金属阳极保护的目的。

只有在电解质溶液中能建立和维持钝态的金属才能采用阳极保护。如图 5-14 所示的两种不同的阳极极化曲线,在图 5-14(a) 中,对应于 b 点的电流密度称为致钝电流密度;对应于 c 至 d 段的电流为维钝电流密度;与 b 点相对应的电位为致钝电位,与 c 点对应的电位为稳定钝化电位。只有把被保护的金属阳极极化到 E_c 至 E_d 之间,才能取得良好的保护效果。当被保护的金属表面已建立钝态之后,要继续用维钝电流的电流密度维持钝化膜的稳

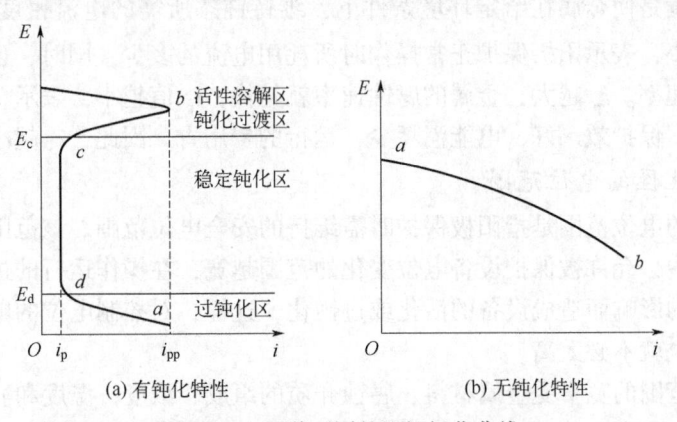

图 5-14 两种不同的阳极极化曲线
(a) 有钝化特性　(b) 无钝化特性

定。图5-14(b) 是一条无钝化特性的阳极极化曲线，该曲线表明这样的体系是不能采用阳极保护的。

阳极保护是能使金属改变电位而达到钝化状态的主要方法，其原理与要求是：将系统中被保护金属与电源的正极相连作为阳极，负极接到一辅助阴极上，如图5-15所示。当阳极电流密度达到致钝电流密度时，金属发生钝化，电位变正达到稳定的钝化区。阳极保护时，一开始就要求电源必须为钝化过程提供相当大的电流，然后用较小的电流密度（维钝电流密度）使金属电位维持在一定的范围内。钝化过程开始和在钝化过程结束以后所需保护电流的大小，可通过实验求得金属在给定腐蚀介质下的恒电位阳极极化曲线，然后确定所需基本参数。常用的方法有：

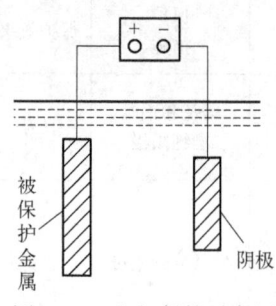

图5-15 阳极保护示意图

（1）使用自动控制仪器，使金属的电极电位始终保持在钝化区。

（2）采用间歇操作法，即通电直到金属表面形成致密的保护膜后就停止，经过一定时间待腐蚀重新开始之时，再通电氧化，修补氧化保护膜，重新发挥其保护作用。

2. 阳极保护的主要控制参数

最主要的阳极保护参数是致钝电流密度、维钝电流密度和稳定钝化区的电位范围。

1）致钝电流密度

致钝电流密度是使金属在给定环境条件下，发生钝化所需的最小电流密度，以 i_m 表示。致钝电流密度的大小，表示被保护金属在给定环境中钝化的难易程度。i_m 值小表示金属不必有很大的阳极极化电流即可发生钝化，实际阳极保护所需的电源设备容量小；i_m 大的体系，则金属钝化较为困难。

影响致钝电流密度的因素有金属材料、介质条件和钝化时间等。

凡是有利于金属钝化的因素，例如在金属中添加易钝化的合金元素、在溶液中添加氧化剂、降低溶液温度等，均能使致钝电流密度减小。

钝化膜的形成需要一定的电量。在满足一定电量的条件下，通电时间越长，所需的电流就越小，从而延长了钝化时间，且减小了致钝电流密度，但是当电流小于一定数值时，即使无限期延长通电时间，也无法建立钝化。

2）维钝电流密度

维钝电流密度是使金属在给定环境条件下，维持钝态所需的电流密度，以 i_p 表示。维钝电流密度的大小，表示阳极保护正常操作时所耗用电流的多少，同时，也决定了金属在阳极保护时的腐蚀速率。i_p 越大，金属的腐蚀速率就越快，i_p 值越小，表示金属在维钝状态下的溶解速率越小，保护效果好，电能消耗少，运行的费用省。因此，i_p 越小越好。

3）稳定钝化区的电位范围

稳定钝化区的电位范围是指阳极保护时需维持的安全电位范围。该范围越宽越好，因为在阳极保护过程中，允许被保护设备电位变化的范围越宽，在操作运行的过程中越不易由于电位受外界因素的影响而造成设备的活化或过钝化，这样，对控制电位的电器设备与所用的参比电极的要求也就不必太高。

钝化区电位范围的宽窄受金属材料、腐蚀介质的组成、浓度、温度和pH值的影响。

除了以上三个参数以外，阳极保护还有一个最佳保护电位参数，即钝化膜最致密、电阻最大、保护效果最好的阳极保护电位。对于一个给定腐蚀体系，保护电位的测定仍是重要的问题。此时，应先测出材料在一定环境下的极化曲线，找出三个阳极保护的工艺参数，或据此判断阳极保护的效果。表 5-13 列出了金属在某些介质中的阳极保护参数。

表 5-13　金属在某些介质中的阳极保护参数

钢材	介质	温度/℃	致钝电流密度 $i_m/(A/m^2)$	维钝电流密度 $i_p/(A/m^2)$	钝化区电位范围（SCE）/mV
碳钢	发烟 H_2SO_4	25	26.4	0.038	—
	105% H_2SO_4	27	62	0.31	+1000 以上
	97% H_2SO_4	49	1.55	0.155	+800 以上
碳钢	67% H_2SO_4	27	930	1.55	+1000~+1600
	75% H_2SO_4	27	232	23	+600~+1400
	50% HNO_3	30	1500	0.03	+900~+1200
	30% HNO_3	25	8000	0.2	+1000~+1400
	25% $NH_3 \cdot H_2O$	室温	2.65	<0.3	-800~+400
	60% NH_4NO_3	25	40	0.002	+100~+900
	44.2% NaOH	60	2.6	0.045	-800~-700
	20% NH_3+2%$CO(NH_2)_2$+2%CO_2, pH=10	室温	26~60	0.04~0.12	-300~+700
304 不锈钢	80% HNO_3	24	0.01	0.001	—
	20% NaOH	24	47	0.1	+50~+350
	LiOH, pH=9.5	24	0.2	0.0002	+20~+250
	NH_4NO_3	24	0.9	0.008	+100~+700
316 不锈钢	67% H_2SO_4	93	110	0.009	+100~+600
	115% H_3PO_4	93	1.9	0.0013	+20~+950
铬锰不锈钢	37% 甲酸	沸腾	15	0.1~0.2	+100~+500（Pt 电极）
Inconel X-750	0.5mol/L H_2SO_4	30	2	0.037	+30~+905
Hastelloy F（哈氏合金）	0.5mol/L H_2SO_4	50	14	0.40	+150~+875
	1mol/L HCl	室温	8.5	0.058	+170~+850
	5mol/L H_2SO_4	室温	0.30	0.052	+400~+1030
锆	0.5mol/L H_2SO_4	室温	0.16	0.012	+90~+800
	10% H_2SO_4	室温	18	1.4	+400~+1600
	5% H_2SO_4	室温	50	2.2	+500~+1600

注：除特别注明外，表中电位值均为相对于饱和甘汞电极。

3. 阳极保护适用条件

在某种电解质溶液中，通过一定的阳极电流能够引起钝化的金属，原则上都可以采用阳极保护。

（1）材料：阳极保护只能应用于具有活性—钝性金属（如不锈钢、碳钢、钛、镍基合金等）；而且由于电解质成分影响钝态，因此，它只能用于一定的环境。

（2）介质：阳极保护不能保护气相部分，只能保护液相中的金属设备。对于液相，要求介质必须与被保护的构件连续接触，并要求液面尽量稳定。

介质中的卤素离子（特别是 Cl^-）浓度超过一定的临界值时不能使用，否则这些活性离子会影响金属钝态的建立。

（3）控制参数：i_m 和 i_p 这两个参数要求越小越好；钝化区电位范围不能过窄。

表 5-14 列出了阳极保护技术适用范围。

表 5-14 阳极保护技术适用范围

材料	适用范围
钢铁	硫酸，发烟硫酸，含氟硫酸，磺酸，铬酸，硝酸，草酸，氢氧化钾，氢氧化钠，氢氧化铵，碳化氨水，碳酸氢铵，硝酸铵，硝酸钠，碳酸钾，碳酸钠，氢氧化铵+硝酸铵+尿素，氮磷钾复合肥料
铬钢	除上述介质外，还有尿素溶液
铬镍（钼）钢	除对铬钢使用的介质外，还有乳液，氢氧化钾，氨基甲酸铵，硫酸铝，含有 NH_4^+、K^+、Ca^{2+}、PO_4^{3-}、SO_4^{2-}、NO_3^-、Cl^-、尿素的复合肥料（可防小孔腐蚀），硫酸铵，硫氰酸钠
铬锰氮钼钢	甲酸，草酸，尿素熔融物（氨基甲酸铵），硫酸，醋酸
钛及其合金	硫酸，盐酸，硝酸，醋酸，甲酸，尿素熔融物（氨基甲酸铵），磷酸，草酸，氨基磺酸，硫酸+硫化锌+亚硫酸钠，氯化物
镍及其合金	硫酸，盐酸，硫酸盐，熔融硫酸钠（对 Incone1600）
锆	稀硫酸，盐酸

4. 阳极保护系统

以硫酸储槽的阳极保护系统为例，如图 5-16 所示，该系统包括：阳极—储槽、辅助阴极—铂或镀铂电极、恒电位仪、导线。

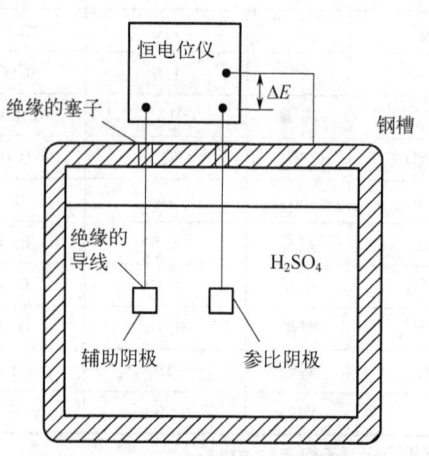

图 5-16 硫酸储槽阳极保护系统

辅助阴极材料连接在直线电源的负极，其作用是使电源、容器的壁和容器内的电解液组成电路。在辅助阴极上还可能进行还原反应。例如 pH 值低时为：

$$2H^+ + 2e \longrightarrow H_2$$

或 pH 值高时为：

$$O_2+2H_2O+4e \longrightarrow 4OH^-$$

1) 辅助阴极

(1) 阴极材料。

阳极保护对辅助阴极材料有如下要求：在一定的阴极电位下耐蚀、有一定的机械强度、价格便宜、来源广泛、易于加工。对某些材料还应考虑氢脆的影响。

在生产设备中，与辅助阴极相比，阳极面积相当大，所以阳极—溶液接触电阻很小，电路电阻在很大程度上将由阴极面积决定，所以为降低所需的电能，应适当增大阴极面积。生产中常用的阴极材料及适用环境见表5-15，部分辅助阴极材料及适用环境见表5-16。

表5-15 生产现场常用阴极材料及适用环境

阴极材料	适用环境	阴极材料	适用环境
包铂黄铜	各种浓度的硫酸	哈氏合金	硫酸、肥料溶液
铬镍钢	硫酸	"空气"电极	硫酸
硅铸铁	硫酸	钼	—
钢管	纸浆液	铜	
钢缆	纸浆液	304不锈钢	硫酸
1Cr18Ni9Ti不锈钢	氮肥溶液、氢氧化铵	镀镍电极	不用电的镀镍槽

表5-16 部分辅助阴极材料及适用环境

阴极材料	适用环境	阴极材料	适用环境
铂和包铂金属	各种浓度的硫酸	石墨	稀硫酸
铬镍钢	浓硫酸	碳钢	碱溶液 纸浆液
钽	浓硫酸	1Cr18Ni9Ti	氨水
钼	浓硫酸	哈氏合金	化肥溶液
高硅铸铁	浓硫酸	Cr28Ni4Mo2Ti	化肥溶液
铝青铜	稀硫酸		

(2) 电流的遮蔽作用及阴极的布置。

阳极保护与阴极保护一样，存在着电流的遮蔽作用。在结构复杂的设备中，由此易于造成电流分布不均匀。阳极保护的电流分建立钝化与维持钝化两个阶段，受电流分布不匀的主要影响阶段在建立钝化阶段，只要能建立钝化，一般维钝时就不会存在问题。

(3) 阴极的结构与安装。

在阳极保护中阴极的结构受多方面因素影响，以碳化塔阳极保护为例，其阴极结构可分为两类：塔内连接固定式和塔外连接插入式。这两种安装方式各有其优缺点，应视具体情况选择。

2) 参比电极

阳极保护系统中参比电极的作用是测量被保护结构的电位，并通过参比电极使电位控制在合适的范围内。在阳极保护系统中，常用的参比电极见表5-17。对阳极保护系统中的参比电极有如下要求：必须牢固，在腐蚀性液体中不易溶解，其电位能保持稳定。一种参比电极很难满足各种环境下的所有要求，因而在系统中常根据需要采用多种参比电极。

表 5-17 阳极保护系统中采用的参比电极

电极	适用环境	电极	适用环境
甘汞电极	各种浓度的硫酸,纸浆蒸煮釜	Pt（铂）电极	硫酸
Ag/AgCl	新鲜硫酸或废硫酸,尿素—硝酸铵,磺化车间	Bi（铋）电极	氨溶液
Hg/HgSO$_4$	硫酸,羟胺硫酸盐	316L 不锈钢电极	氮肥溶液
Pt/PtO	硫酸	Ni 电极	氮肥溶液,镀镍溶液
Au/AuO	酒精溶液	Si 电极	氮肥溶液
Mo/MoO$_4$	纸浆蒸煮釜,绿液或黑液	Pb 电极	碳化塔

5. 阳极保护的注意事项

（1）阳极保护的电位必须达到钝化区,并维持在钝化区,不允许下降至活化区或上升至过钝化区;

（2）钝化作用所生成的氧化膜的保护作用要完全,不允许有局部弱点存在（如氯离子含量控制、管子与管板焊接质量要控制好等）;

（3）阳极保护中阴极（辅助电极）的布局要均匀合理,使被保护件各处的保护电流均匀且恒定,以防止局部腐蚀;

（4）钝化区尽可能大些,以便在保护过程中即使电位产生波动,也不至于造成活化腐蚀,这个范围通常应不小于 50mV,即（$E_p - E_{op}$）≥50;

（5）维钝电流 i_p 要小,它表示腐蚀速率小,保护效果显著。

（6）阳极保护和阴极保护都属于电化学保护,适用于电解质溶液中液相部分的保护。不能保护气相部分,但阳极和阴极保护又具有各自的特点。阳极保护与阴极保护的比较见表 5-18。

表 5-18 阳极保护与阴极保护的比较

项目		阳极保护（只适用于活化—钝化金属）	阴极保护（适用于一切金属）
介质腐蚀性		中等到强	弱到中等
相对成本	设备费	高	低
	安装费	高	低
	操作费	很低	中等到高
电流分散能力		很高	低
整流器		恒电位	恒电流
外加电流值		非常低,通常是被保护设备的腐蚀率的直接尺度	高,与阴极还原反应电流有关,不代表腐蚀率
操作条件		可用电化学测试精确而迅速地确定	通常由实际实验确定

三、杂散电流腐蚀及其防护

在规定的电路中流动的电流,其中一部分从回路中流出,流入大地、水等环境中,形成了杂散电流。当环境中存在金属构筑物时,杂散电流的一部分又可能流入金属构筑物。如图 5-17 所示,埋地油气管道的阴极保护系统附近有一条未受保护的电缆,流入电缆的阴极保护电流在紧靠管道的部位流出,在流出的部位电缆发生腐蚀。

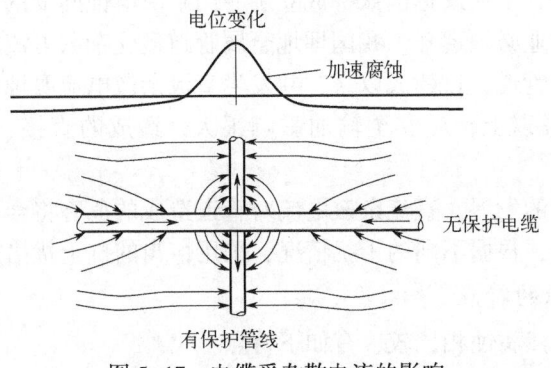

图 5-17 电缆受杂散电流的影响

根据杂散电流的性质可区分为直流杂散电流、交流杂散电流和地电流三大类。

直流杂散电流的来源主要有直流电气化铁路、直流有轨电车铁轨、直流电解设备接地极、直流焊接接地极、阴极保护系统中的阳极地床、高压直流输电系统中的接地极等。交流杂散电流的来源主要有地电极、两相一地输电系统、高压输电线路的磁耦合、阻性耦合等。

大地中自然存在的地电流,包括地磁变化感应出来的电流,大气离子的移动产生空中与地面间流动的电流,大地中物质由于温度不均匀引起的电动势以及宏观腐蚀电池电位差引起的电流等,或因其数值很小,对金属构筑物不具实际意义,因此不包含在对金属构筑物产生腐蚀危害的杂散电流范围内。

1. 杂散电流腐蚀的分类及特点

1) 杂散电流腐蚀的定义

杂散电流对金属产生的腐蚀破坏作用,称为杂散电流腐蚀。通常把由于杂散电流的产生而促使金属构筑物腐蚀等的一系列过程或现象,称为干扰。所以,电蚀也可称为干扰腐蚀。在实践中,一般将可能产生杂散电流的电路、设备或设施称为干扰源,而受到其影响的金属体称为干扰体。

2) 杂散电流腐蚀的分类

在不考虑地电流腐蚀的情况下,杂散电流腐蚀按照杂散电流源的不同分为直流杂散电流腐蚀和交流杂散电流腐蚀两种。

(1) 直流杂散电流腐蚀。由于直流杂散电流源对临近的埋地管线或金属结构体造成干扰而导致腐蚀的现象称为直流杂散电流腐蚀,也称为直流干扰腐蚀。直流杂散电流腐蚀的机理是电解作用,处于腐蚀电池阳极区的金属结构体被腐蚀,因而腐蚀速率快,例如埋地油气管道的孔蚀速率可达 2~10mm/a。

(2) 交流杂散电流腐蚀。由于交流杂散电流源对临近的埋地管线或金属结构体造成干扰,使管道或金属结构体中产生流进、流出的交流杂散电流而导致腐蚀的现象,称为交流杂散电流腐蚀,也称为交流干扰腐蚀。交流腐蚀的机理尚不十分清楚,有整流说和电击说两种。交流杂散电流可以加速阳极的溶解,相对来说对管体的腐蚀危害比较小。研究表明,对于 60Hz 的交流电而言,其腐蚀作用仅为相同大小直流电流的 1%,但由于交流干扰时干扰体可能会产生较高的干扰电位,对接触干扰体的作业人员及与干扰体有电联系的设备造成伤害和破坏。

可见，直流杂散电流产生的危害要比交流杂散电流产生的危害严重很多，为防止直流杂散电流腐蚀造成的危害，工业发达国家都成立了专门解决电蚀问题的对策机构并制定了防止电蚀法规，各工厂、企业必须遵守。我国埋地金属管道遭受杂散电流腐蚀的案例较多，如东北输油管理局所辖长输管道，自建成以来，共发生直流杂散电流腐蚀穿孔漏油事故20多起，占所有漏油事故的80%以上，对安全输油影响很大，造成的直接、间接经济损失也是惊人的。

随着我国油气管道的发展，直流杂散电流对管道造成的危害将会更加突出。因此应该掌握防止电蚀的基本方法，根据不同的干扰情况，采用恰当的抗干扰措施，减少电蚀的危害。

3）杂散电流腐蚀的特点

杂散电流腐蚀与自然腐蚀相比较，有如下特点：

（1）杂散电流腐蚀是一外部电源作用的结果，而自然腐蚀是金属固有的特性。

（2）杂散电流腐蚀实质上是金属的电解过程，作为阳极的金属腐蚀量与流经的电流量和时间长短成正比，可用法拉第定律进行计算。

（3）杂散电流腐蚀的阴极区可能发生析氢破坏，而自然腐蚀的阴极区不会受影响。

2. 直流杂散电流腐蚀的产生原因与判定

直流杂散电流腐蚀的产生主要有两种情况：一种是地中杂散电流以地下管道为回路引起的腐蚀；另一种是管道处于杂散电流产生的地电位梯度变化剧烈的区域内引起的腐蚀。

埋地油气管道经常遇到的是直流电气化铁路（简称电铁）泄漏电流产生的腐蚀和靠近阴极保护系统引起的干扰腐蚀。下面将对其进行详细介绍。

1）*直流电气化铁路引起的杂散电流腐蚀*

直流杂散电流对金属产生腐蚀的原理，同电解情况基本一样。如图5-18所示，直流电气化铁路馈电方式为负极接铁轨，正极接馈电网。电动机车运行时，负荷电流的一部分经铁轨返回电源（称轨回流），一部分漏入大地，以大地为回路返回电源（称地回流）。

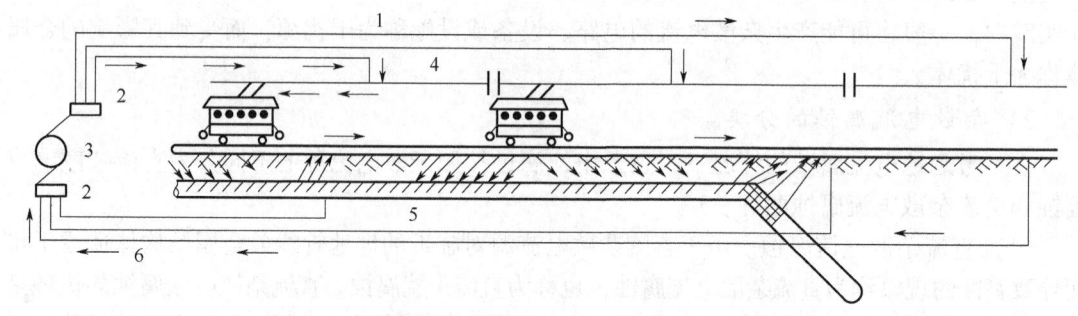

图5-18 直流电气化铁路引起的杂散电流腐蚀原理图

1—输出馈电线；2—汇流排；3—发电机；4—电车动力线；5—管道；6—负极母线

对绝缘不好的管道，地回流可能在绝缘破损处漏入管路，然后沿着管路流动，在另一端绝缘漏敷点离开管路，返回变电所负极。在这种情况下，电流离开之处为阳极区，发生强烈腐蚀，电流流入处成为阴极区，管路受到一定的保护。

2）*靠近阴极保护系统的干扰腐蚀*

在阴极保护系统中，保护电流流入大地，引起土壤电位的改变，使附近金属构筑物受到地电流腐蚀，称干扰腐蚀。

导致这种腐蚀的情况各不相同,可能有以下几种类型的干扰。

(1) 阳极干扰。

如图 5-19 所示,在阳极地床附近的土壤将形成正电位区,其数值取决于地床形态、土壤电阻率及地床的输出电流,若有其他金属管路通过这个区域,则有电流从靠近阳极地床部分流入,而后从金属管路的另一部分流出。流出的地方发生腐蚀,这种情况称为阳极干扰。

(2) 阴极干扰。

如图 5-20 所示,阴极保护管道附近的土壤电位,较其他地区的土壤电位低,若有其他金属管路经过该区域,则有电流从远端流入金属管道,从靠近阴极保护管路的地方流出,于是发生腐蚀,称为阴极干扰。阴极干扰影响范围常不明显,一般来说,其影响仅限于管路交叉处。

图 5-19 阳极干扰原理图

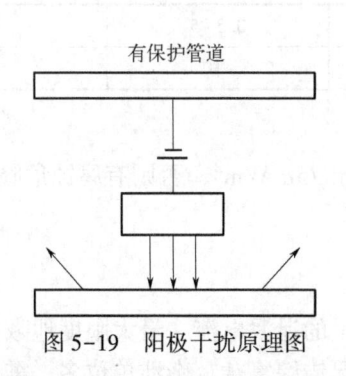

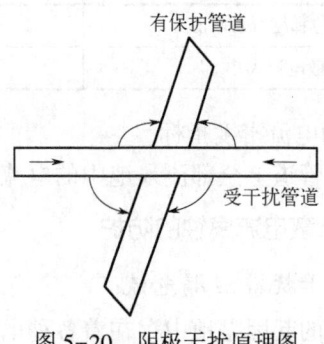

图 5-20 阴极干扰原理图

(3) 合成干扰。

如图 5-21 所示,在城镇和工矿区,长输管道常常经过一个阴极保护管路系统的阳极地床后,又经过阴极附近,在这种情况下,其干扰腐蚀由两方面合成。一是在阳极区附近获得电流,在某一部位泄放造成腐蚀;二是在远端吸取电流,在交叉处泄放而引起腐蚀,这两者构成合成形式的干扰腐蚀。

(4) 诱导干扰。

地中电流以某一金属构筑物作媒介所进行的干扰,称为诱导干扰。如图 5-22 所示,地下管道经过某阴极保护站的阳极附近而不靠近阴极,但是它靠近另一地下管路(或其他金属构筑物),此管路恰好又与被保护管道交叉,在这种情况下,将有电流从阳极区附近进入第一条管路并传到与之靠近的另一条地下管路上,最后在阴极区附近流出,在这两条管路流出电流的部位都发生腐蚀。

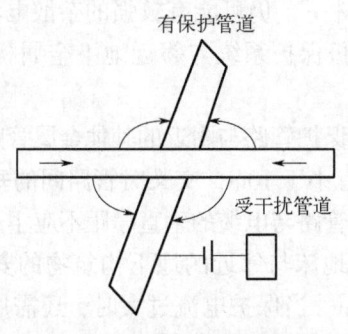

图 5-21 合成干扰原理图

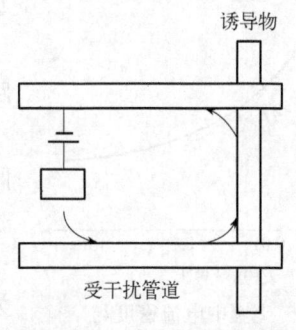

图 5-22 诱导干扰原理图

(5) 接头干扰。

由于接头处电位不平衡而引起的干扰，称为接头干扰。例如，输送电解液的阴极保护管路因安装了绝缘法兰，则在绝缘法兰两端管路内壁上将产生腐蚀。

3) 直流杂散电流腐蚀的判定指标

(1) 管/地电位偏移指标。

地下金属管道在直流杂散电流的影响下，通常以其对地电位较自然电位正向偏移20mV作为已遭受干扰腐蚀的判定指标。是否需要采取防护措施，应通过实验确定。

(2) 地电位梯度判定指标（跨步电压）。

地电位梯度判定指标（跨步电压）见表5-19。

表5-19 地电位梯度判定指标

大地电位梯度/(mV/m)	<0.5	0.5~5	>5
杂散电流大小	弱	中	强

(3) 泄漏电流密度指标。

地下金属管道上全部流入地中的电流密度应小于75mA/m^2，否则有腐蚀危险。

3. 直流杂散电流腐蚀的防护

1) 减少干扰源泄漏电流

杂散电流的起因是地中存在着各种电气设备产生的泄漏电流，最大限度地减少泄漏电流是防止杂散电流腐蚀的重要措施。但是干扰源的情况错综复杂，牵涉单位多，需要成立专门组织来协调这方面的工作。

2) 增大安全距离

增大安全距离包括管路与电气化铁路的距离和阴极保护系统与邻近地下金属构筑物的距离。

(1) 管路与电气化铁路的安全距离。

管路遭受电气化铁路干扰腐蚀的强度受机车运行方式、泄漏电流大小、两构筑物相对几何尺寸和位置、大地导电率、管路涂层电阻、铁轨泄漏电阻等各种变量的控制，图5-23是通过实验得出的土壤中电流密度与铁轨距离的关系曲线。由图可见，距轨道100m以内的范围最危险，在此范围内，距离有少许变动都会使电流密度变化很大。距轨道500m时电流密度显著减小，其危险性也减弱，在500m以上时，距离的变化对电流密度的影响已很小，但在此距离内，在某种特殊条件下，仍可能有较强的杂散电流产生。

(2) 阴极保护系统与邻近地下金属构筑物的安全距离。

① 阴极保护管路与附近的其他金属管路、通信电缆间的距离不宜小于10m，交叉时管路间的垂直净距不应小于0.3m，管路与电缆的垂直净距不应小于0.5m。

② 阳极地床与邻近的地下构筑物的安全距离一般为300~500m，当保护电流过大时，还需用阳极电场电位梯度小于0.5mV/m来校核。

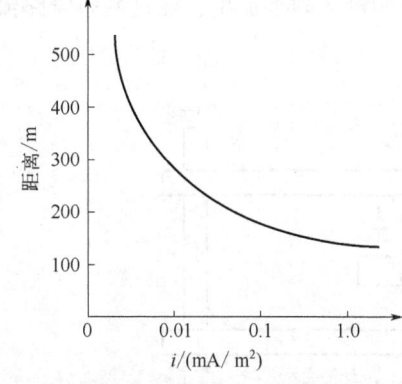

图5-23 土壤中电流密度与铁轨距离的关系曲线

3) 增加回路电阻

增加回路电阻的措施如下：

(1) 凡可能受到杂散电流腐蚀的管段，其管路防腐绝缘层的等级应为加强级或特加强级。

(2) 对已遭受杂散电流腐蚀的管路，可通过修补或更换绝缘层来消除或减弱杂散电流的腐蚀。

(3) 在管路和电气化铁路的交叉点，采取垂直交叉方式，并且在交叉点前后一定长度的管道上做特加强绝缘。

(4) 存在接头干扰的管道，在绝缘法兰两侧管道内、外壁均须做良好的涂层，以增加回路电阻，限制干扰。

4) 排流保护

用电缆将被保护的管道与排流设备连接，使被保护管道变为阴极性，从而防止金属管道发生阳极腐蚀称为排流保护。根据电气连接回路的不同，排流法可分为直接排流、极性排流、强制排流和接地排流。

(1) 直接排流。如图 5-24(a) 所示，直接排流把管道与电气化铁路变电所中的负极或铁轨（回归线），用导线直接连接起来。这种方法无需排流设备，最为简单，造价低，排流效果好。但是当管道对地电位低于铁轨对地电位时，铁轨电流将流入管道内（称作逆流）。所以这种排流法只适用于铁轨对地电位永远低于管道对地电位，且不会产生逆流的场合。而这种可能性不多，因此限制了该方法的应用。

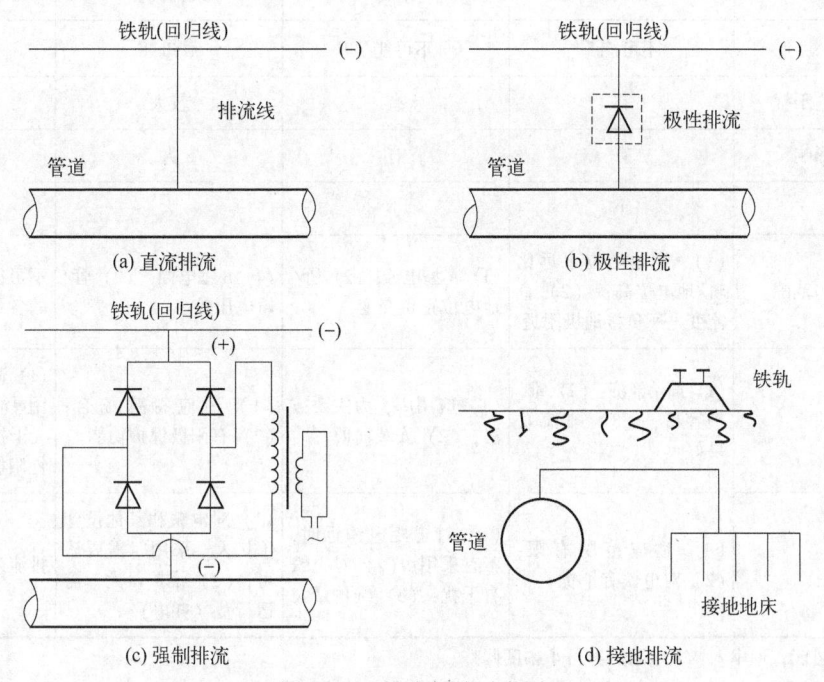

图 5-24 排流保护示意图

(a) 直流排流　(b) 极性排流　(c) 强制排流　(d) 接地排流

(2) 极性排流。由于负荷的变动、变电所负荷分配的变化等，管道对地电位低于铁轨对地电位而产生逆流的现象比较普遍。为了防止逆流，使杂散电流只能由管道流入铁轨，必须在排流线中设置单向导通的二极管整流器、逆电压继电器等装置，这种装置称为排流器。

具有这种防止逆流作用的排流法称为极性排流法,如图 5-24(b) 所示。

(3) 强制排流。强制排流法是在管道和铁轨的电气接线中加入直流电流促进排流的方法。这种方法也可看作利用铁轨作辅助阳极的强制排流的阴极保护法。由于铁轨对地电位变化大,所以也存在逆流问题,需要有防逆流回路。如图 5-24(c) 所示,将一台阴极保护用整流器的正极接铁轨,负极接管道,就构成了强制排流法。接通电源后,进行电流调节,即实现排流。强制排流器的输出电压,应比管/轨电压高。此方法要求排流器输出电压随管/轨电压同步变化,由于管/轨电压变化大而频繁,且安装地点距电蚀发生点又远,所以实现输出电压同步变化很困难,建议采用定电流输出整流器。

(4) 接地排流。如图 5-24(d) 所示,接地排流法与前三种排流法不同的是采用人工接地床代替铁轨或负回归线,即管道中的电流不是直接通过排流线和排流器流回铁轨,而是流入接地极,散流于大地,然后再经大地流回铁轨,这种排流法还可以派生出极性排流法和强制性排流法。虽然排流效果较差,但是在不能直接向铁轨排流时却具有优越性,缺点是需要定期更换阳极。

各种排流法对比见表 5-20。

表 5-20 各种排流法的对比

属性	直接排流法	极性排流法	强制排流法	接地排流法
电源	不要	不要	要	不要
电源电压	—	—	由铁轨电压决定	—
接地地床	不要	不要	铁轨代替	要(牺牲阳极)
电流调整	不可能*	不可能*	有可能	不可能*
对其他设施干扰	有	有	较大	有
对电铁影响	有	有	大	无
费用	小	小	大	中
应用条件与范围	(1) 管/地电位永远比轨/地电位高;(2) 直流变电所负接地极附近	(1) A 型电蚀;(2) 管/地电位正负交变	(1) B 型电蚀;(2) 管/轨电压较小	不可能向铁轨排流的各种场合
优点	(1) 简单经济;(2) 维护容易;(3) 排流效果好	(1) 应用广,为主要方法;(2) 安装简便	(1) 适应特殊场合;(2) 有阳极保护功能	(1) 适用范围广,运用灵活;(2) 对电铁无干扰;(3) 有牺牲阳极功能
缺点	(1) 适应范围有限;(2) 对电铁有干扰	(1) 管道距电铁远时,不宜采用;(2) 对电铁有干扰;(3) 维护量大	(1) 对电铁和其他设施干扰大,采用时需要认可;(2) 维护量大,需运行费(耗电)	排流效果差

* 基本不可能,但串入调节电阻后,可小幅度调整。

5) 其他防护措施

(1) 电屏蔽。

对于靠近电铁或与电铁交叉的管路可在管路与电铁轨道间打一排流接地极(长度 100m 左右),或穿钢套管以屏蔽泄漏电流对管道的危害。

(2) 安装绝缘法兰。

绝缘法兰的作用是分割管道受干扰区和非干扰区,把干扰限制在一定管段内,使离干扰源较远的管段不受干扰腐蚀。同时绝缘法兰从电气上把管道分隔成较短的段,就降低了各段受干扰的强度,简化了管道抗干扰措施。

绝缘法兰可安装在远离干扰源的边缘管段上;两干扰源相互影响的区段内;分割管内电流,减小干扰腐蚀的其他地点。但不管安装在什么地方,都须通过大量实验和电气测试,确认该点安装绝缘法兰后可以限制、缓解管道腐蚀,才能进行施工。

用于杂散电流干扰管道上的绝缘法兰,应装设限流电阻、防止过电压附属设施等。其接线原理如图5-25所示。

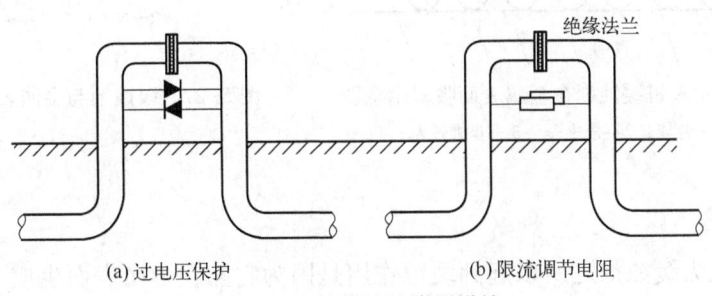

(a) 过电压保护　　(b) 限流调节电阻

图5-25　绝缘法兰附属设施

(3) 安装均压线。

同沟敷设的管道或平行接近管道,可安装均压线采用联合阴极保护的方法防止干扰腐蚀。均压线间距、规格可根据管道压降、管道相互位置、管道涂层电阻等因素综合考虑确定。

(4) 安装干扰键。

它是为控制金属系统之间的电流互换而设计的一种金属连接器,供电气连接的一个可调电阻连接装置。

第四节　缓蚀剂保护

以适当的浓度和形式存在于环境(介质)中,能阻止或减缓金属腐蚀速率的物质称为缓蚀剂,又称腐蚀抑制剂。用缓蚀剂保护金属的方法即为缓蚀剂保护。缓蚀剂保护作为一种防腐蚀技术,近年来得到了迅速发展,应用范围由最初的钢铁酸洗扩大到石油的开采、储运、炼制、化工装备、化学清洗、循环冷却水、城市用水、锅炉给水处理以及防锈油、切削液、防冻液、防锈包装、防锈涂料等。

一、缓蚀剂作用机理

1. 吸附理论

(1) 物理吸附:由于缓蚀剂分子与金属表面有静电引力和分子间作用力(范德华力),从而使缓蚀剂分子被吸附在金属表面上。如图5-26所示,在静电引力和分子间作用力的驱动下,有机缓蚀剂的极性基与金属表面吸附,而非极性基在介质中形成定向排列,于是在金属表面形成了保护膜。

（2）化学吸附：缓蚀剂分子和金属表面形成化学键而发生吸附，使缓蚀剂分子吸附在金属表面上。图 5-27 是缓蚀剂分子中极性基团中心元素的未共用电子对和铁金属形成配价键的化学吸附示意图。缓蚀剂分子吸附在金属表面，形成了连续的吸附层，将腐蚀介质与金属表面隔离开，从而起到抑制腐蚀的作用。

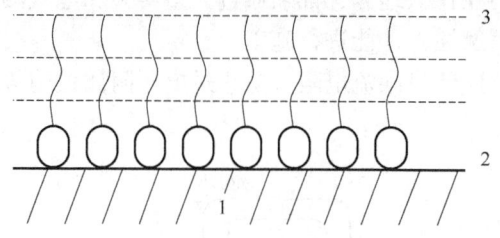

图 5-26　有机缓蚀剂在金属表面吸附示意图
1—金属；2—极性基；3—非极性基

图 5-27　缓蚀剂与金属表面化学吸附示意图

2. 成膜理论

成膜理论认为缓蚀剂之所以起到缓蚀作用是因为它能在金属表面生成一层难溶的保护膜。这种保护膜有钝化膜和沉淀膜两类。

3. 电化学理论

电化学理论认为缓蚀剂是通过加大对阴极过程或阳极过程的阻滞（极化）作用从而减缓金属的腐蚀的。

二、缓蚀剂的分类

由于缓蚀剂种类繁多，缓蚀机理复杂，应用的领域广泛，至今还没有一个统一的分类方法，一般是从研究或使用方面进行分类，常见的分类方法有以下几种。

1. 按化学组成分类

一般按物质的化学组成可以将缓蚀剂分为无机缓蚀剂和有机缓蚀剂两种。这是从物质化学属性来分，这种分类方法在研究缓蚀剂作用机理和区分缓蚀物质品种时有优势，因为无机物和有机物的缓蚀作用机理明显不同。

1）无机缓蚀剂

无机缓蚀剂绝大部分为各种无机盐类。其作用机理一般是无机物和金属发生反应，在金属表面生成钝化膜或生成结合牢固、致密的金属盐的保护膜，从而阻止金属的腐蚀过程。

2）有机缓蚀剂

有机缓蚀剂基本上是含有 O、N、S、P 元素的各类有机物质。其作用机理是由于有机物质在金属表面发生的化学吸附或物理吸附作用，覆盖了金属表面或活性部位，从而阻止了金属的电化学腐蚀过程。

2. 按电化学作用机理分类

金属的电化学腐蚀过程包括阴极过程和阳极过程。根据缓蚀剂在介质中主要抑制阴极反应还是阳极反应，或者能够同时抑制阴极反应和阳极反应，可将缓蚀剂分为以下三类。

1) 阴极型缓蚀剂

阴极型缓蚀剂可以抑制阴极反应，增大阴极极化，从而使腐蚀电流下降，且使腐蚀电位负移，如图5-28(a)所示。这类缓蚀剂一般是阳离子移向阴极表面，在电极表面生成沉淀型的保护膜或覆盖层，使阴极反应极化增大，阴极反应速率下降，相对应的腐蚀电流减小。这类缓蚀剂使得腐蚀电位负移，在缓蚀剂用量不足时，只会使缓蚀作用较差，而不会加速金属腐蚀。因此，阴极型缓蚀剂也称为安全缓蚀剂。

2) 阳极型缓蚀剂

阳极型缓蚀剂可以抑制阳极反应，增大阳极极化，从而使腐蚀电流下降，且使腐蚀电位正移，如图5-28(b)所示。这类缓蚀剂通常是阴离子向阳极表面移动，使金属阳极表面钝化，从而使腐蚀速率下降。由于腐蚀电位的正移，增大了金属腐蚀的倾向。所以，在阳极型缓蚀剂用量不足，生成的钝化层不能充分覆盖阳极表面时，未被保护的阳极面积远小于阴极表面，产生大阴极—小阳极的腐蚀电池，将加速金属的腐蚀（发生金属的小孔腐蚀）。因此阳极型缓蚀剂又称为危险型缓蚀剂。因此，使用时要保证缓蚀剂的用量充足。

3) 混合型缓蚀剂

这类缓蚀剂可以同时抑制阳极过程和阴极过程，同时增大了阴极极化和阳极极化，使阴极、阳极反应速率下降，最终结果会使腐蚀电流下降很多。由于阴极、阳极极化同时增大，腐蚀电位变化不大，如图5-28(c)所示。

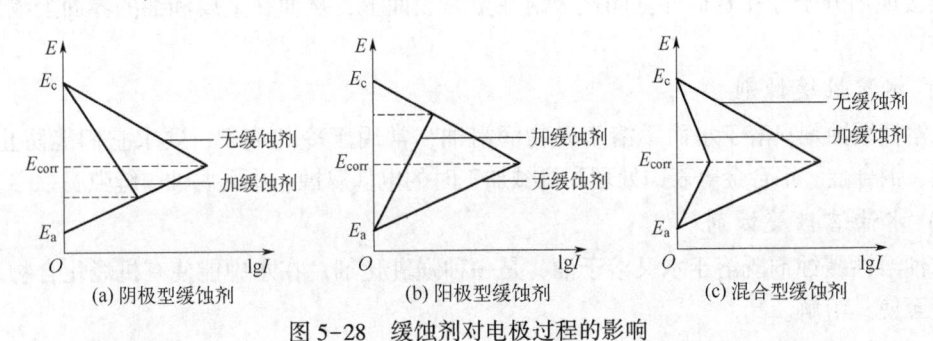

(a) 阴极型缓蚀剂　　(b) 阳极型缓蚀剂　　(c) 混合型缓蚀剂

图5-28　缓蚀剂对电极过程的影响

3. 按缓蚀剂成膜的种类分类

缓蚀剂加入介质后，按照对金属表面层结构的影响，可分为以下四种类型的缓蚀剂。

1) 氧化膜型缓蚀剂

氧化膜型缓蚀剂可以直接或间接氧化金属，在金属表面形成金属氧化物膜，或通过缓蚀剂物质的还原产物修补金属原有的、不致密的氧化膜，达到缓蚀的作用。这种缓蚀剂一般对金属有钝化作用，也称为钝化剂。形成的氧化膜附着力强、致密，当达到一定的厚度（5~10nm）时，氧化反应速率减慢，氧化膜增长也停止。因此，缓蚀剂过量时，不会有不良影响，但用量不足会加速腐蚀。氧化膜型缓蚀剂又可分为阳极抑制型和阴极去极化型两类。

2) 吸附膜型缓蚀剂

吸附膜型缓蚀剂是通过吸附作用，吸附在金属表面，从而改变了金属表面性质，达到缓蚀的目的。根据吸附机理的不同，可以分为物理吸附型和化学吸附型两类。吸附型缓蚀剂主要通过如下两种吸附方式达到缓蚀目的。

（1）缓蚀剂在部分金属表面上发生吸附，覆盖了部分金属表面，减小了发生腐蚀作用的面积，减轻了腐蚀。

（2）缓蚀剂在金属表面的反应活性点上发生吸附，降低了反应活性点的反应活性，使腐蚀速率下降，达到缓蚀的作用。

3) 沉淀膜型缓蚀剂

沉淀膜型缓蚀剂，能与介质中的离子反应生成附着在金属表面的沉淀膜，生成的沉淀膜（几十至一百纳米）比钝化膜厚，但是致密性和附着力比钝化膜差，因此防腐效果不如钝化膜。另外，只要介质中存在缓蚀剂及能生成沉淀的相关离子，反应就会不断进行，沉淀膜厚度也就不断增加，会产生结垢等不良影响，所以在使用这种类型缓蚀剂时要同时使用去垢剂。

4) 反应转化膜型缓蚀剂

反应转化膜型缓蚀剂是由缓蚀剂、腐蚀介质和金属表面通过界面反应或转化作用形成反应转化膜，如炔类衍生物（如炔丙酮）、缩聚物和聚合物等。

4. 按物理状态分类

按物理状态分类，可将缓蚀剂分成以下四类。

1) 油溶性缓蚀剂

油溶性缓蚀剂只溶于油而不溶于水，作为防锈油（脂）的主要添加剂。一般认为是由于这类缓蚀剂分子存在着极性基团被吸附在金属表面上，从而在金属和油的界面上隔绝了腐蚀介质。

2) 水溶性缓蚀剂

水溶性缓蚀剂只溶于水而不溶于矿物润滑油，常用于冷却液中，要求它们能防止铸铁、钢、铜、铜合金、铝合金等表面处理和机械加工时的电偶腐蚀、小孔腐蚀、缝隙腐蚀等。

3) 水油溶性缓蚀剂

水油溶性缓蚀剂既溶于水又溶于油，是一种强乳化剂。在水中能使有机烃化合物发生乳化，甚至使其溶解。

4) 气相缓蚀剂

气相缓蚀剂是在常温下能挥发成气体的金属缓蚀剂。如果是固体，就必须有升华性；如果是液体，必须具有大于一定数值的蒸气分压，并能分离出具有缓蚀性的基团，吸附在金属表面上，能阻止金属腐蚀过程的进行。其使用形式多样并具有以下优点：

（1）对金属有良好的防锈作用，不受被包装物品形状和结构的限制，可对金属的表面、内孔和缝隙进行保护；

（2）金属构件表面无需防锈涂层，启封后可直接投入使用，操作方便；

（3）无需特殊设备，对金属产品储存条件要求低，防锈期长；可保持金属制品的清洁美观，易回收处理。

目前气相缓蚀剂已广泛应用于机械、军工、仪表等领域，其开发应用受到许多学者的关注。

5. 按缓蚀剂用途分类

按缓蚀剂的用途不同可分为酸洗、酸浸用缓蚀剂，锅炉水、冷却水用缓蚀剂，锅炉清洗缓蚀剂，防锈用缓蚀剂，石油化工缓蚀剂，蒸汽发生系统用缓蚀剂，油气井用缓蚀剂，炼油厂用缓蚀剂，汽车冷却系统用缓蚀剂，封存包装缓蚀剂等。

此外，按被保护金属种类不同可分为钢铁缓蚀剂、铜及铜合金缓蚀剂、铝及铝合金缓蚀剂等。按使用的 pH 值不同，可分为酸性介质中的缓蚀剂、中性介质中的缓蚀剂和碱性介质中的缓蚀剂。

三、缓蚀效率及影响因素

1. 缓蚀效率

缓蚀效率是评价缓蚀剂缓蚀作用的重要指标，用下式表示：

$$Z = \frac{V_0 - V}{V_0} \times 100\% \tag{5-4}$$

式中　Z——缓蚀效率（缓蚀率、抑制效率），%；

　　　V_0——未加缓蚀剂时金属的腐蚀速率，mm/a；

　　　V——加入缓蚀剂后金属的腐蚀速率，mm/a。

Z 值越大，说明缓蚀效果越好。显然，若腐蚀完全停止（$V=0$），$Z=100\%$；若缓蚀剂完全没有作用（$V=V_0$），$Z=0$。

后效性能是指当缓蚀剂的浓度由正常使用浓度大幅度降低时，缓蚀作用所能维持的时间。这个时间越长，缓蚀剂的后效性能越好，这也表示由缓蚀剂作用而产生的金属表面保护膜的寿命越长。

2. 缓蚀作用的影响因素

缓蚀作用的影响因素包括金属材料性质和表面状态、环境因素、缓蚀剂浓度以及设备结构和力学因素等。

1) 金属材料性质和表面状态

(1) 每一种缓蚀剂都有其适用的金属。一种缓蚀剂可能对某些金属起到腐蚀抑制作用，但对另外一些金属不起作用，甚至会促进腐蚀。

(2) 金属表面越光滑，需要的缓蚀剂浓度越小。

2) 环境因素

(1) 介质的组成。

缓蚀剂应与介质有很好的配伍性（相溶且不发生化学反应）。

(2) 介质的 pH 值。

几乎所有的缓蚀剂都有一个适用的 pH 值范围，因此必须严格控制介质的 pH 值。

(3) 温度。

不同的缓蚀剂对温度的适应程度是不同的，主要有以下三种情况：

① 温度 T 增加，缓蚀效率 Z 下降（温度升高吸附作用减弱）；

② 在一定温度范围内，缓蚀效率 Z 变化不大，当温度超过某一界限时，缓蚀效率大幅度下降（沉淀膜型）；

③ 温度 T 上升，缓蚀效率 Z 增大（温度高有利于表面氧化膜的形成）。

(4) 微生物。

当腐蚀环境中存在微生物时，可能导致缓蚀剂失效。

① 微生物会参加腐蚀过程，造成大量腐蚀产物的生成与孔蚀。
② 凝絮状真菌的产生和积累会妨碍介质的流动，使缓蚀剂不能均匀分散于金属表面。
③ 有些细菌会直接破坏缓蚀剂，缓蚀剂可能成为微生物的营养源。

3) 缓蚀剂浓度

所有缓蚀剂均存在一个最低浓度，只有当缓蚀剂浓度大于此最低浓度值时，才有一定的缓蚀效率。

缓蚀剂浓度对缓蚀效率的影响有三种不同情况：

（1）缓蚀效率 Z 随缓蚀剂浓度增大而增大；

（2）缓蚀剂浓度达到某值时，缓蚀剂效率出现最大值；

（3）当缓蚀剂浓度不足时，会加速均匀腐蚀或孔蚀（例如，阳极型缓蚀剂中的氧化膜型缓蚀剂）。

在缓蚀剂浓度控制方面，还应注意以下几点：

（1）对于长期保护的设备，首次添加缓蚀剂的量一般比经常性的操作大 4~5 倍，以利于建立稳定的保护膜。

（2）保护旧设备比保护新设备所需的缓蚀剂量大，这是因为旧设备表面锈层和垢层要消耗缓蚀剂。

（3）采用不同类型缓蚀剂组合使用时，可能用较低的缓蚀剂浓度就能取得较好的缓蚀效率。

4) 设备结构和力学因素

（1）死角和缝隙的存在，使缓蚀剂不容易与所有金属表面相接触，影响对局部区域的缓蚀作用。

（2）在造成应力腐蚀的环境条件下，对均匀腐蚀有效的缓蚀剂对应力腐蚀不一定有效。

（3）介质的流动状态对缓蚀效率的影响比较复杂。

有的缓蚀剂的缓蚀效率随流速增大而下降，但有的缓蚀剂正好相反；有的缓蚀剂浓度不同时，流速的影响也不一样。因此，不能以静态下的缓蚀剂的评定数据代替流动状态下的数据，必须做好流动实验，例如进行环道实验。

四、缓蚀剂的选择条件与应用

1. 缓蚀剂的选择条件

（1）抑制金属腐蚀的缓蚀能力强或缓蚀效果好。在腐蚀介质加入缓蚀剂后，不仅金属材料的平均腐蚀速率值要低，而且金属不发生局部腐蚀、晶间腐蚀、选择性腐蚀等。

（2）使用剂量低，即缓蚀剂使用量要少。

（3）腐蚀介质工艺条件（介质浓度、温度、压力、流速、缓蚀剂添加量）适当波动时，缓蚀效率不应有明显降低。

（4）缓蚀剂的化学稳定性要强。缓蚀剂与溶脱下来的腐蚀产物共存时不发生沉淀、分解等反应，不明显影响缓蚀效果。当时间适当延长时，缓蚀剂的各种性能不应出现明显的变化，更不能丧失缓蚀能力。

（5）溶解性要好。缓蚀剂的水溶性或油溶性要好，不仅使用方便、操作简单，而且也不会影响金属表面的钝化处理。

(6) 缓蚀剂的毒性要小。选用缓蚀剂时要注意它们对环境的污染和对微生物的毒害作用，尽可能采用无毒缓蚀剂。这不仅有利于使用者的健康和安全，也有利于减少废液处理的难度和保护环境。

(7) 缓蚀剂的原料来源要广泛。

(8) 缓蚀剂的价格力求低廉。

2. 缓蚀剂的应用

虽然具有缓蚀作用的物质种类繁多，但真正能用于工业生产的缓蚀剂品种则是有限的。这首先是因为商品缓蚀剂需要具有足够高的效率，价格要合理，原料来源要广。此外，工业应用的不同环境和工艺参数也对工业用缓蚀剂提出了许多具体的技术要求。实际上工业应用缓蚀剂，根据使用的具体环境，还有更具体的技术要求和限制条件，这意味着缓蚀剂是要经过逐层筛选的，只有那些能符合要求的品种才是优良缓蚀剂。

正确地把缓蚀剂加入被保护的生产系统中，是缓蚀剂应用中的一项重要工作。使用方法得当，效果就显著，否则效果就差，甚至没有效果。加入的方法力求简单、方便，更重要的是能够使缓蚀剂均匀地分散到被保护金属设备或构件的各个部位上去。对带有压力的设备或生产系统，可以采用泵强制注入。对无压力的设备，可采用在加料口直接加入。

缓蚀剂的实际应用介绍如下。

1) 在水系统中的应用

缓蚀剂已用来保护工业循环冷却水系统、采暖设备与管道、饮用水系统、水冷却器等。所谓水质稳定技术是指通过添加具有缓蚀、消垢和杀菌灭藻作用的各种化学药剂以控制循环冷却水系统的腐蚀、结垢和生物繁殖，从而保证设备安全运转的技术。水质处理中常用的缓蚀剂有：有机磷酸盐、聚磷酸盐、硅酸盐、锌盐、铬酸盐、亚硫酸盐和重铬酸盐等。

2) 在酸系统中的应用

生产中金属材料及设备和酸类的接触是难免的。例如为了除去钢铁表面上的铁鳞和铁锈要进行酸浸；工业设备除垢、除锈要酸洗；油井为了提高出油的速度，要向地下油层内注入酸以溶解岩层；酸的储运工具等。通常要采用酸性介质的缓蚀剂以保护与酸接触的金属材料。酸性介质的缓蚀剂可分为无机缓蚀剂（含 As^{3+}、Sb^{3+}、Bi^{3+}、Sn^{2+} 的盐类和碘化物等）和有机缓蚀剂［醛、炔醇、胺、季铵盐、硫脲、杂环化合物（吡啶、喹啉、咪唑啉）、亚砜、松香胺、乌洛托品、酰胺、若丁等］。许多酸性介质缓蚀剂采用无机物与有机物多组分的复合物。

3) 在石油天然气开采中的应用

在原油、天然气内含有 H_2S、CO_2、有机酸等会造成采油采气的管道和设备的腐蚀，硫化氢中氢的存在使金属穿孔或形成层状剥落，更危险的是造成应力腐蚀破裂与氢损伤。抗硫化氢气体的缓蚀剂是研究得最多的一类缓蚀剂，已有许多商品，如兰4-A、咪唑啉、粗喹啉、氧化松香胺等。

4) 在炼油工业中的应用

由于原油中含有无机盐、硫化物、环烷酸等，对炼油厂中的常压、减压设备和管线、油罐等造成严重腐蚀，广泛采用尼凡丁-18等缓蚀剂加以控制。

5) 在油气输送管线及油船中的应用

在油气输送管线及油船中广泛采用烷基胺、二胺、酰胺、亚硝酸盐、铬酸盐、有机重磷酸盐、氨水、碱等作为缓蚀剂。

　　缓蚀剂的应用除了防腐蚀目的外，还应考虑到工业系统运行的总效果（如冷却水系统要考虑防蚀、防垢、杀菌、冷却效率及运行通畅等）和环境保护等问题。

【思考与练习】

1. 正确选材和合理防腐设计的原则有哪些？
2. 做覆盖层之前为什么要进行表面清理？表面清理的方法主要有哪些？
3. 什么是表面覆盖层？是如何分类的？
4. 金属覆盖层是如何分类的？
5. 常用的非金属覆盖层主要有哪些？
6. 涂料覆盖层为什么能起保护金属的作用？选择涂料覆盖层时应考虑哪些因素？
7. 什么是电化学保护？分为哪几种方法？
8. 什么是阴极保护？分为哪几种方法？
9. 阴极保护的基本参数有哪些？怎样确定合理的保护参数？
10. 外加电流阴极保护系统的主要部分有哪些？
11. 什么是阳极保护？其原理是什么？
12. 阴极保护的应用条件是什么？
13. 阳极保护的应用条件是什么？
14. 阴极保护与阳极保护主要有哪些区别？
15. 什么是杂散电流？控制杂散电流腐蚀的措施有哪些？
16. 杂散电流的排流方式有哪四种？
17. 阴极保护系统的杂散电流干扰腐蚀有哪几种？简单说明腐蚀机理。
18. 什么是缓蚀剂保护？该方法有什么特点？
19. 缓蚀剂的分类方法有哪几种？缓蚀剂的选用原则是什么？
20. 简单总结出石油化工生产过程中常用的防腐方法有哪些。

第六章 腐蚀检测方法

【学习目标】
1. 熟悉阴极保护各参数的检测方法及工作原理。
2. 熟悉涂层基本性能和应用性能的检测指标及检测方法。
3. 熟悉缓蚀剂评定的各种方法及特点。

腐蚀检测技术是根据防腐蚀措施的原理和性能,通过实验室测量技术和工况例行检查技术的巧妙结合而发展起来的。目前已有多种防腐蚀检测技术,但每一种检测技术一般都针对性地适用于某一种特定的防腐蚀措施,而每一种特定的防腐蚀措施都需要若干种配套的检测技术。本章将针对前面介绍的几种常用防腐蚀措施使用的防腐蚀检测技术择要介绍。

第一节 阴极保护检测

实施阴极保护检测技术,首先要求了解腐蚀原理、阴极保护原理和阴极保护检测技术的方法原理。正确运用阴极保护检测技术,执行规定的测量、判断和维护保养,以确保对被保护金属构筑物成功地实施阴极保护。

一、管/地电位的测量

管/地电位的测量在阴极保护测量技术中有重要意义,具体包括以下3个方面:
(1)未加阴极保护的管/地电位是衡量土壤腐蚀性的一个参数;
(2)施加阴极保护的管/地电位是判断阴极保护程度的一个重要参数;
(3)当有干扰时,管/地电位的变化是判断干扰程度的重要指标。

按电化学保护的真实含义来分析管/地电位,不应含有土壤欧姆电压降(又称 IR 降,指电流在介质中流动所形成的电阻压降),为了保证电位测量的可靠性,测量所用电压表应是高内阻的,通常应大于 $100\text{k}\Omega/\text{V}$,灵敏阈应小于被测电压值的5%。

电位测量中要注意的另一问题是参比电极的精度、内阻和测量流过的电流。测量用参比电极应具有下列特点:长期使用时电位稳定,重现性好,不易极化,寿命长,并有一定的机械强度。参比电极种类很多,常用的有甘汞、银/氯化银、铜/硫酸铜电极,工程中固定设置的还有锌参比电极和长效铜/硫酸铜电极。

1. 直接参比法

在现代阴极保护设计和施工中,已采用了直接埋设于地下管道附近的长效硫酸铜参比电极。管/地电位测试时只须在测试桩上直接测量管道连线端子和长效参比电极端子之间的电位差即可。检测方便有效,而且由于参比电极紧挨钢管,可在很大程度上减小或消除土壤 IR 降的影响。

2. 地表参比法

地表参比法的接线见图 6-1。采用高内阻电压表测量管/地电位。硫酸铜参比电极（CSE）应安放在管道顶端上方地表处（一般距测试桩 1m 以内）；且应选择性置于潮湿土壤地表处。据此可减小土壤 IR 降及土壤接触电阻的影响。地表参比法主要用于测量管道自然电位和牺牲阳极的开路电位，也可用于测量管道保护电位和牺牲阳极的闭路电位。

3. 近参比法

测量裸管或涂层质量很差的管道保护电位时，土壤 IR 降将会产生很大误差，对此可采用近参比法，如图 6-2 所示。沿管顶方向距测试桩 1m 范围内挖一个安放参比电极的深坑，将参比电极置于距管壁 3~5cm 处。测量电压的方法与地表参比法相同。

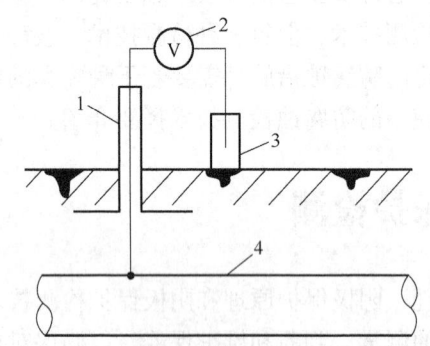

图 6-1 地表参比法测管/地电阻
1—测试桩；2—高阻电压表；3—参比电极；4—管道

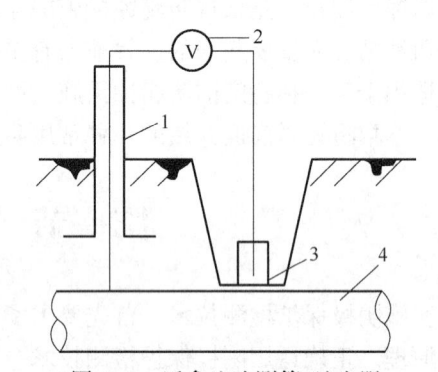

图 6-2 近参比法测管/地电阻
1—测试桩；2—高阻电压表；3—参比电极；4—管道

4. 远参比法

由于各种原因，在大地中形成了电位梯度明显的地电场。如杂散电流进入大地，将形成地电场，它不仅影响阴极保护系统的正常运行，也会影响阴极保护检测技术，如影响管道保护电位的正确测定和评价。

在地电场影响较严重的地区，管道保护电位中除负偏移电位外还含有较大的地电位值；但此时管道对远方大地的电位中则无地电位值。由此提出了把管道对远方大地的电位应用于阴极保护技术和负偏移电位的测定，即远参比法（图 6-3）。远参比法测量管/地电位的具体方法是：先确定地电场源的方位；将参比电极朝远离地电场源的方向逐次安放在潮湿地表上，第一个安放点距测试桩不小于 10m，以后每次移动 10m，各次移动应保持在同一直线方向上。按地表参比法的操作测量各个安放点处的管/地电位。当相邻两个安放点的管/地电位之差小于 5mV（即 0.5mV/m）时，就不再往远方继续移动参比电极而完成测量。取此最远安放点处的管/地电位为管道对远方大地的电位。

5. 滑动参比法

滑动参比法主要用于大型储罐底板外壁阴极保护电位分布的测量。对于新建储罐，一般可不用滑动参比法，而是在设计期间，在罐底中心及半径上每 5~10m 布置一支参比电极（通常用长效硫酸铜电极或带填料的锌参比电极），如同近参比法，测知罐底板的电位分布。对于已建储罐，滑动参比法是一种可行的方案。

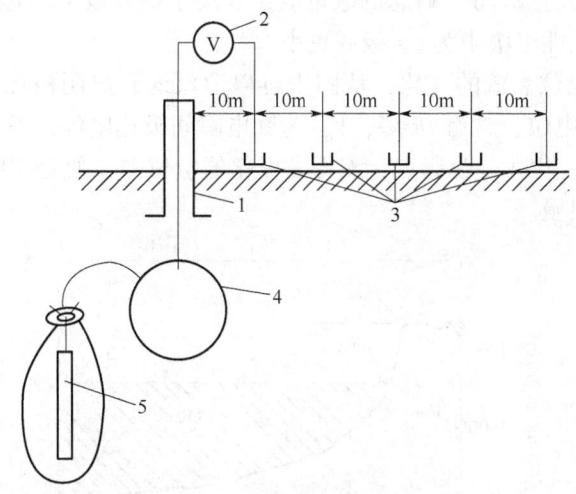

图 6-3 远参比法测管/地电阻

1—测试桩；2—高阻电压表；3—参比电极；4—管道；5—牺牲阳极

滑动参比法是在被测储罐的罐底预埋上一支通至罐中心点的硬塑料管，在对应的罐底板位置钻上 φ6mm 的孔眼，并用沙网包缠以防地下泥沙流入堵塞管子。测量时，管内注满水，用一支带有海绵的参比电极在管内滑动，测取相应的电位。上述方法有两个不足：一是注水对罐基有不良作用；二是注水后得到的数据不可靠。针对此法作了改进，将塑料管上定距离用铜环隔断，整个管上不用钻孔，测试时将管内注满盐水，当参比电极在管里滑动时，便可测得对应铜环处的罐底电位。图 6-4 是滑动参比法示意图。

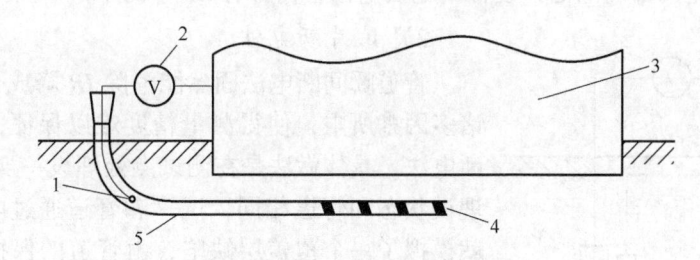

图 6-4 滑动参比法测试罐地电位

1—移动式参比电极；2—高阻电压表；3—储罐；4—铜环节；5—塑料管

6. 电位测量中的 IR 降及其消除

在管/地电位测量中，IR 降属有害成分，应予消除。IR 降多在几十毫伏到几百毫伏之间，当电阻率高时，有时能够达到几千毫伏，严重干扰了正确结果的获得。

IR 降在阴极保护电位测量中难以避免，消除 IR 降的测量方法很多，其中断电法是最常用的，注意采用断电法测量管/地极化电位时，要考虑管道的极化时间对测量结果的影响。

1）瞬间断电法

在 IR 降中，由阴极保护电流流经大地造成的电压降是最重要的来源之一。因此，如果能瞬间断开阴极保护电流（$I=0$）而又能准确地测量出极化电位，就可由此获得不含 IR 降的管/地电位，这就是瞬间断电法，也称电流中断法。这是最为普通的方法。断电意味着 $I=0$，因而 $IR=0$。断电之后，管道电位立即降落下来，然后再慢慢衰减。这一电位瞬间急落便是 IR 降成分。有关"瞬间"概念的数量级,取决于浓差极化的程度和可能产生扩散的速率,一般在沙质透气性土壤中为 μs 级或更小。

图 6-5 为断电后电位衰减的变化,从图中可以形象地看出阴极保护准则概念中的几个基数,V_{on} 为通电保护电位,含有 IR 降;V_{off} 为断电瞬间极化电位,不含 IR 降,这是准则所确认的-0.85V 的位置。以 V_{off} 为起点,测得去极化的电位差,便是 100mV 准则的实质。不过去极化的过程有时很慢。

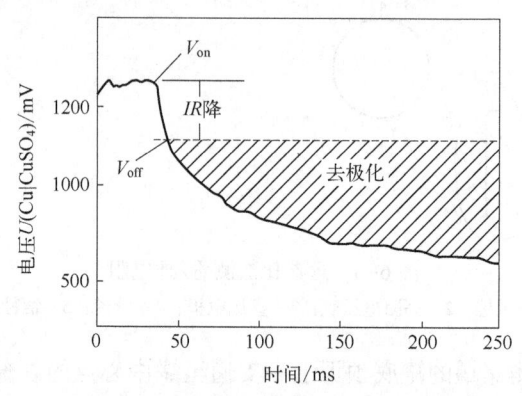

图 6-5 断电后的去极化曲线

瞬间断电法要求管道上所有相连的接地保护、牺牲阳极均须断开,管道上多元保护装置也要同时断开,在测试点处不应有杂散电流的干扰,测量中应使用响应速度快的自动记录设备。有时,由于管道覆盖层缺陷大小不同,导致极化程度不一致,断电后,这种极化程度不一致又会导致产生局部宏电池,使得断电后电位中仍含有 IR 降成分。

2) 试片断电法

管道瞬间断电法固然能消除 IR 降成分,但由于上述诸多因素所限,使得测量精度难以保证,为此推出试片断电法。具体做法是在测试点处埋设一裸试片,其材质、埋设状态和管道相同,试片和管道通过电缆连接,这样就模拟了一个覆盖层缺陷,由管道的保护电流进行极化(见图 6-6)。测量时,只要断开试片和管道的连接导线,就可测得试片的断电电位,从而避免了切断管道主保护电流及其他电连接的麻烦,杂散电流的影响也小,可忽略不计,而且不存在断电后的极化率差异的宏电池作用。

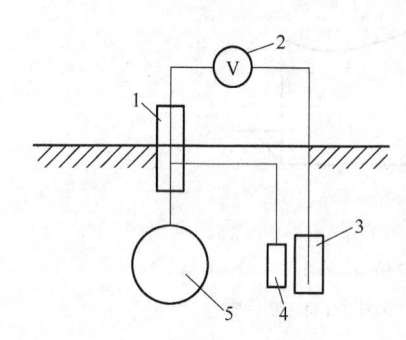

图 6-6 通断电法原理示意图
1—测试桩;2—高阻电压表;
3—参比电极;4—试片;5—管道

本方法在工程应用中较为实际,但应对测试桩的功能加以完善,并设置埋设试片及长效参比电极,以供测试,使用时应注意试片的极化时间要足够长。由于试片会泄漏电流,故管道上不宜装设太多。

二、牺牲阳极输出电流测试

1. 直接测量法

直接测量法(见图 6-7)是将电流表直接串联到阴极保护回路中,电流表示值即为牺牲阳极输出电流值。此法操作简单,主要用于管理测试,但电流表内阻可产生测量误差。为此应尽可能选用低内阻电流表，或直接选用零电阻电流表。测量时选用电流表的最大电流挡，因为最大量挡的内阻一般最小。

如果知道电流表的内阻 R_m 和导线的电阻 R_w，则可以对测量结果进行修正，方法如下：

$$I_e = I(R_m + R_w)/R_m \quad (6-1)$$

式中　I_e——修正后的测量结果；
　　　I——直接测量结果；
　　　R_m——仪表内阻；
　　　R_w——导线电阻。

2. 双电流表法

双电流表法为我国首创，接线法如图 6-8 所示。选用两只同型号数字万用表（以确保两者在同一量程时内阻相同）。先按图 6-7 将一只电流表串入测量回路，测得电流 I_1，再将第二只电流表与第一只电流表同时串入测量回流，此时两只表的电流量程应与测量 I_1 时的相同，记录两只表上显示的 I'_2 和 I''_2，取其平均值 I_2 为：

$$I_2 = \frac{1}{2}(I'_2 + I''_2) \quad (6-2)$$

至此可按下式计算牺牲阳极输出电流 I：

$$I = \frac{I_1 I_2}{2I_2 - I_1} \quad (6-3)$$

3. 标准电阻法

牺牲阳极与管道组成的闭合回路总阻值较小，通常小于 10Ω，该回路电流一般仅为数十至数百毫安。普通电流表的内阻的适当量程总是大于回路总阻值的 5%，为此可采用标准电阻法，详见图 6-9。

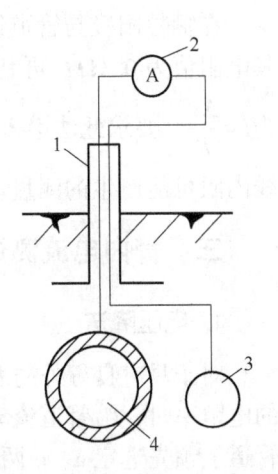

图 6-7　直接测量示意图
1—测试桩；2—电流表；
3—牺牲阳极；4—管道

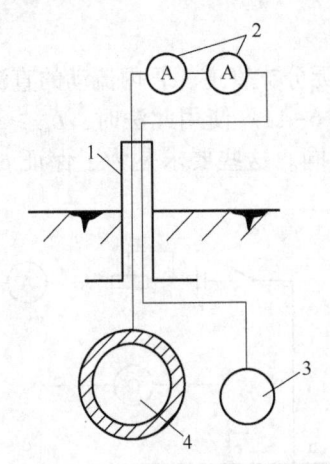

图 6-8　双表法直接测量示意图
1—测试桩；2—电流表；
3—牺牲阳极；4—管道

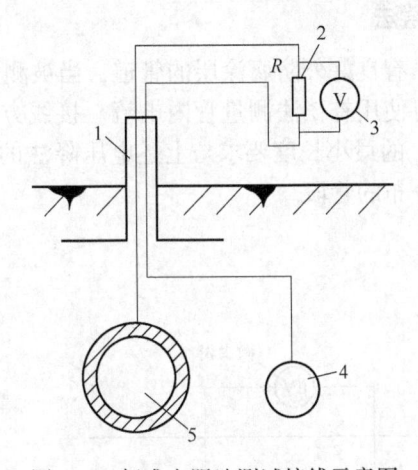

图 6-9　标准电阻法测试接线示意图
1—测试桩；2—标准电阻；
3—高阻电压表；4—牺牲阳极；5—管道

在牺牲阳极与管道组成的闭合回路中串入一个小于回路总阻值5%的标准电阻 R，通常其电阻值为 0.1Ω；再利用高灵敏度电压表测量标准电阻上的电压降 ΔV，牺牲阳极输出电流为 $I=\dfrac{\Delta V}{R}$。要求此法串入的测试导线总长度不应大于 1m；截面积不应小于 $4mm^2$，以减小导线内阻可能产生的测量误差。此法简单，准确度高，应用广泛。

三、管内电流测试

1. 电压降法

对于具有良好外防腐涂层的管道，当被测管段间无分支管道，又已知管径、壁厚、材料的电阻率时，沿管道流动的直流电流可采用电压降法测量。其接线方式如图 6-10 所示。在管道上预先选定 a、b 两点，引出导线在测试桩上；精确测定 a-b 间电压降 V_{ab}（采用微伏表或电位差计即可），按下式计算管内电流：

$$I=\frac{V_{ab} \cdot \pi(D-\delta)\delta}{\rho L_{ab}} \tag{6-4}$$

式中　I——流过 a-b 段的管内电流，A；

　　　V_{ab}——a-b 间电压降，V；

　　　D——管道外径，mm；

　　　δ——管道壁厚，mm；

　　　ρ——管材电阻率，$\Omega \cdot mm^2/m$；

　　　L_{ab}——a-b 间管道长度，m。

V_{ab} 一般为 μV 级的，当采用的微伏表或电位差计的最小分度值为 $1\mu V$ 时，为保证电压降测量精度，要求 $V_{ab} \geqslant 50\mu V$，由此限定了管内电流测试的最小管距 L_{ab}。应根据管径大小和管内电流强度大致范围决定 a-b 间的管距。当管内电流量小和/或管径大时，L_{ab} 应增大。L_{ab} 的长度是施工时预先测定的。单位管长的纵向电阻值取决于管径、壁厚和材料电阻率；可在施工前预先实测这些参量，也可根据制造厂提供的参数获得。

2. 补偿法

对于具有良好外防腐涂层的管道，当被测管段间无分支管道，管内流动的直流电流比较稳定时，可使用补偿法测量管内电流。接线方法见图 6-11。使用此法时，$L_{ac} \geqslant \pi D$，$L_{db} \geqslant \pi D$，而 L_{cd} 的最小长度要求与上述电压降法的要求相同。这些要求是为了保证 c-d 段处于电流均匀分布的管段。

图 6-10　电压降法测量管内电流

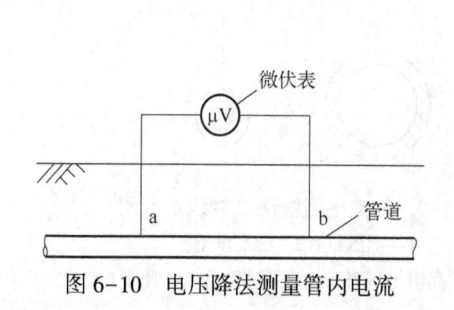

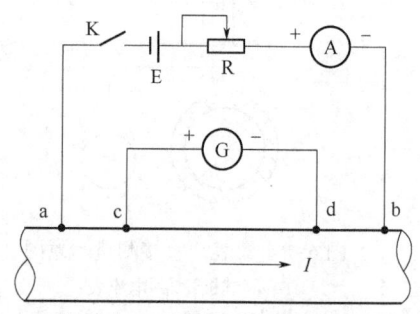

图 6-11　补偿法测试接线示意图

测量时先合上开关 K，缓缓调节变阻器 R，当检流计 G（或电位差计）指示为零时，电流表 A 的读数即为管内电流值。此时，c-d 间电位差被补偿到零，即补偿电流正好等于流过 c-d 的管内电流，但方向相反。

3. 保护电流密度的测定

对于已经埋入地下的带有覆盖层的管道，所需要的保护电流密度应采用馈电法测定，如图 6-12 所示。测量步骤：

（1）用 $\phi 89mm \times 4.2m$ 长钢管 4 支作临时接地，采用夯入法，位置在垂直测量管段的 60~100m 处；

（2）按图 6-12 进行回路接线，E 选用汽车蓄电池，导线选用铜芯截面 $1 \times 10mm^2$ 的塑料线；

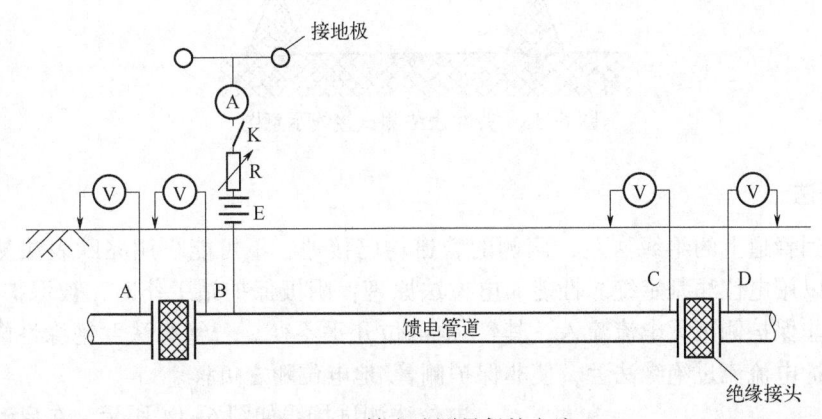

图 6-12 馈电法测量保护电流

（3）接通开关 K 之前，先进行管段两端绝缘装置两侧（A、B 和 C、D）的自然电位的测量；

（4）接通开关 K，观察电流表中电流值的变化，并同时测量 A、B、C、D 的管/地电位；

（5）调节可调电阻器 R 使 B 点电位达-0.85V，并跟踪 C 点电位，使之达-0.85V，同时观测 A、D 点电位；

（6）若 C 点电位达-0.85V，并且电流基本稳定，这时记录电流值（极化时间有时需要 24 小时以上）。

（7）用开关控制通电、断电时间，测量 A、B、C、D 各点的通电、断电的电位（通电 27s，断电 3s）。

（8）当 B、C 点的 V_{off} 达到-0.85V 时，即可认为实现保护。这时电流表的电流值即为所需保护电流。

（9）用测得的保护电流除以整个管段的表面积，即可得到保护电流密度。

四、绝缘法兰绝缘性能测试

1. 兆欧表法

此法仅适用于未安装到管道上的绝缘法兰。已安装到管道上的绝缘法兰，其两侧的管道通过土壤已构成闭合回路,不能用兆欧表直接测量绝缘电阻。

如图6-13所示,用磁性接头将500V兆欧表输入端的测量导线压接在绝缘法兰两侧的短管上,转动兆欧表手柄,使手摇发电机达到规定的转速持续10s,此时表针稳定指示的电阻值即为该绝缘法兰的绝缘电阻值。此法不仅能测量出绝缘电阻值,而且也检验了其耐500V电压的耐电压击穿能力。

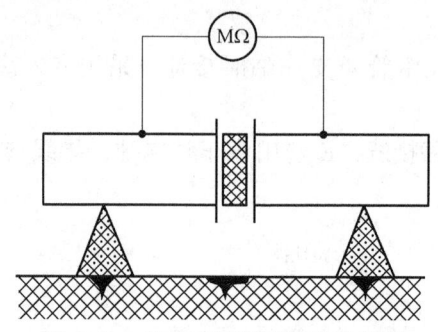

图6-13 兆欧表法测试接线示意图

2. 电位法

已安装到管道上的绝缘法兰,两侧的管道均已接地,不可能再用兆欧表法测量绝缘电阻。此时可以用电位法判定绝缘性能。电位法原理:阴极保护站工作时,被保护侧管/地电位负移,而非保护侧因无电流流入,其管/地电位几乎不变。若绝缘法兰绝缘性能不好,将由于阴极保护电流流过绝缘法兰,使非保护侧管/地电位随之负移。

电位法测试接线如图6-14所示。在启动阴极保护站之前,先用数字万用表测量非保护侧法兰盘a的对地电位V_{a1},然后启动阴极保护站,调节阴极保护电流(通电点与保护侧法兰盘的距离应大于管道周长),使保护侧法兰盘的对地电位V_b达到保护电位范围($-0.85\sim-1.50V$),接着再测量a点的对地电位V_{a2}。判据如下:

(1) 若$V_{a1}\approx V_{a2}$,一般可认为绝缘法兰的绝缘性能良好;

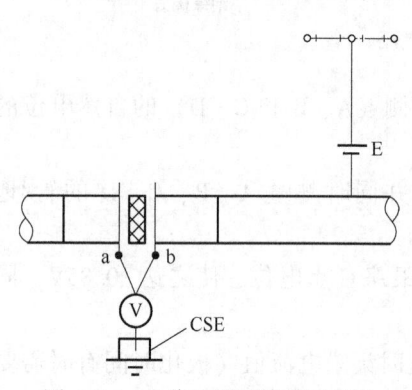

图6-14 电位法测试接线示意图

(2) 若$|V_{a2}|>|V_{a1}|$,且V_{a2}接近V_{a1}的数值,则一般认为绝缘法兰的绝缘性能很差;

(3) 电位法的判据是定性判据。

使用此法应当注意:当非保护侧管道的接地电阻值很小时,即使绝缘法兰漏电严重,由于漏电阻远大于非保护侧管道接地电阻,此时非保护侧管/地电位不会明显负移,导致电位法判断错误。此外,若阳极引出线的避雷器被击穿,或者接地阳极距绝缘法兰太近,保护侧供电时将使绝缘法兰所在地的地电位明显正移,即使绝缘法兰不漏电,非保护侧的管/地电位测量值也会明显负移,从而导致电位法误判。

3. 电压电流法

已安装到管道上的绝缘法兰,由于两端已接地,可采用电位法测量绝缘性能,但此法不能做出定量评价,且存在误判的可能性。为此,中国阴极保护工作者在实践中创立了电压电流法,以定量地测定绝缘法兰的绝缘电阻值。

电压电流法的原理是,测量绝缘法兰两侧法兰盘间的电位差和流过绝缘法兰的电流,然后根据欧姆定律计算其绝缘电阻值。此法能定量测定,准确度高,但操作麻烦。

电压电流法的测试接线见图 6-15。此法要求图中 $L_{cd}>1m$,且在测量范围内无分流金属构筑物。先调节阴极保护站的输出电流,使保护侧管道达到规定的保护电位;用数字万用表测量两法兰盘间的电位差 ΔV_2;用微伏表或数字电压表测量 c-d 间电位差 ΔV_1;改变保护站 E 的输出电流,再测出两组 ΔV_1 和 ΔV_2,取三组数据的平均值;仔细测量 c-d 间管长,精确到 0.01m。

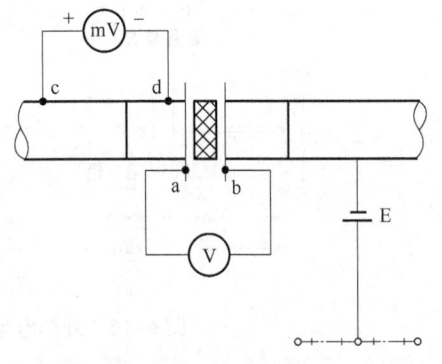

图 6-15 电压电流法测试接线示意图

按下式计算绝缘法兰的绝缘电阻:

$$R_H = \frac{\Delta V_2 \cdot \rho_L \cdot L_{cd}}{\Delta V_1} \tag{6-5}$$

其中

$$\rho_L = \frac{\rho}{\pi(D-d)d}$$

式中 R_H——绝缘法兰的绝缘电阻,Ω;
    ρ_L——c-d 段单位长度管道纵向电阻,Ω/m;
    ρ——管材电阻率,$\Omega \cdot mm^2/m$;
    D——管道外径,mm;
    d——管道壁厚,mm;
    ΔV_1——c-d 间管道电位差,mV;
    ΔV_2——绝缘法兰两侧法兰盘间的电位差,mV。

五、接地电阻测试

1. 外加电流接地阳极的接地电阻测试

外加电流阴极保护站的接地阳极为大型接地装置,接地电阻不宜大于 1Ω。此处介绍采用 ZC-8 接地电阻测量仪(量程 0~10Ω 到 10~100Ω)测量接地电阻,此法简单,且不会造成电极极化。测量接线示意图见图 6-16。

当采用图 6-16(a) 测量接线法时要求:在土壤电阻率较均匀的地区,取 $d_{13}=2L$,$d_{12}=L$;在土壤电阻率不均匀的地区,取 $d_{13}=3L$,$d_{12}=1.7L$。在测量过程中,应将电位极沿接地阳极与电流极的连线方向移动三次,每次移距约为 d_{13} 的 5%,若三次测量的电阻值相近即可,以保证 d_{13} 的距离合适且电位极处于电位平缓区内。

接地阳极接地电阻的测量也可采用图 6-16(b) 所示的三角形布极法测量,此时 $d_{12}=d_{13} \geq 2L$。

2. 牺牲阳极接地电阻测试

用牺牲阳极保护的管道,为了充分发挥每支牺牲阳极的作用,每个埋设点使用的数量一

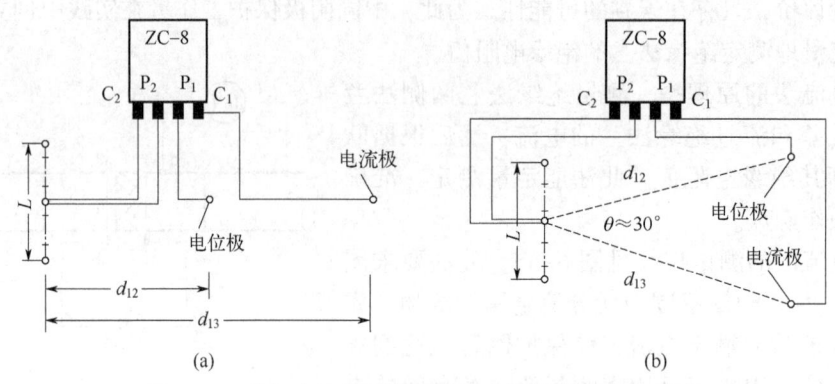

图 6-16 外加电流接地阳极接地电阻测试接线示意图

一般不超过 6 支,而且均匀分布于管道两侧。对于这种小型接地体,采用接地电阻测量仪来测量接地电阻是非常方便的。

测量牺牲阳极接地电阻之前,必须首先将阳极与管道断开,否则无法测得牺牲阳极的接地电阻值。采用图 6-17 所示接线法,沿垂直于管道的一条直线布置电极,取 d_{13} 约为 40m,d_{12} 约为 20m。使用 ZC-8 接地电阻测量仪(量程 0~10Ω 到 10~100Ω)测量接地电阻值。此时 P_2 和 C_2 用短接片予以短接,再采用一条截面积不小于 $1mm^2$ 且长度不大于 5m 的导线接牺牲阳极接线柱,P_1 和 C_1 分别接电位极和电流极。

当牺牲阳极组的支数较多,该阳极组接地体的对角线长度大于 8m 时,按图 6-16(a)规定的尺寸布极。但 d_{13} 不得小于 40m,d_{12} 不得小于 20m。

六、土壤电阻率测试

1. 原位测试法

原位测试法有几种形式,一般常用四极法测试,这种方法具有测试数据可靠、原理简单、操作方便的特点,但在地下金属构筑物较多的地方,误差较大。图 6-18 是四极法的原理图。

图 6-17 牺牲阳极接地电阻测试   图 6-18 四极法原理图

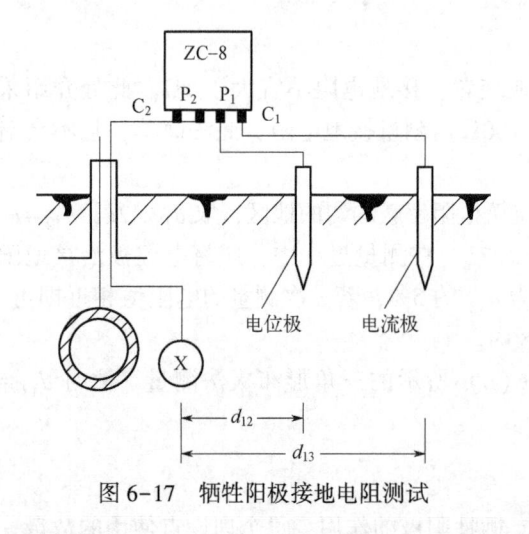

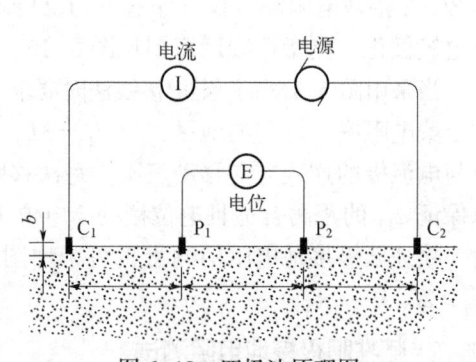

测试时要求四探针一字形分布，间距相等，探针插入地下的深度为 1/20a，通过 C_1、C_2 两极间的电流 I 和 P_1、P_2 两极间的电位 V，测得电阻 $R=V/I$，然后由下式计算出电阻率：

$$\rho = 2\pi a R \tag{6-6}$$

式中　ρ——土壤电阻率，$\Omega \cdot m$；
　　　R——测得电阻值，Ω；
　　　a——电极间距，m。

上式即为 Wenner 方程，Wenner 方程是由半球式电极推导出的，因而用针式电极会导致测量误差，为了避免误差超过5%，电极的插入深度必须小于 $a/5$，而电极直径必须小于 $a/25$，当冻土厚度为20cm以上时，不宜进行测试。为了避免极化对数值准确度的影响，可将 P_1、P_2 两探针改用硫酸铜电极。进一步的改进是将电源改用交流电。采用 Wenner 四极法测得的土壤电阻率公式中，间距 a 代表着被测量土壤的深度。

2. 土壤箱法

土壤箱法是一种实验室测试方法。即在现场采集土样或水样，放在测试箱中进行测量。土壤箱是一个敞口、无盖的长方形盒子，通常由塑料绝缘材料制成，盒子的两个端面为金属板，测试时把试样放入土壤箱内，顶面要齐平，然后测量两端面间的电流和电压［见图6-19(a)］，求出 R，再按下式计算出电阻率：

$$\rho = R\frac{WD}{L} \tag{6-7}$$

式中　ρ——土壤电阻率，$\Omega \cdot m$；
　　　R——测得电阻值，Ω；
　　　W——土壤箱的宽度，cm；
　　　D——土壤箱的高度，cm；
　　　L——土壤箱的长度，cm。

上述土壤箱存在着某些不足，如两个金属端面在测试时可能产生一定的极化电位，土壤不均匀时，也会影响电流参量测试结果。为此，可对其进行改进。图6-19(b)是改进后的土壤箱，在箱的侧面设置了两个探针，当两端板通以电流 I 后，测其两探针的电位，然后按下式计算土壤电阻率：

$$\rho = \frac{EWD}{IL} \tag{6-8}$$

式中　L——两个探针之间的距离，cm；
　　　E——两探针之间的电位差，V。

七、管道外防腐涂层漏电阻测试

1. 外加电流法

对于无分支、无防静电接地装置的任意一段涂层管道，选择测试长度一般为500~10000m，可使用外加电流法测量管道外防腐涂层漏电阻。测试接线如图6-20所示。被测 a-c 管段距通电点以大于3000m为宜。精确测定被测试管段的长度（m）；若 a-d 段内埋有牺牲阳极，则应断开所有的牺牲阳极；阴极保护站启动前，先测试 a、c 两点处的自然电位值；阴极保护站供电24h后，测试 a、c 两点处的保护电位值，并计算 a、c 两点处的负偏移

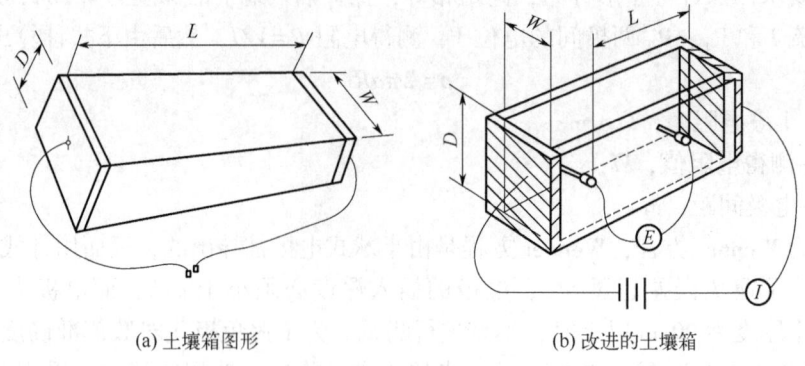

(a) 土壤箱图形　　　　　　　(b) 改进的土壤箱

图 6-19　土壤箱法

电位，采用电压降法或补偿法测试 a-b 和 c-d 两段的管内电流，对此要求 L_{ab} 和 L_{cd} 应小于 L 的 5%，又不大于 150m。

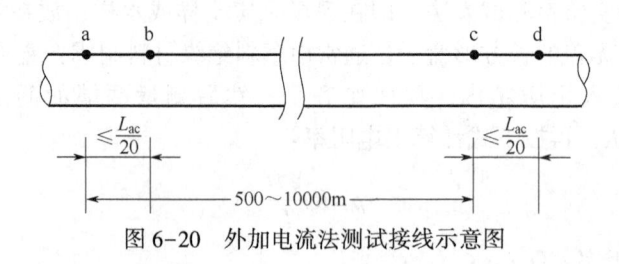

图 6-20　外加电流法测试接线示意图

按下式计算管道外防腐涂层漏电阻 ρ_A：

$$\rho_A = \frac{(\Delta V_a + \Delta V_c) L_{ac} \pi D}{2(I_1 - I_2)} \tag{6-9}$$

式中　ΔV_a、ΔV_c——管段首端 a 点和末端 c 点的负偏移电位，V；
　　　I_1、I_2——a-b 段和 c-d 段管内电流绝对值，A；
　　　L_{ac}——被测 a-c 管段的管道长度，m；
　　　D——管道外径，m。

式(6-9) 表明，管道外防腐涂层漏电阻等于测试段管道的接地电阻乘以该段管道的总表面积。此接地电阻根据该段管道阴极保护的平均负偏移电位以及这段管道漏入土壤的总电流，通过欧姆定律计算得到。

用此法测得的外防腐涂层漏电阻，实质上是三部分电阻的总和，即：涂层本身的电阻；阴极极化电阻；土壤过渡电阻。

对于涂层质量不好的管道，极化电阻所占分量增加；而在土壤电阻率较高的地区，涂层质量差的管道/土壤的过渡电阻所占分量也增加；所以，此法测试的结果并不是涂层电阻值，而定义为涂层漏电阻。

此法测试出的涂层漏电阻结果能清楚地说明涂层的质量：只有高质量的涂层，才会测出高的漏电阻；而在一般土壤中的阴极极化电阻很小；土壤过渡电阻与许多因素有关，一般也都只占漏电阻值的极小份额。

另一方面，涂层漏电阻这个综合值非常有用，它可直接用于指导阴极保护设计。目前常用的阴极保护计算公式，都是利用漏电阻值。

对于两端装有绝缘性能良好的绝缘法兰，且无其他分流支路的绝缘管道，只有一座阴极保护站，又是单端供电的情况，可采用下式计算外防腐涂层漏电阻 ρ_A：

$$\rho_A = \frac{(\Delta V_1 + \Delta V_2) L \pi D}{2I} \tag{6-10}$$

式中　ΔV_1、ΔV_2——管道首端（供电端）和末端负偏移电位，V；
　　　I——阴极保护电流，A；
　　　L——管道总长，m；
　　　D——管道外径，m。

2. 间歇电流法

对于无分支管道、无防静电接地、具有良好外防腐涂层且两端绝缘的均质管道，可采用间歇电流法测量管道外防腐涂层漏电阻，按图6-21接线。d_{12} 取 50m，d_{13} 取 200~300m。合上开关K，向管道一端通电5s，并测量阴极保护电流 I（A）和管/地电位 u'（V）；断开K，并立即测量断电后的管/地电位 u''（V）；断开K5s后，再合上K，重复上述测量 $I—u'—u''$ 的步骤达五次。

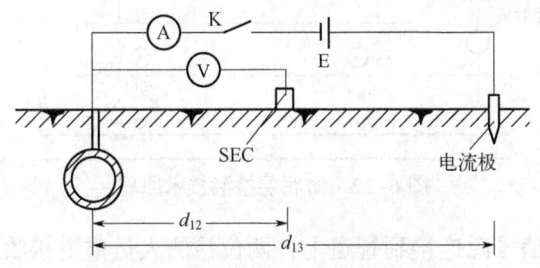

图6-21　间歇电流法测试接线示意图

按下式计算管道接地电阻：

$$R = \frac{u'' - u'}{I} \tag{6-11}$$

按下式计算管道接地电阻的平均值：

$$\overline{R} = (R_1 + R_2 + R_3 + R_4 + R_5)/5$$

将 $\overline{R}$ 代入下式，用试算法求出单位长度管道外防腐涂层漏电阻 ρ'_L：

$$\overline{R} = \sqrt{\rho'_L \rho''_L} \, cth\left(\sqrt{\frac{\rho''_L}{\rho'_L}} \cdot L\right) \tag{6-12}$$

式中　ρ''——管道纵向电阻率，$\Omega \cdot m$；
　　　L——管道总长，m。

按下式计算管道外防腐涂层漏电阻：

$$\rho_A = \rho'_L \pi D$$

从物理意义看，管道外防腐涂层漏电阻是单位面积涂层管道与远方大地间的电阻。其数值为负偏移电位除以漏电流密度。用间歇电流法测出管道的等效接地电阻后，按有限长、无分支均质管道的等效接地公式计算出单位长度内的管道对地电阻，即单位长度管道的外防腐涂层漏电阻；该值再乘以管道圆周长，由此可得管道外防腐涂层漏电阻值。

采用间歇电流法时，通电点必须设在管道的一端，不能设在中间区段内。此法准确度比外加电流法高，因为采取断续供电，可以减小阴极极化电阻对测量结果的影响；采用等效接地电阻的公式计算涂层漏电阻，更接近于真实的电位分布状况。但此法的操作与数据处理相对较麻烦，而且条件性限制较强。

3. 皮尔逊法

皮尔逊法是一种比较经典的用于检测埋地管道防腐层上的缺陷的方法，其特点是能在地面上、不开挖的情况下操作。

在被检管道附近 10~100m 的位置上打入一个临时接地棒，在管道和接地棒之间施加一交变信号，这一信号在管道内传输过程中，如果遇有防腐层破损点，在破损点处形成一个电位场。在地面用一个专门的仪表检测这一电位场的信号，便可根据信号的大小和位置，确定防腐层破损点的位置和大小，如图 6-22 所示。

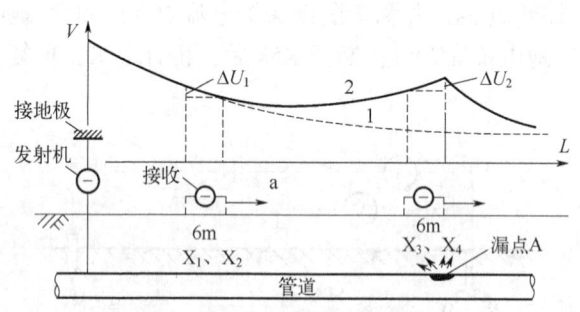

图 6-22 防腐层检漏技术原理

操作时，先将交变信号源连接到管道上，两位检测人员戴上接收信号检测设备，通常为手表、耳机来观察信号变化，两人牵一测试线，相隔 6~8m，在管道上方的地面徒步行走，脚上穿有专门的铁鞋，便于采集参数。

从图中可以看到，如果沿管道走向连续移动两个电极（铁鞋），当它们位于 X_1、X_2 点时，由于所对应的曲线 1 和曲线 2 的陡度很小，所以，极间电位差 ΔV_{12} 很小；当它们位于 X_3、X_4 点时，且 $X_1-X_2=X_3-X_4$，若管道防腐层无破损，信号衰减如曲线 1 所示，其间的电位差也很小，若防腐层在 A 点有了破损，信号衰减如曲线 2 所示，对应的电位差 ΔV_{34} 则很大，即 $\Delta V_4 > \Delta V_n$。如果继续移动两个电极，当电极越过破损点 A，达到另一侧时，如上述原理一样，极间的电位差则由较大逐渐地减小。当两电极分别跨在 A 点的两侧，且与 A 点的距离相等，即 $X_3-A=A-X_4$ 时，由于 X_3 和 X_4 的电位几乎相同，极间的电位差接近于零。即两电极位于破损点 A 同一侧时，可以测出最大电位差的点；两电极跨在破损点 A 的两侧时，可测出该点电位差近于零。这样继续下去可找出防腐层上的漏点（也叫破损点）。

但是该方法容易受环境因素的影响，如在电力线平行或跨越平行管、高阻土壤和非均质土壤等地区，其应用将受到限制；而且更为重要的是它不能提供缺陷的破损程度、缺陷处的管道是否遭受腐蚀或是否得到足够的保护，以及缺陷修复时间要求等重要信息。

4. 密间隔电位测试法和直流电位梯度法联合检测法

密间隔电位测试法（CIPS）和直流电位梯度法（DCVG）联合检测技术的硬件主要由三部分构成：

（1）信号发射系统：信号发射系统由直流电源、断电器、GPS 定位仪组成。对于有阴极保护的管线直接采用阴极保护电源；对于无阴极保护的管线，直流电源采用馈电的方法得到，如蓄电池或直流稳压电源，并采用中断器进行中断，以区别直流干扰。

（2）测试系统：测试系统由高阻抗毫伏表、饱和硫酸铜电极、GPS 定位仪和拖线电缆（CIPS 测试时采用）组成。

（3）数据处理系统：该部分由数据存储、传送和数据处理组成。

CIPS 与 DCVG 联合检测方法与馈电相结合，巧妙地解决了 CIPS 和 DCVG 无法在无阴极保护的管线上使用的问题；由电位梯度绝对值大小可以评价防护层的优劣以及老化破损程度；由电位梯度相对值的变化确定防护层缺陷位置，可以在±75mm 的范围内确定是否存在防护层缺陷；采用 DCVG 法进行测试，确定破损点准确位置以后，可采用 CIPS 测试技术对缺陷定量；不加载信号时，也可用来进行杂散电流的测量。

如图 6-23 所示为无阴极保护的管线施加馈电后 CIPS 与 DCVG 联合测试曲线。从图中可以看出该段管道总体状况较好，在 250~275m 段有两处缺陷。对于有阴极保护的管线通过 V_{on}、V_{off} 的测量来确定管道欠保护和过保护的管段，由此可判定管道的阴极保护效果和管道防护层的优劣；对于施加馈电后的原无阴极保护的管线可评价防护层的优劣。

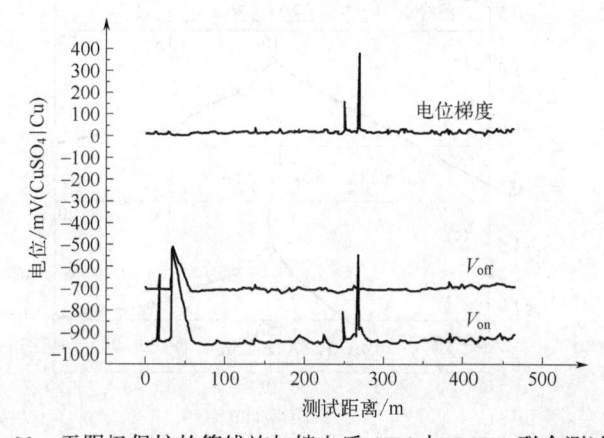

图 6-23 无阴极保护的管线施加馈电后 CIPS 与 DCVG 联合测试曲线

5. 电火花检漏

管道防腐层电火花检漏仪是利用高压火花放电原理检查防腐层的漏铁微孔和破损。主要用于防腐层的质量检验、现场管体施工完在回填土之前的质量检验及防腐层管理中经地面检漏后开挖出管道的防腐层破损位置的检验。

电火花检漏仪分 3 个部分：

（1）主机：电源、高压脉冲发生器和报警系统；

（2）高压枪：内装倍压整流元件，是主机和探头的连接件；

（3）探头：分为弹簧式和铜刷式两种。

电火花检漏的原理是，当电火花检漏仪的高压探头贴近管道移动时，遇到防腐层的破损，高压将此处的气隙击穿，产生电火花，放电，同时给检漏仪的报警电路产生一个脉冲电信号，驱动检漏电路声光报警。

电火花检漏仪的检漏电压，可根据所检防腐层的类型，按其标准进行选择。通常检验电压可按 $V=7843\sqrt{\delta}$ 来估计，δ 为防腐层厚度（mm）。粗略地估计一下，对于薄层检验电压为

2000V 是可取的；对于沥青式的厚层，则需要 20000V 了。目前石油行业的各类覆盖层的标准中都已给出了电火花检漏的单项指标，可用作参考。

八、故障点的确定

在阴极保护投入运行后，对于新旧管道，都有可能发生绝缘段短路、与外部管道或电缆短接、套管接触、与电器接地装置导通，或与桥梁结构及桩基相接触。这种低电阻的短接往往使得整个阴极保护管段不可能获得足够的保护。因此，确定故障点位置和原因是很重要的。通电电位和断电电位之间的变化或沿管道的电位差（电位分布）一般能显示出妨碍实现完全保护的故障点。图 6-24 为分属于三条 NW300、壁厚 7.8mm、长 20km 的管段上通电后的电位分布；阴极保护站设置在管段中部，终端安装了绝缘接头。由此电位分布曲线和管内各点流过的电流都可识别妨碍实现完全阴极保护的故障点。

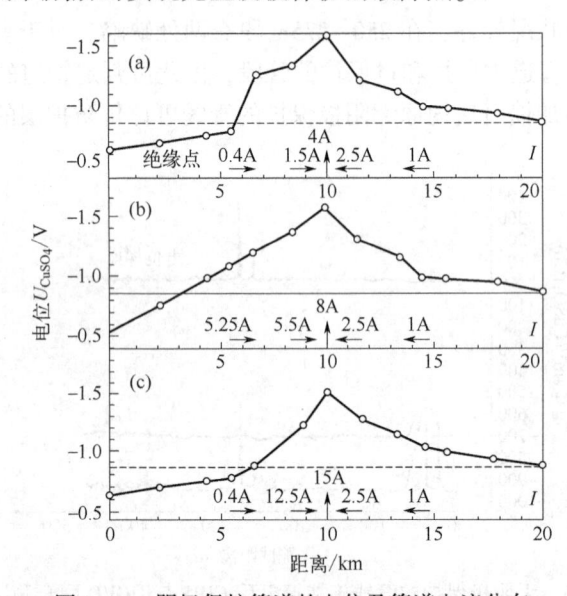

图 6-24 阴极保护管道的电位及管道电流分布
(a) 在 5km 处有绝缘补偿器；(b) 左侧绝缘处搭接；(c) 在 8km 处与外部管道相连

利用管内电流测试结果可确定 100m 之内的故障点位置。阴极保护电流接通和断开时，利用其他金属构件上的电位测量结果也能发现与之接触的故障点。也可试用直流或交流法确定故障位置。

1. 直流法

采用直流法检测故障点的依据是欧姆定律。假设管道外部涂覆良好，而纵向电阻 R' 是已知的，当从故障点位置有意外电流馈入，且直接由外部管道流至被保护管道时，故障点位置如图 6-25 所示。且有：

$$L_x = \frac{\Delta U}{I \cdot R'} \tag{6-13}$$

仅在故障点接触电阻非常低，而管道中又没有其他电流流动的情况下，才允许如此简化。

如图 6-25 所示，可在四个彼此大约相隔 100m 的开挖处，测量管段分别长为 L_1、L_2 和 L_3 处的电压降 ΔU_1、ΔU_2 和 ΔU_3，用 $\Delta U' = \dfrac{\Delta U}{L}$ 表示纵向折合电压，则可由下式计算出故障点距离：

$$L_x = \frac{\Delta U_2 - I_1 I_2 R'}{I_F \cdot R'} = \frac{(\Delta U_2' - \Delta U_1') \cdot L_2}{\Delta U_3' - \Delta U_1'} \tag{6-14}$$

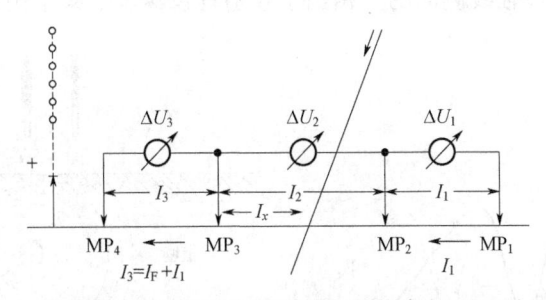

图 6-25 用直流法检测与外部管道接触的故障点（MP 为测量点）

受到阴极保护的管道，当与裸套管发生意外低电阻短接时，将干扰阴极保护系统运行且使管道不能实现完全的阴极保护。可先利用式(6-14)大致测量套管与管道接触的故障点位置，然后把该处的套管移开。电流从套管经接触点进入管线，其电位分布如图 6-26 右上角所示。用两支测量棒在管道表面检查电压降，即可准确测定接触故障点的位置。

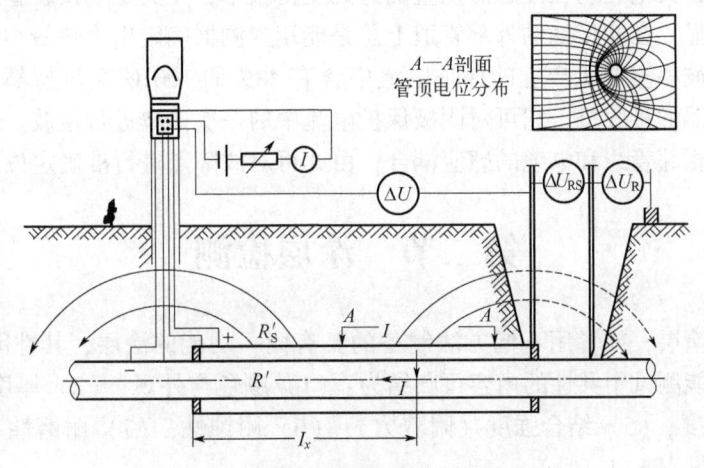

图 6-26 套管和管道的接触位置的测定

2. 交流法

虽然这种故障点定位法容易受平行铺设的管道和高压电影响的干扰，但应用此法一般效率较高，操作方便，且探测速度快。此法利用流经管道的音频电磁场的感应效应。音频发射机（1~10kHz）借助于斩波器和调节电阻在管道与 20m 外的接地极之间产生了高达 220V 的电压，由此接地极就把相应的检测电流经土壤流入管道。用一个探测线圈作为接收机，流经管道的交流电所产生的电磁场就在此探测线圈中感应出一个电压；它经过一个放大器放大到在耳机中能听见的程度。此接收机包括一个自动微调的、本机振荡频率为 1~10kHz 的选择性带通滤波器，通过此滤波器可使 50Hz 或 1163Hz 的干扰电压按 1∶1000 的比例减弱。

图 6-27 表示出了某管道位置的定位方法。如果电磁场的磁力线垂直于探测线圈的轴，则探测线圈中感应产生的电压是最低的。此时探测线圈正好位于管道顶部。稍微斜向移动就足以使一部分磁力线平行朝向探测线圈的轴；由此感应产生电压，再经过适当放大后就可在

耳机中或扩音器中听到探测声响。声响强度按图6-27(a)的实线a所描绘。此法被称为"最小值法",它能准确地确定被探寻管道的位置。如果把探测线圈调整在45°角的方向上,那么该最小值将位于管道轴线侧向的、相当于管道埋设深度的某个距离处。

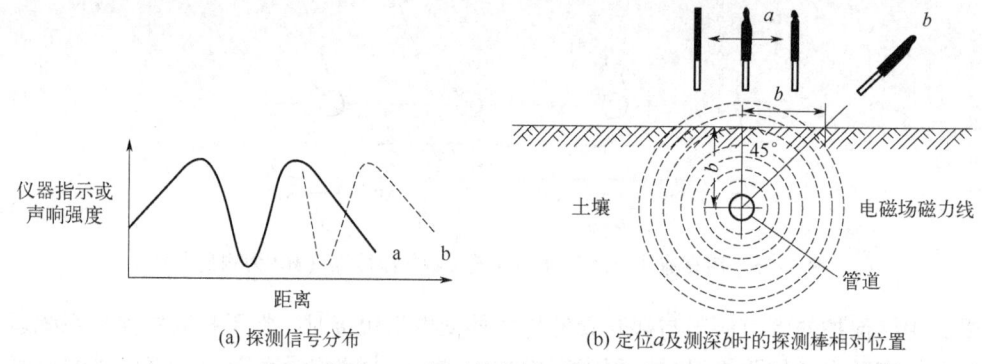

(a) 探测信号分布　　(b) 定位a及测深b时的探测棒相对位置

图6-27　用寻管仪探测管道位置

当存在金属性短接时,由发射机所产生的探测电流也会流入相接触的外部管道。与发射机相连接的管道,其电磁场在接触点位置的远处变得很小,尤其是当接触管道的接地电阻很小时衰减特别明显。在相接触的外部管道上总是能用探测器确定出声响最小值。

由常用的全波整流器所产生的保护电流中含有48%的100Hz交流份额。有一种100Hz选择性带通滤波器的接收机,它可对阴极保护电流中的一次谐波进行检波。通过这种低频探测电流可以避免相邻管线和电缆的感应耦合,由此可对故障点进行准确定位。

第二节　涂层检测

不同功能的涂层,或者用不同方法制备的具有同一功能的涂层,其性能测试不完全相同。但是涂层性能测试中共性的内容可归结为:(1)颜色与外观;(2)厚度;(3)密度及孔隙率;(4)硬度;(5)结合强度(附着力);(6)耐蚀性;(7)耐磨性。具体每种涂层性能的测试方法见表6-1。

表6-1　涂层性能检测技术

项目	检测目的	检测内容	主要检测方法
外观	表面状态	表面缺陷(如裂纹、针孔、翘皮、变形等); 表面粗糙度	低倍放大镜粗糙度仪
厚度	厚度是否符合设计要求	最小厚度; 平均厚度; 均匀性	无损检测; 金相检测; 工具显微镜
密度及孔隙率	涂层致密性	涂层密度; 涂层孔隙率	直接称重法、浮力法、金相法
硬度	涂层硬度	宏观硬度; 微观硬度	硬度仪; 金相法

续表

项目	检测目的	检测内容	主要检测方法
结合强度（附着力）	涂层自身及其与基体结合的状况	抗拉、剪切、抗弯、抗压强度	涂层拉伸、压缩、弯曲、剪切试验，杯突试验，栅格试验等
耐蚀性	涂层在要求介质中的耐蚀性能	涂层电位；涂层在腐蚀介质中的腐蚀速率；抗大气及介质浸渍腐蚀性	电位测定；中性盐雾试验；铜盐加速腐蚀试验，浸泡试验等
耐磨性	涂层耐磨特性	绝对磨损量；相对磨损性	磨损试验机

一、涂层基本性能检测

1. 颜色与外观

采用观察涂膜颜色及外观并与标准色板、标准样品进行比较的方法以评定结果。

（1）标准涂料法：将待测涂料和标准涂料分别涂在马口铁板上制备涂膜；待涂膜实干后，将两板重叠1/4面积，在天然散射光下检查颜色和外观，颜色应符合技术允差范围；外观应平整、光滑或符合规定。

（2）标准色板法：按规定制备待测涂膜试样；待涂膜实干后，将标准色板与涂膜试样重叠1/4面积，在天然散射光下检查，若其颜色在两块标准色板之间，或者与一块标准色板比较接近，即确认符合技术允差范围。

涂层外观检验一般包含下列内容：

（1）对表面缺陷进行涂层外观检测时，首先，要先将涂层用清洁软布或棉纱揩去表面污物，或用压缩空气吹干净；其次，检测要全面、细微，检测依据是有关标准或技术要求。不管是什么涂层，若有下列缺陷则是不允许的：明显的气孔、气泡、堆流和起皱现象；主要表面上存在麻点、灰渣、污浊及涂层明显不均匀现象；有严重的脱落、磨损、发黏、漏涂现象；装饰性涂层，色泽及均匀性严重不合标准。

（2）粗糙度。涂层表面平整及光洁的程度。涂层表面粗糙度指涂层表面具有较小间距和微观峰谷不平度的微观几何特性。涂层表面几何形状误差的特征是凸凹不平。涂层表面粗糙度测量属于微观长度计量。目前采用的方法主要有比较法（样板对照法）、针描法（接触量法）和光切法等几种。

（3）光泽度。涂层表面的光洁性。涂膜可表现出各种光泽度，共分五级：高光泽（98%~100%反射）、半光泽、蛋壳光泽、蛋壳平光和无光。然而目前对后四级尚无普遍一致的标准。按国家标准规定，对涂膜光泽的测定，采用固定角度的光电光泽计，结果以同一条件下从涂膜表面与从标准板表面来的正反射光量的百分比表示。按常规启动光泽计，预热后用黑色标准板调整仪表指针至标准板规定的光泽数；然后测量被测涂膜表面三个位置的读数，准确至1%，取平均值表示结果。

（4）覆盖性。按要求所制备的涂层是否将应覆盖的基体全部覆盖上。

2. 厚度

为保证涂膜能提供有效的保护作用，涂层应均匀地达到一定厚度。通常，规定的涂膜厚度可用平均厚度或最小厚度表示。据此，任何部位的涂膜厚度不得低于最小厚度；平均厚度必须远大于最小厚度；所测量到的涂膜厚度最小值，必须在规定的平均厚度的90%以上；最小值与平均值之间的被测点数必须少于所测总点数的10%。

涂膜厚度测量有湿膜测量和干膜测量。湿膜厚度测量对于施工操作很有意义，以控制均匀合格的干膜厚度。湿膜厚度与干膜厚度之间通过涂料中的固体含量，存在如下相互关系：

$$I_d = \frac{I_w \cdot X}{100} \tag{6-15}$$

式中　I_d——干膜厚度，μm；

　　　I_w——湿膜厚度，μm；

　　　X——涂料中固体含量，%。

湿膜厚度可用湿膜测厚规（图6-28）测量。使用时，将规垂直接触于施涂的基材表面，使规的两端齿为零基准；此时将有一部分齿被湿涂膜浸湿，被浸湿的最后一齿与相邻未被浸湿齿之间的读数即为湿膜厚度，此法简易常用。

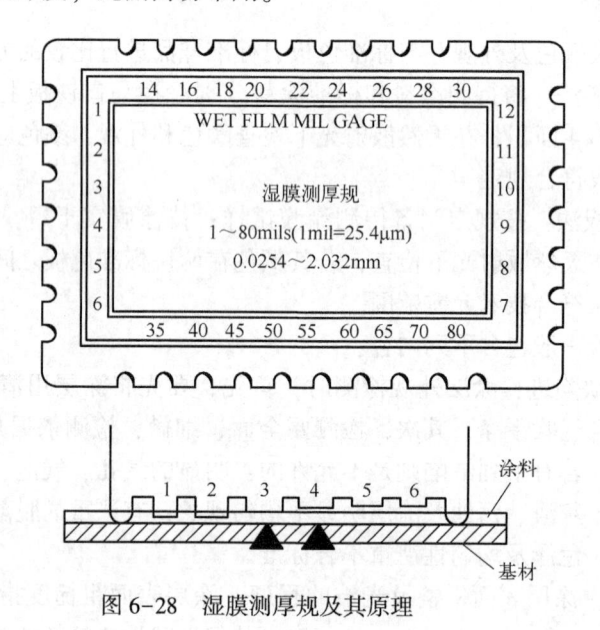

图6-28　湿膜测厚规及其原理

干膜厚度可用磁性测厚仪来测量。也可在干性涂膜上切取一小块直接用微米规测量或在金相显微镜上测厚。对于钢铁基材上的非磁性涂膜，可用磁性测厚仪测量膜厚；而在非磁性金属表面则可使用涡流测厚仪测量膜厚。

3. 孔隙率

孔隙率是表征涂层密实程度的度量。不同功能的涂层对孔隙率的要求不同。用不同方法制备的涂层其孔隙率也不尽相同。例如，用于防腐蚀的耐蚀涂层，严防有害介质透过涂层到达基体，故要求涂层的孔隙率越小越好；同样是热喷涂NiCf合金耐磨涂层，若用火焰线材喷涂，层中孔隙多，则存储润滑油越多，当然是孔隙率越大越好。故涂层孔隙率大小的评价有赖于对其功能的追求。

从数学角度涂层孔隙率可定义为：涂层材料在制备前后的体积相对变化率，可表示为：

$$\alpha = \frac{\Delta V}{V_0}, \ \Delta V = V - V_0 \tag{6-16}$$

式中 α——涂层孔隙率；

V_0——涂层材料制备前的体积，L；

V——涂层材料制备后的体积，L。

故可有：

$$\alpha = \left(\frac{V}{V_0} - 1\right) \times 100\% \tag{6-17}$$

涂层孔隙率测定方法很多，大致分为以下几种：

(1) 物理法，包括浮力法、直接称量法。

(2) 化学法，包括滤纸法、涂膏法、浸渍法。滤纸法测涂层孔隙率是目前生产中常用的方法。可用于测定钢铁或者铜合金基体上铜、镍铬、锡等单金属涂层和多金属涂层的孔隙率。其试验原理为：基体金属被腐蚀产生离子，离子透过孔隙，由指示剂在试纸上产生特征显色作用，即在待测涂层表面刷上试验液后贴上滤纸，试验液沿涂层孔隙抵达基体表面并引起腐蚀产生离子。基体金属离子沿孔隙并在试验液中指示剂作用下在滤纸上留下斑点。根据斑点多少，即可算出涂层的孔隙率。

(3) 电解显相法。

(4) 显微镜法。

4. 硬度

涂层的硬度是涂层机械性能的重要指标。它关系到涂层的耐磨性、强度及寿命等多种特性。涂层的硬度表征涂层抵抗其他较硬物体压入的性能，其数值大小是涂层软硬程度的、有条件性的定量反映。涂层的硬度与其他力学性能有一定关系，因此在某种意义上，可以通过硬度值来间接了解其他力学性能。硬度指标常用于涂层产品检验和工艺检查。

涂层的宏观硬度指用一般的布氏或洛氏硬度计，以涂层整体大范围（宏观）压痕为测定对象，所测得的硬度值。由于涂层不同于基体，涂层中可能存在的气孔、氧化物等缺陷对所测得的宏观硬度值会产生一定影响。涂层的显微硬度指用显微硬度计，以涂层中微粒为测定对象，所测得的硬度值。

一般来讲，为消除基体材料对涂层硬度的影响和涂层厚度压痕尺寸的限制，若涂层太薄（厚度小于几十微米，易将基体的硬度反映到测定结果中来），可用显微硬度；反之，若涂层较厚（厚度大于几十微米），则可用宏观硬度。

常用宏观硬度测定方法如下：

(1) 划痕试验。

目前广泛采用的是划针划痕试验法。按标准制备涂膜；将涂膜试片置于仪器的滑动板上，涂膜面朝上；将砝码置于划针上方的支架上，以施加给定负荷；把加有负荷的划针轻放到涂膜表面；开动自动划痕仪或用手推动仪器的滑动板，试片涂膜层被划出划痕。也可通过不断改变负荷测定划透涂膜层所需的最小负荷。

(2) 铅笔硬度试验。

这是一种非常简单而又实用的硬度评定方法。用硬度递降的几支铅笔（由 6H 至 6B），用手写或机械划写，从最硬的铅笔开始，每种铅笔在涂膜上划 3mm 长的 5 道划痕，直至 5

道划痕都不犁伤涂膜的铅笔为止。此铅笔的硬度即为该涂膜层的铅笔硬度。

(3) 布氏硬度法。

压痕法厚膜涂层的硬度可采用此方法来测定。基材可用铁板，涂层厚度 2~3mm，压痕法测涂层硬度试样如图 6-29 所示。把一定直径钢球在规定负荷作用下压入涂膜层表面，保持 1min 后，以涂膜表面压痕深度或压痕直径来计算单位面积上承受的力，即表示该涂膜层的硬度值。硬度值可按下式计算：

$$HB = \frac{p}{9.80665\pi Dh} \tag{6-18}$$

式中　HB——涂膜层硬度，N/mm^2；
　　　p——负荷，N；
　　　D——钢球直径，mm；
　　　h——压痕深度，mm。

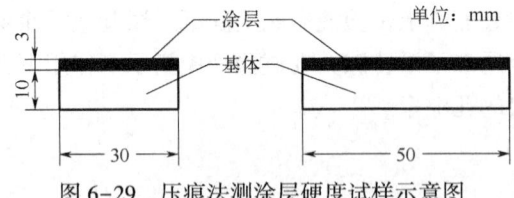

图 6-29　压痕法测涂层硬度试样示意图

5. 结合强度（附着力）

涂层的结合强度（附着力）是指涂层与基体结合力的大小，即单位表面积的涂层从基体（或中间涂层）上剥落下来所需的力。涂层与基体的结合强度是涂层性能的一个重要指标。若结合强度小，轻则会引起涂层寿命降低，过早失效；重则易造成涂层局部起鼓包，或涂层脱落（脱皮）无法使用。

涂层结合强度试验可分为两类：一类是定性检验，多为生产现场检查用，如栅格试验、弯曲试验、缠绕试验、锉磨试验、冲击试验、杯突试验、热震试验（加热骤冷试验）；另一类是定量检验，一般在实验室中进行，如拉拔试验、剪切试验、压缩试验。涂层结合强度定性试验的特点是：简单易行，可迅速得知涂层结合力状况，但准确度不够；而定量试验虽较复杂，但可得到一个较为准确的结合强度数据。

(1) 划圈法。采用附着力测定仪，把试片涂膜层表面朝上，置于水平试验台上；把锐利尖针压到膜面上，在荷重作用下刺透涂膜直至基材；均匀摇动摇柄，即在涂膜面上划出连续圆滚线，划痕总长 7.5cm±0.5cm；以四倍放大镜检查划痕并评级；根据圆滚线的划痕范围内涂膜完整程度分七级评定。

(2) 划格法。当涂层按格阵图形被切割，并恰好穿透至基材时，该法用于评价涂膜层从基材分离的抗力，也可用于评价多层涂层体系中各涂层彼此抗分离的能力。划格时，可使用单刀机械切割装置或手工切割工具（单刀或多刀），或其他合适的器械。采用任何工具，应能获得均匀、整齐划一的格阵图形；刀刃及其荷载，应能正好穿透涂层而触及基材；相垂直的两个方向上，每一方向切割线数应是 6 或 11，切割间距应为 1mm 或 2mm；划格法结果按 6 级评价分类。

(3) 拉开法。该法适用于单层或复合涂层与基材间或涂层彼此间附着力的定量测定。

拉开法所测定的附着力是指在规定的速度下，在试样的胶结面上施加垂直、均匀的拉力，以测定涂层间或涂层与基材间黏附破坏时所需的力，以 kgf/cm² 表示。试样为两个金属圆柱的对接件或组合件。其中一个端面用涂料涂装，然后用胶黏剂使涂膜面与另一圆柱端面胶接[图 6-30(a)]。对于不宜加工成圆柱的材料，可采用组合试样，如图 6-30(b) 所示。从已涂膜的基材上切取一块试片，在两个清洁圆柱端面均匀地涂上薄层胶黏剂，把试片夹在中间固定黏牢。将试样放入拉伸试验机的上下夹具，调整对中；以 10mm/min 的拉伸速度拉开至破坏，记下拉开时的负荷值，并观察断面的破坏形式。

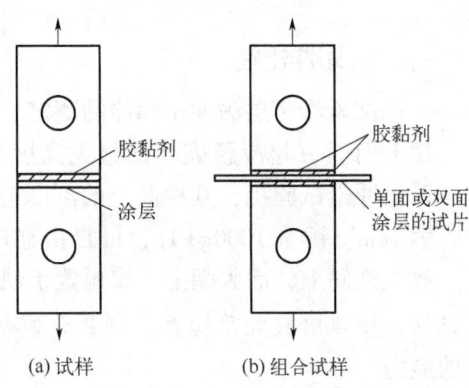

图 6-30 拉开法用的对接试样和组合试样

涂层附着力 F 按下式计算：

$$F = \frac{G}{S} \tag{6-19}$$

式中 G——试样被拉开时的负荷值，kgf；
S——端面被涂覆涂层或胶黏剂的横截面积，cm²。

试样拉开断面的破坏形式：①附着破坏，即涂层与基材或复合涂层彼此界面间破坏；②内聚破坏，即涂层自身破坏；③胶黏剂自身破坏或被测涂层的面漆部分被拉破；④胶黏剂与未涂覆的试柱界面脱开，或与被测涂层的面漆完全脱开。

6. 耐磨性

检测一般涂膜层的抗磨损性可采用漆膜耐磨仪。即在一定的负载下经规定的磨转次数后，测定涂膜失重（g）。步骤如下：按规定制备涂膜试片；把试片置于耐磨仪工作转盘上，施加所需载荷；先对试片预磨 50 转，使之形成较平整的表面；此时对涂膜试片称重；然后调整计数器，加载；启动并达到规定磨转次数时，停磨取出试片，再称重；试片重量差即为涂膜的磨损失重。

环氧耐磨涂层主要用于导轨、轴承等摩擦副，其摩擦磨损性能极为重要，可采用 M-200 型磨损试验机测定。如图 6-31 所示，在上试块表面制备涂膜层，并于规定负荷下压紧在下试环上面。试验时上试块固定不动，下试环以一定转速转动，在动态下测量摩擦力矩，通过计算，得出涂层与下试环之间的摩擦系数。下试环转动一定转数后，在涂层面上磨出一条磨痕，测量磨痕宽度或试验前后的上试块质量差，以评价涂层耐磨性。下试块材料可以是铸铁、钢或铜等，摩擦面的粗糙度一般为 $Ra<1.6\mu m$；上试块基体可用任何材料，但应确保涂膜层有良好的附着力和足够的抗压强度，涂膜层表面粗糙度应为 $Ra<1.6\mu m$。

摩擦系数 μ 按下式计算：

$$\mu = \frac{M}{p \cdot r} \tag{6-20}$$

式中 M——摩擦力矩，N·cm；
　　p——负荷，N；
　　r——下试环半径，cm。

图 6-31　M-200 型磨损试验机测试原理图

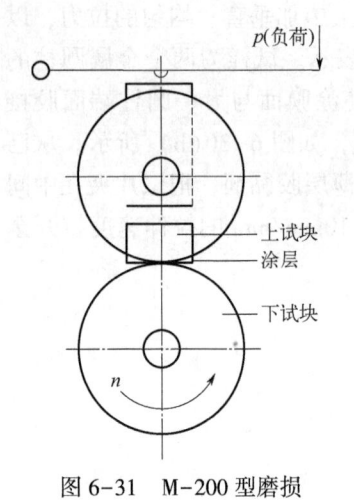

二、涂层应用性能检测

1. 耐冲击性

试验涂膜层耐冲击性能的测定，以落锤的重量与其落在试片上而不引起涂膜破坏的最大高度的乘积（kg·cm）表示。采用冲击试验机，其滑筒上的刻度应等于 50cm±0.1cm，分度为 1cm。锤重 1000g±1g，可自由移动于滑筒中。把涂膜试片放在铁砧上，涂膜朝上；重锤置于规定高度，按压控制钮使重锤自由地落于冲头上；取出试片，用 4 倍放大镜检查，判断涂膜有无裂纹、皱纹及剥落等，以度量涂膜层承受冲击载荷的能力。

2. 耐水性

测定涂膜层耐水性能，可分别采用常温浸水试验和沸腾浸水试验，以涂膜表面变化现象来表征。将涂膜试片用 1：1 的石蜡和松香混合物封边；然后把涂膜试片的 2/3 面积浸入 25℃±1℃ 的蒸馏水（或沸腾的蒸馏水）中，待达到规定的浸泡时间后取出；用滤纸吸干，在恒温恒湿条件下目测观察。如涂膜有剥落、起皱为不合格；如有起泡、失光、变色、生锈等，记录其现象和恢复时间，按产品规定判断是否合格。

3. 耐化学性

1) **耐盐水性测定**

对各种防锈漆或防腐涂料应涂两道，涂第一道涂料后即在恒温恒湿条件下干燥 48h，再涂第二道；接着以石蜡和松香 1：1 混合的混合物或性能较好的自干漆封边；第二道漆在恒温恒湿条件下干燥 7 天投入试验；采用 3%NaCl 水溶液，将涂膜试片浸入 25℃±1℃（或 40℃±1℃）的盐水溶液中；待达到规定的浸泡时间取出、水洗、用滤纸吸干，观察涂膜有无剥落、起皱、起泡、生锈、变色和失光等现象，按产品标准判定是否合格。

2) **耐酸碱性测定**

将带孔的低碳钢试棒浸涂待试涂料，测量涂膜厚度；将试涂膜试棒的 2/3 长度浸入温度为 25℃±1℃ 的规定介质（酸溶液或碱溶液）中；每 24h 检查一次试棒，每次检查时应水洗试棒，用滤纸吸干，观察涂膜有无失光、变色、小泡、斑点、脱落等现象，按产品标准判定是否合格。

4. 耐湿热性

在钢板或铝板表面按规定涂膜，制备待试的涂膜试片。投试前记录试片原始状态。将试片垂直悬挂于试验架上，置于调温调湿箱中，于 47℃±1℃ 和相对湿度为 96%±2% 条件下计算试验时间；试验时试片表面不应出现凝露；连续试验48h检查一次，经两次检查后，改为每隔72h检查一次；按规定达到试验时数后，取出试片进行最后一次检查。表观检查结果，与标准评定等级（共分三级）对照以判定涂膜耐湿热性。

5. 耐盐雾性

按规定制备涂膜试片，置于盐雾箱中；试片纵向与盐雾沉降方向成30°；试验温度40℃±2℃，3.5%NaCl水溶液（pH值为6.5~7.2）供喷雾，每周期喷15min，停喷45min，停喷时保持相对湿度大于90%；连续试验48h检查一次，经两次检查后，改为每隔72h检查一次；达到试验周期后取出试片，水洗干燥；把表面检查结果与评级标准相对照以判定涂膜耐盐雾性。

6. 耐汽油性

（1）浸汽油试验：按规定制备涂膜试片；将试片的2/3面积浸入25℃±1℃的指定汽油中，达到规定的浸泡时间后取出试片，吸干；检查涂膜表面的皱皮、起泡、剥落、变软、变色、失光等现象，按产品标准确定合格与否。

（2）浇汽油试验：在按规定制备的涂膜表面浇上指定汽油5mL，使其布满表面；使试片成45°角放置30min；然后放平且在涂膜表面放置一块双层纱布，其上再放置一个500g砝码，保持1min后取下，纱布不应粘在膜面，或用手指轻弹试片背面即能自由落下为合格。

7. 耐霉菌性

用喷涂法制备涂膜试片，平放在无机盐培养基表面，在试片涂膜表面均匀细密地喷混合霉菌孢子悬浮液喷雾，稍晾干后盖上皿盖，放入保温箱中保持在29~30℃培养；三天后检查试片表面生霉情况，如生霉正常，可将培养皿倒置，使培养基部分在上，这样培养基不易干，试片表面凝露减少（如不见霉菌生长，则须重喷混合霉菌孢子悬浮液），七天后检查试片生霉程度；十四天后总检查，按评级标准评定等级。

8. 耐候性

检测涂膜涂层在自然大气条件下的耐候性。一般在选定的曝晒场环境中把涂膜试片安装在曝晒架上进行暴露试验，试验技术与自然环境中的大气暴露腐蚀试验基本相同。投试前，应先观察记录涂膜试片原始表观状态。通常在暴露试验的前三个月内每半个月检查一次；三个月后至一年内每月检查一次；一年后每三个月检查一次。在雨季或天气骤变时应随时检查、记录、拍照。检查时把试片下半部分水洗晾干，供检查失光、变色等现象；上半部分原貌检查粉化、长霉等现象；此外，还应同时检查裂纹、起泡、生锈、斑点、泛金、脱落、沾污等项目。

第三节 缓蚀剂测试评定

缓蚀剂测试评定，主要是在各种使用条件下，比较金属在有无缓蚀剂的腐蚀介质中的腐蚀速率，从而确定其缓蚀效率、最佳添加量和最佳使用条件。所以，缓蚀剂的测试评定方法就是金属腐蚀的测试研究方法。

评定缓蚀剂的缓蚀效能时，还须检测其后效性能，即缓蚀剂从其正常使用浓度至浓度显著降低时仍能保持其缓蚀作用的一种能力。这表明缓蚀剂膜维持多久后才被破坏。维持时间越长表明后效性能越强，可以延长缓蚀剂的保护周期，减少缓蚀剂的加入次数和总用量。为评定后效性能，须在较长一段时间里进行试验。"分段试验法"适用于评定缓蚀剂的作用效果。

一、质量损失试验

缓蚀剂性能评定试验方法要求简单、迅速、重现性好。实验室试验条件应尽量符合现场实际工况条件。实验室试验评定的缓蚀剂效果最终应由现场实际使用情况来决定。

质量法是最直接的金属腐蚀速率测试方法，它是根据腐蚀前后试样质量的变化来测定腐蚀速率。试验时，如果金属溶解于介质，试样的质量减少，可以用质量损失法测量；如果腐蚀产物已知，并且牢固地附着在金属表面上，或者腐蚀产物完全能收集起来，可以用质量增加法测量；如果当金属溶解时，一部分腐蚀产物脱落，一部分溶解的金属又沉积在金属试样表面上，则试样可能是质量增加，也可能是质量损失。在质量法中，以质量损失法应用最为广泛。

质量损失法获得的结果是金属试样在腐蚀介质中于一定试验时间内、一定表面积上的平均质量损失，适用于全面腐蚀类型，不能完全真实地反映严重局部腐蚀的情况。但作为一般的腐蚀考察和缓蚀剂作用效果评定，仍是一种重要的基础试验方法。如果试样上有孔蚀、坑蚀等现象，还应记录局部腐蚀状况，如蚀孔数量、大小和最大深度，供进一步研究评定参考之用。

二、电化学测试

电化学方法是测试金属腐蚀速率、极化行为和缓蚀剂的缓蚀效果，及研究其作用机理的常用有效方法之一。对于电解质溶液中使用的缓蚀剂，都可以通过测试电化学极化曲线，以测定金属腐蚀速率而确定缓蚀率、评定缓蚀剂性质，或研究其缓蚀机理。

1. 活化极化曲线测试与评定

在评定缓蚀剂、测试其缓蚀率时所用的极化曲线测量技术与腐蚀测量、电化学研究所用的测试技术相同。

金属在酸性水溶液中呈活化的均匀腐蚀状态，此时为评价酸性缓蚀剂性能所测量的是活化极化曲线，如图6-32所示。根据加与不加缓蚀剂时的极化曲线用塔费尔外延法可以测得各自的腐蚀电流，通过法拉第定律计算腐蚀速率；也可根据测量的极化曲线研究缓蚀剂作用机理，判断缓蚀剂是抑制阳极过程，还是抑制阴极过程，或者同时抑制了两个过程。图6-32表示三种不同类型缓蚀剂对该活化腐蚀体系的电极过程作用示意图。图中4/4′为未添加缓蚀剂时的极化曲线；曲线1/1′、2/2′、3/3′证明添加的都是有效缓蚀剂，但属不同类型。此时i_k^1、i_k^2、i_k^3都显著地小于i_k^4，其中i_k^3最小表明缓蚀率最高；腐蚀电位E_k^2从E_k^4正移，所以曲线2/2′对应的缓蚀剂是阳极型缓蚀剂，抑制了阳极过程；E_k^1从E_k^4负移，所以曲线1/1′对应的是阴极型缓蚀剂，抑制了阴极过程；而E_k^3与E_k^4相比变化不大，i_k^3却比i_k^4小得多，所以曲线3/3′对应的是混合型缓蚀剂，同时抑制了阴极、阳极过程。

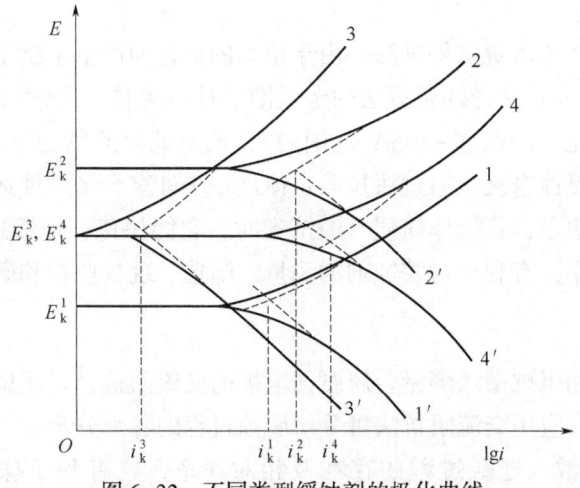

图 6-32 不同类型缓蚀剂的极化曲线

2. 钝化极化曲线测试与评定

具有活化/钝化转变行为的腐蚀体系，通过钝化膜的形成而抑阻了腐蚀过程，但由于钝化膜破裂而易产生孔蚀、缝隙腐蚀等局部腐蚀，为此可使用钝化型缓蚀剂。缓蚀剂的作用在于通过竞争吸附产生沉淀相，自身参与共轭阴极过程，以修补或促进生成致密钝化膜，使金属的腐蚀电位正移进入钝化极化曲线的钝化区，从而阻滞腐蚀过程。

为了测试和评定钝化型缓蚀剂，可采用恒电位扫描法或恒电位步阶法测量阳极钝化的极化曲线。对于具有促进钝化、扩大钝化区范围等作用的缓蚀剂，可在极化曲线上观察到自然腐蚀电位正移、致钝电位负移、致钝电流密度显著降低、钝化区范围增大以及钝化电流密度下降等重要特征。可评定缓蚀剂的有效作用和加入剂量的影响等。

图 6-33 表示出了 $NaNO_2$ [图 6-33(a)] 和 Na_2SiO_3 及 Na_3PO_4 [图 6-33(b)] 在不同条件下对钢铁钝化极化曲线行为的影响。这些缓蚀剂的应用及随加入量增大清楚地体现了各种有效作用的特征。

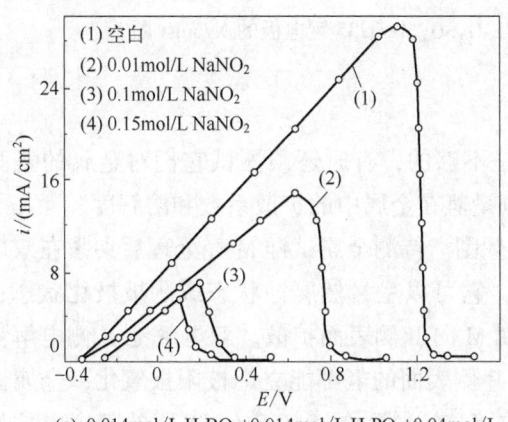

(a) 0.014mol/L H_3BO_4+0.014mol/L H_3PO_4+0.04mol/L 乙酸+NaOH(pH=2)的混合液，扫描速度：40mV/min

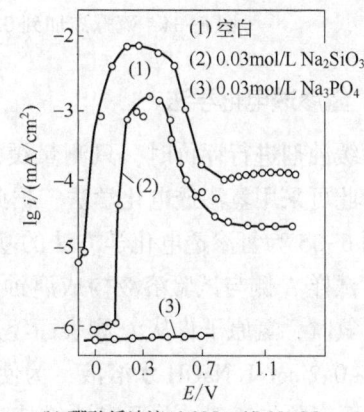

(b) 硼酸缓冲液+0.025mol/L Na_2SO_4 (pH=7.1)的混合液

图 6-33 典型中性介质缓蚀剂对钢铁钝化曲线的影响

3. 线性极化法

前述测量极化曲线的塔费尔外延法，由于很大的极化而严重干扰了腐蚀体系，改变了金属/溶液的界面状态，并且这种外延方法的定量准确性也欠佳。线性极化法则是在自然腐蚀电位附近给予微小极化（一般在±10mV范围内），测量此时此刻的极化阻力 R_p，由线性极化方程式计算得自然腐蚀电流；通过法拉第定律进一步计算金属腐蚀速率。线性极化法测量技术对腐蚀过程干扰很小，且操作简便、经济省时，它能快速、连续地测定瞬时腐蚀速率，给出当时当刻的缓蚀率，有利于对缓蚀剂的测量、筛选、现场监控和研究开发。

4. 交流阻抗法

近年来也普遍使用阻抗谱法测量金属腐蚀电极的交流阻抗，以测试和评定缓蚀剂的有效性及研究其作用机理。应用交流阻抗法可分辨腐蚀过程的各个分步骤，如吸附膜、成相膜的形成和生长，确定扩散、迁跃过程的存在及相对速率，这有利于探讨缓蚀剂作用机理。图6-34是用交流阻抗法测定硫脲添加到 0.5mol/L H_2SO_4 中 Q235 钢电极的 EIS 图，图中横坐标为实部 Z_r，纵坐标为虚部 Z_p，分别指电流与电压之间相位差不为零及为零时的电阻分量。从图中可知，阻抗弧随时间的延长而增加，腐蚀反应阻力增大，使腐蚀速率渐随时间减慢。减缓的原因是表面产生的吸附，其结果与质量损失法测试一致。

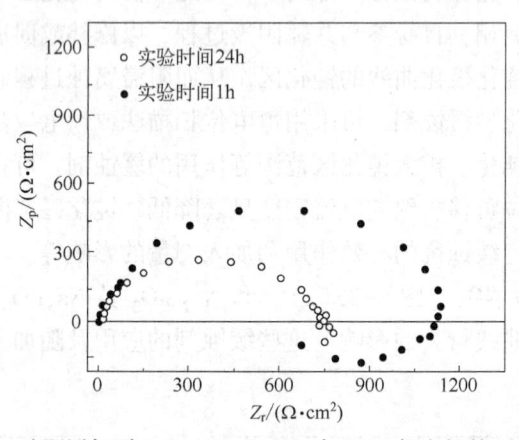

图 6-34　硫脲添加到 0.5mol/L H_2SO_4 中 Q235 钢电极的 Nyquist 图

5. 氢渗透电化学法

对缓蚀剂进行评价时，只测量缓蚀率是不够的，有时还须测试它们对金属的氢脆敏感性。为此可采用氢渗透电化学法，据此可测量氢在金属中的扩散系数和溶解度。

图 6-35 为氢渗透电化学方法的基本原理图。待测金属试样 M 经处理后夹紧在双电解池中间。试样 A 侧与试验溶液构成腐蚀体系，它可以呈自然腐蚀状态或阴极极化状态；当 A 侧产生氢时，氢原子将从 A 侧表面经过金属 M 向 B 侧表面扩散。双电解池 B 侧电解液通常为 0.1~0.2mol/L NaOH 水溶液；为使到达 B 侧表面的氢都能立即被阳极氧化，金属试样的 B 侧表面应预先镀钯，并恒定地维持其电位 E_A 在大于约 -0.6V（SCE）的某个电位处。于是可直接用 B 侧阳极电流 I_A 表征氢原子在金属中的扩散量。用此双电解池系统可测量、评价各种溶液（含有和不含有缓蚀剂）对金属中氢扩散的影响。

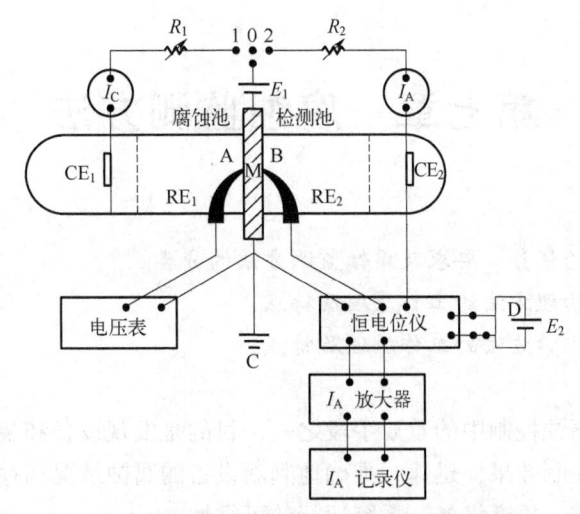

图 6-35　氢渗透电化学方法基本原理图

M—待测金属试样，M 的 A 侧（下标 1）为腐蚀电极面，M 的 B 侧（下标 2）为检测阳极面；
I_C—所测腐蚀电极电流；I_A—所测阳极电流；RE—参比电极；CE—辅助电极

【思考与练习】

1. 阴极保护检测参数有哪些？
2. 管/地电位的测量方法有哪些？每种方法的工作原理是什么？
3. 管道故障点的确定方法有两种，每种方法的工作原理是什么？
4. 涂层基本性能检测指标有哪些？
5. 涂层应用性能检测指标有哪些？
6. 熟悉缓蚀剂评定的各种方法及特点。

第七章　腐蚀监测方法

【学习目标】
1. 了解腐蚀监测的任务、要求及腐蚀监测方法的分类。
2. 了解腐蚀监测物理方法的工作原理及特点。
3. 了解腐蚀监测化学方法的工作原理及特点。

腐蚀监测是工业腐蚀控制中的重要手段之一，目的是发现设备和装置的腐蚀现象，揭示腐蚀过程，了解腐蚀控制效果，迅速、准确地判断设备的腐蚀情况和存在隐患，以便研究制订出恰当的防腐蚀措施，提高设备、系统运行的可靠性。

第一节　腐蚀监测概述

一、腐蚀监测的任务

目前，工业生产的发展趋势之一就是建设综合性的大型联合企业。在这些企业中只要个别设备装置发生意外的腐蚀事故，就可能影响到整个企业的运转。防止这类事故、节约开支、增加经济收益是工业设备腐蚀监控的主要目的之一。此外，还应考虑到腐蚀监控在安全性（包括人身安全、生产作业安全和环境保护）、节约资源等方面的重要实践意义。

具体说来，腐蚀监测的主要任务是：

（1）作为一种诊断方法，了解运行中的设备的实际状态、发现腐蚀问题、监视腐蚀变化规律，通过改变生产工艺条件或操纵电化学保护系统等以控制腐蚀过程，进而把腐蚀速率控制在允许的范围内。避免设备在危险状态下运转或过早失效。

（2）提供腐蚀速率随时间变化的数据，以及腐蚀参量与生产过程的某工艺参数之间的相互关系，由此推算设备的剩余寿命，确定停车维修时间和检修的内容，或者确定设备的更换时间。

（3）提供可供事后分析设备异常情况的记录，帮助查明腐蚀原因。

（4）判断所采用的防腐蚀措施的效果，改进腐蚀控制技术，使设备运转更安全、更有效。或者根据腐蚀监测的信息控制生产工艺，使设备按照预期的最佳能力运行。

（5）把设备的腐蚀损坏速度及其对生产的影响纳入企业经营指标的范畴。

（6）对于高温、高压、易燃、易爆的特殊设备，及时发现危险工作点，可保障生命财产和生产运行的安全。

（7）防止由于腐蚀破坏造成的物料泄漏，保护环境不受污染。

简言之，腐蚀监测可作为判断腐蚀破坏、确定相应的防腐措施和提供相应解决措施的工具，还可以监测防腐蚀措施的有效性；提供生产工艺或管理方面的数据资料；构成自动控制系统的一部分；也可直接成为管理系统的一个组成部分。

二、腐蚀监测的要求

由于腐蚀监测的目的是实现腐蚀检测,并进而实现对腐蚀的控制,所以腐蚀监测技术应该满足以下几项要求:

(1) 必须耐用可靠,可以长期进行测量,有适当的精度和测量重现性,以便能确切地判定腐蚀速率和状态。

(2) 应当是无损检测,测量不要求停车。这对于高温、高压和具有放射性等的工艺设备特别重要。

(3) 有足够的灵敏度和响应速度,测量迅速,以满足自动报警和自动控制的要求。

(4) 操作维护简单。

三、腐蚀监测的分类

腐蚀监测按照所依据的原理和提供信息参数的性质,可分为物理方法、电化学—化学方法和无损检测方法三大类,为便于比较,表 7-1 综合了主要腐蚀监测方法的基本特性。

表 7-1　腐蚀监测技术与方法

分类	方法	检测原理及信号	探测手段	适用性
物理方法	警戒孔法	给定的腐蚀裕量消耗完即报警,管道设备的剩余厚度($\delta_{剩余}$)	报警装置在设备或旁路短管有代表性的位置钻警戒孔	适用于无规律的腐蚀状态以及多层衬里结构的内壁;任意环境均可;手段简单,响应速率迟钝
物理方法	挂片失重法	腐蚀速率可用腐蚀前后试样质量或厚度的变化评定	挂片:插入设备或旁路短管	稳速腐蚀的任意环境。手段简单,适应性强;挂片的处理、装取较烦琐,响应速率慢,测试周期长
物理方法	氢压法	测量渗透的氢气压力(p_{H_2}),由 p_{H_2} 判断腐蚀程度及腐蚀断裂发生的倾向	氢探针,压力测量装置	适用于析氢腐蚀和储氢的环境,特别是对氢脆比较敏感的某些生产过程的有关设备,响应速率较慢
物理方法	电阻法	通过测量金属腐蚀过程中电阻的变化从而求出金属的腐蚀速率	电阻探针及测量电桥	适用于全面腐蚀的任意环境,测试过程基本连续,操作尚简便;要注意补偿温度的影响,响应速率慢
电化学—化学方法	线性极化法	电化学极化阻力原理 $i_{corr}=\dfrac{B}{R_P}$,$R_p=\left(\dfrac{\Delta E}{\Delta t}\right)_{\Delta E\to 0}$	电化学探针及腐蚀速率测试仪	适用于电解质介质中的全面腐蚀。可直接求出腐蚀速率 r_{corr},响应灵敏,测试方法较简单;在低导电性介质中,测量的误差较大
电化学—化学方法	交流阻抗法	电化学电极反应阻抗原理 $i_{corr}=\dfrac{B}{R_P}$,$R_P=R_T-R_{S01}$	电化学探针,电化学测试仪锁相放大器,或其他阻抗测试系统	适用于电解质介质中的全面腐蚀和局部腐蚀,信息丰富,响应灵敏,精密度较高,尤其适用于低导电性介质中的腐蚀监测;需要有专门的知识及一定的技术素养

续表

分类	方法	检测原理及信号	探测手段	适用性
电化学—化学方法	电位监测法	测量被监测装置或探针相对于参比电极的电位变化，根据其电位特性，说明生产装置所处的腐蚀状态（如活态、钝态、孔蚀或应力腐蚀开裂）	电位测量仪器，电化学探针或利用被监测设备本身	适用于电解质介质中的全面腐蚀或局部腐蚀，响应灵敏，结果解释明确；需要有专业知识，只能反映设备的运行状态，而不反映腐蚀速率
	电偶法	腐蚀速率与电偶电流成正比，通过测定原电池的电流 i_{corr} 确定腐蚀速率	电化学探针及零阻电流表或腐蚀电流测量仪	适用于电解质介质中的全面腐蚀和电偶腐蚀，响应灵敏，需要有一定的专业知识
	介质分析法	测量介质中被腐蚀的金属离子浓度、pH 值、氧浓度或有害离子浓度	离子选择电极及离子计或分析化学仪器	适用于全面腐蚀，对检测结果的分析需要有生产工艺和分析方面的专业知识；对腐蚀过程的反映较灵敏，但易受腐蚀产物特性的影响
无损检测方法	超声波法	超声波在缺陷（裂纹、孔洞）和器壁的内表面上的反射波的射程差引起脉冲信号；检测裂纹和孔洞的深度或器壁的剩余厚度	超声波探头，超声波探伤仪，超声波测厚仪或超声波数据采集和分析系统	可用于全面腐蚀、局部腐蚀或腐蚀断裂的检测，有系列的专业仪器，响应不很灵敏，技术要求相对较简单
	涡流法	交流电磁感应在表面产生涡流，在裂纹或蚀坑处涡流受干涉，使激励线圈产生反电势，检测裂纹和蚀坑深度	感应线圈探头及涡流检测仪	铁磁性材料表面腐蚀及开裂过程的监测；表面非金属涂层厚度的检测
	声发射法	开裂及裂纹扩展伴有声能的释放 $$da \sim E_{jk},\ \frac{da}{dt} \sim \Delta E_{jk}$$ (E_{jk} 表示声能)	探头（声能→电信号的压电晶转换器），单路或多路缺陷定位系统	适用于腐蚀断裂（应力腐蚀开裂、氢脆开裂、腐蚀疲劳、磨损腐蚀、气蚀等）和泄漏过程的监测响应灵敏，需要专门的监测仪器和一定的专业技术素养
	热像显示法	通过构件表面温度的图像推示其物理状态	热敏笔，红外摄像机或红外遥感记录和显示装置	可用于传热及热能转换设备的"热"腐蚀情况，显示腐蚀的分布和状况，而不是腐蚀的速率，有专门的先进仪器，测量和显示方便，对腐蚀过程的响应不很灵敏，并受表面腐蚀产物影响
	射线照相法	γ射线、X射线的穿透作用	射线源，感光胶片或图像显示装置	被检构件的两侧须可触及，不适于在线监测，需要专业的设备和知识，要注意辐射的防护

第二节　腐蚀监测的物理方法

一、挂片失重法

挂片失重法是工业上最常用、最经典的腐蚀监/检测技术，它是用与工业设备相同的金属材料试样，在与设备相同的腐蚀环境下进行腐蚀测试。这种方法具有仅次于实物观测的真实性。正因为如此，规范的工业设计中都必须设计和安装腐蚀挂片点，并进行定期的挂片监/检测。

挂片失重法的基本测量原理就是把金属材料做成试验小件，放入腐蚀环境中，经过一定时间之后取出，测量其重量和尺寸的变化，按式（7-1）计算腐蚀速率。

$$r_{corr} = \frac{8.76 \times 10^4 \times (m_0 - m_t)}{S \cdot t \cdot \rho} \tag{7-1}$$

式中　r_{corr}——全面腐蚀速率，mm/a；
　　　m_0——试验前试片质量，g；
　　　m_t——试验后试片质量，g；
　　　S——试片总面积，cm^2；
　　　ρ——试片材料密度，g/cm^3；
　　　t——试验时间，h。

挂片失重法具有仅次于实物观测的真实性，所以是一种最普遍的监/检测腐蚀的方法。从挂片的重量变化及对挂片的肉眼观察，不仅可以测量材料在一定介质中的腐蚀速率，还可以得到介质腐蚀性的资料。挂片失重法得到的腐蚀速率是在试验时间内的平均值，挂片时间越长，越接近实际情况，但提供信息的周期也就越长，不利于及时观察判断。

挂片失重法的主要优点有：许多不同的材料可以暴露在同一位置，以进行对比试验和平行试验；可以定量地测定均匀腐蚀速率，可直观了解腐蚀现象，确定腐蚀类型。

挂片失重法的局限性主要在于：（1）试验周期只能由生产条件和维修计划（两次停车之间的时间间隔）所限定，这对于腐蚀试验来说是很被动的。（2）挂片法只能给出两次停车之间的总腐蚀量，提供该试验周期内的平均腐蚀速率，反映不出有重要意义的介质条件变化所引起的腐蚀变化，也检测不出短期内的腐蚀量或偶发的局部严重腐蚀状态。

二、电阻探针法

经典的电阻定律指出，导体（或元件）的电阻 R 跟它的长度 L 成正比，跟它的横截面积 S 成反比，还跟导体（或元件）的材料有关系，用公式表示为：

$$R = \rho L / S \tag{7-2}$$

式中　ρ——导体（或元件）的电阻率；
　　　L——导体（或元件）长度；
　　　S——导体（或元件）横截面积。

由此可见，电阻探针法监测金属的全面腐蚀速率，是根据金属试样随着腐蚀的进行，使横截面积减小而导致电阻增加的原理，通过测量金属腐蚀过程中电阻的变化而求出金属的腐蚀速率。

对丝状试样,腐蚀深度的计算公式如下:

$$\Delta h = r_0 \left(1 - \frac{R_0}{R_t}\right) \tag{7-3}$$

式中 Δh——腐蚀深度;
r_0——丝状试样原始半径;
R_0——腐蚀前电阻值;
R_t——腐蚀后电阻值。

电阻探针法正是利用了欧姆定律原理,制备一些具有标准电阻值的电阻探针,放到与工业设备相同的腐蚀环境中,腐蚀使探针的截面变小,从而使其电阻增大。如果金属的腐蚀大体是均匀的,那么电阻的变化率就与金属的腐蚀量成正比。只有当腐蚀量积累到一定程度,金属试样的电阻增大到了仪器测量的灵敏度值时,仪表或记录系统才会作出适当的响应。因此电阻探针法测量的是某个很短时间间隔内的累积腐蚀量。周期性地测量这种电阻的变化,便可得到腐蚀体系金属的腐蚀速率。

电阻探针法是通过测量全面暴露于腐蚀流体中的传感元件(测量电阻)和密封在探针内的被保护元件(参考电阻)的电阻比来测量腐蚀速率的,参考电阻的目的是补偿温度变化对电阻测量的干扰,在探针内安装了形状、尺寸和材料均与测量试片相同的参考电阻作温度补偿电阻,将参考电阻与测量电阻构成电桥两臂,采用惠斯登电桥测量未知电阻(电阻探针的传感元件)R_x 的变化,测量电路如图 7-1 所示。其中 R_3 是密封在电阻探针内的参考电阻,R_1 和 R_2 是位于测量仪器内的电阻。如果 R_x/R_3 与 R_2/R_1 的两个值相等,则 B、D 两点之间的电流和电压降为零,利用高灵敏度的检流计可以准确测量这两点间的电流值,通过调整 R_2 阻值使该电流值为零,此时整个电路中的总阻值 R_{total} 符合式(7-4):

$$R_{total} = \frac{(R_1+R_2)(R_3+R_x)}{R_1+R_2+R_3+R_x} \tag{7-4}$$

式中,R_1、R_2、R_3 的阻值已知,R_{total} 通过测量得到,由上式即可求得 R_x。

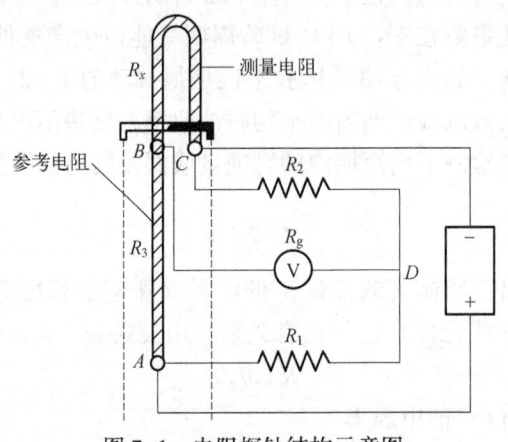

图 7-1 电阻探针结构示意图

跟挂片失重法一样,电阻探针测量的是金属损失,故电阻探针被称为"电子挂片"。该方法得到的腐蚀速率与挂片失重法得到的平均腐蚀速率具有相同的性质。与挂片失重法相比,电阻探针法无须取出试样即可随时测量出材料的腐蚀速率,这种方法在油气生产、石油炼制及海水净化等设备中应用得比较多。电阻探针既可以用便携式仪器定期测量，也可用固定安装在现场的设备连续测量。每种方式都是产生一个与暴露元件金属损失成比例的线性信号。

电阻探针监/检测系统由安装座、空心旋塞、探针、延伸杆、保护帽、数据传输线、数据存储器、数据采集器以及数据处理软件等组成。

电阻探针监/检测系统中的传感元件是探针，探针的材料、几何形状及厚度与监测结果的准确性有很大的关系，探针的横截面积越小，测量灵敏度越高，因此常用线圈状、管状探针或薄片状探针。线圈状探针比薄片状探针在相同寿命条件下灵敏度要高，因此电阻探针多采用线圈状测量元件。常用的探针类型如图7-2所示。

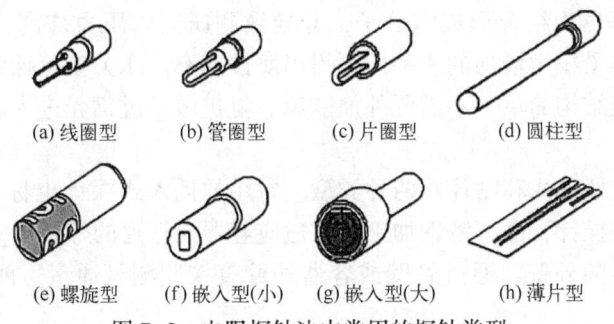

(a) 线圈型　　(b) 管圈型　　(c) 片圈型　　(d) 圆柱型

(e) 螺旋型　　(f) 嵌入型(小)　　(g) 嵌入型(大)　　(h) 薄片型

图7-2　电阻探针法中常用的探针类型

如果电阻探针的灵敏度较高，则在腐蚀监测中测量的数值随介质的腐蚀强度发生变化，同时探针在某些环境中与介质反应的产物附着在探针表面，形成一层膜，测量数值也会随膜的生长或脱落而发生小幅的波动。因探针采用的材料与被监测的管道材料相同或相近，所以探头表面的变化通常就代表着管道内壁类似的变化过程。

电阻探针里还有一个被保护元件，称为"检查"元件。在探针的使用寿命内，被保护元件与检查元件的电阻比应为常数。电阻探针仪器可以通过测量这个比值来验证探针是否完好。

电阻探针法连续监测数据通常被传送到电脑/数据采集器上进行处理，仪器直接给出监测的腐蚀速率结果，操作非常方便。

电阻探针法的优点是：
（1）操作简单、价格低廉、数据便于解释；
（2）由于电阻探针属于电阻测量，故电阻探针法适用于任何介质；
（3）可在设备运行条件下定量监测腐蚀速率。

不过电阻探针法的确存在一定的局限性：
（1）电阻探针法的灵敏度较低，不能监测外部腐蚀条件的快速变化；
（2）测量结果易受表面污染物的影响；
（3）无法监测金属的局部腐蚀。

三、氢压法

石油、化工等行业诸多设备如天然气输送管线、石油炼制设备等由于腐蚀析氢使得原子氢在没有形成氢分子之前就已经渗入钢铁的内部，使其内部原子氢的浓度不断增加，原子氢在钢的内部积累导致钢制设备的韧性下降、脆性增加，引起氢脆、应力破裂或氢鼓泡，产生氢损伤并引发突发性恶性破坏事故。因此工业上常用氢监测仪来检测或监测钢铁结构中氢腐蚀的速率及钢铁中原子氢的含量，并显示设备内部由于氢的积聚将要发生腐蚀破坏的危险性，确定氢损伤的相对严重程度，有效评价生产工艺和环境变化对设备材料氢损伤的影响。

从氢监/检测仪的基本原理出发，目前应用于石油化工领域的氢探针主要有三种类型，即压力型氢探针、真空型氢探针和电化学氢探针。

1. 压力型氢探针

压力型氢探针的工作原理是测量封闭空腔内积聚的氢的压力。这种氢探针一般需要适当的装置将探测仪的封闭端侵入待测环境中。腐蚀产生的氢原子（一部分扩散进入钢管的内壁）在探测仪的测压器内结合形成氢分子，并导致测压器内压力增高，产生的压力直接由压力表指示，通过测量压力增加的速率即可得出腐蚀速率。压力型氢探针安装灵活，可以安装在任何位置，并且结构简单，不需要外加能源。氢扩散通过钢壳进入内部容积很小的环形空间。

压力型氢探针有插入式和贴片式两种类型。常用的插入式探针也称"手指探针"。贴片式探针也称非侵入式探针，由不锈钢加工，以适应容器或管道的外表面。贴片式碳探头可焊接在监测管道或容器的外壁，通过管壁或容器外壁直接监测氢通量。两种类型的氢探针如图7-3所示。

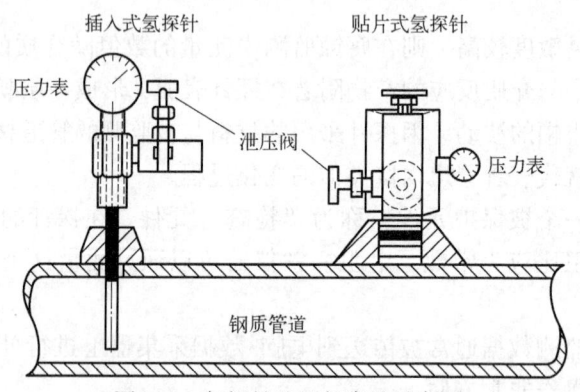

图7-3 氢探针监测氢腐蚀示意图

2. 真空型氢探针

真空型氢探针的测量原理与压力型氢探针基本类似，它是以体系中产生的分子氢的压力作为测量参数。氢收集室的真空度（10^{-6}Pa）由磁性离子真空泵维持，传感器内部连接毛细管和压力计。在腐蚀过程中，阴极反应中产生一定数量的氢原子，其中一部分氢原子经扩散穿过器壁生成氢分子，氢分子在压力梯度下扩散到磁性离子真空泵内并离子化。氢离子化过程产生的电流即氢电流。真空型氢探针是一种比压力型氢探针更灵敏，反应更迅速的仪器。真空型氢探针的工作压力比压力型氢探针的工作压力（70~345kPa）低得多，因此对氢的状态变化的反应更加灵敏。

真空型氢探针有侵入式和非侵入式两种类型。最常见的一种真空型氢探针类似于非侵入式，如图7-4所示。

3. 电化学氢探针

电化学氢探针一般有电流型氢探针和电位型氢探针两种。两种氢探针都是附着在管道外表面检测钢内部的原子氢。电流型氢探针检测的是工作电极与辅助电极之间的电流，通过电流的大小来估算出管线钢内表面的氢浓度。电位型氢探针的检测信号种类比电流型氢探针多，通常检测平衡电位、pH值或电导率等与氢气组分浓度有关的热力学参量。通常条件下的热力学平衡不可能很快建立，容易受外来气体干扰，因此电位型氢探针在响应速率、选择性和灵敏度等重要性能指标方面有很大局限性。

迄今为止，用来进行氢腐蚀监/检测的氢传感器由于其制作原理不同而各有不同的优缺点，例如，压力型氢传感器测定的是累积的气体压力，精确度差；真空型传感器制作成本较高；电化学传感器虽然测量精度高、制作简单，但不易在管线钢上电镀，因此在工业应用中受到限制。研制一种易于制造、价格低廉，并适用于多种腐蚀环境的智能化在线氢监测仪成为当今国际上的发展趋势。

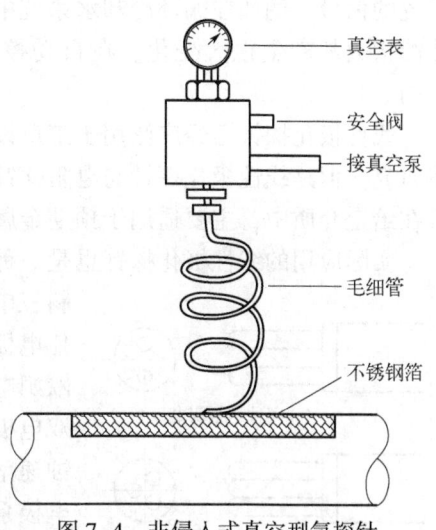

图7-4 非侵入式真空型氢探针

第三节 腐蚀监测的电化学—化学方法

一、线性极化法

线性极化探针是用来监测工厂设备腐蚀速率并已获得广泛使用的技术之一。该技术的原理是，在腐蚀电位附近极化电位和电流之间成线性关系，极化曲线的斜率反比于金属的腐蚀速率：

$$\left.\frac{\Delta E}{\Delta I}\right|_{\Delta E \to 0} = R_p = \frac{B}{i_{corr}} \tag{7-5}$$

式中　R_p——极化阻力，$\Omega \cdot m^2$；
　　　B——极化阻力常数，V；
　　　i_{corr}——腐蚀电流，A/m^2。

线性极化探针的特点是：响应迅速，可以快速灵敏地定量测量金属的瞬时全面腐蚀速率。这有助于解决诊断设备的腐蚀问题，便于获得腐蚀速率与工艺参数的对应关系，可以及时而连续地跟踪设备的腐蚀速率及其变化。连续测量可以向信息系统或报警系统馈送信号指示，以帮助生产装置的操作人员及时而正确地判断和操作。此外，还可提供设备发生孔蚀或其他局部腐蚀的指示，这被称为"孔蚀指数"。这个"孔蚀指数"的依据是：局部腐蚀是由于电极表面阴极、阳极区的不均匀分布造成的。若表面腐蚀电池分布不均匀，则在变换极化方向时极化电流将产生大的变化，孔蚀指数反映了极化电位$\pm\Delta E$时，极化电流的不对称变化量。与用线性极化探针监测设备的均匀腐蚀速率一样，孔蚀指数可以用来作为报警或控制系统的信号。例如在循环冷却水系统中,加入氯气等杀菌剂后均匀腐蚀速率仅稍有增大,但孔蚀指数却产生很大变化。在自动控制加入缓蚀剂时,用孔蚀指数作为指示信号是更合适的。

线性极化探针已经广泛用于工厂设备的各种环境中的腐蚀监测,该技术还经常用于实验室研究。但是线性极化探针与电阻探针不同,它仅适用于具有足够导电性的电解质体系,并且在给定介质中,主要适用于预期金属发生全面腐蚀的场合。

实际应用的线性极化探针也是一种插入生产装置的探头,有同种材料双电极型、同种材料三电极型和采用不锈钢(也可以用铂或氯化银电极)参比电极的三电极系统(图7-5)。由于测量时所汲取的溶液欧姆电压降不同,三电极型探针可用于电阻率更大的体系。双电极型和三电极型都可用于测定表征全面腐蚀的瞬时腐蚀速率。双电极系统简单,但受溶液电阻的影响较大;三电极系统测量则相对比较准确。

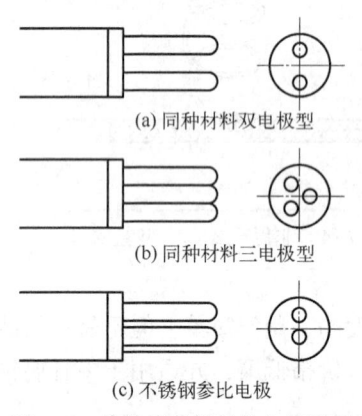

(a) 同种材料双电极型
(b) 同种材料三电极型
(c) 不锈钢参比电极

图7-5 线性极化探针的电极配置

探针的测量过程是:先在两电极之间施加20mV的电压,测量正向电流I_1,然后改变两电极之间的相对极性并施加相反方向的20mV极化电压,测量反向电流I_2。电流差(I_1-I_2)即所谓"孔蚀指数"。I_1与I_2的算术平均值则表征瞬时腐蚀速率。这两个参数都可以从仪器直接读出。由探针测定的全面腐蚀速率、孔蚀指数或者这两个参数的组合可用作报警信号,进而把这种信号反馈到控制系统,通过操纵工艺参数不仅可把腐蚀抑制在允许水平之下,而且有可能实现生产过程最优化。

二、电位法

电位法监测技术基于金属或合金的腐蚀电位与它们的腐蚀状态之间存在着某种对应的特定关系。由极化曲线或电位—pH值图可以得到电位监测所对应的材料的腐蚀状态。监测具有活化/钝化转变体系的电位,从而确定它们的腐蚀状态是该技术适用范围的一个例子。众所周知,孔蚀、缝隙腐蚀、应力腐蚀开裂以及某些选择性腐蚀都存在各自的临界电位或敏感电位区间。因此,可以通过电位监测作为是否产生这些腐蚀类型的判据。

在研究工作中发现,对于低合金钢—硝酸盐溶液体系,在慢应变速率应力腐蚀试验中,凡对应力腐蚀敏感的体系,随着应力腐蚀开裂过程的发生,其腐蚀电位出现明显的电位振荡现象,直至断裂。而对应力腐蚀开裂不敏感的体系,其腐蚀电位始终较为稳定。显然,通过测量体系的腐蚀电位,可以监视其应力腐蚀开裂过程。

此外,电位探针还可监测在体系中是否出现了能诱发局部腐蚀的物质和条件。因此,电位监测可用来指示危险工作状态。

应用电位监测主要有以下几个领域:

(1) 阴极保护和阳极保护。

利用铜—硫酸铜参比电极测量埋地管线及诸如此类的构件在土壤中的电位,以便监测阴极保护系统。用类似的方法可以监测水下构筑物,如栈桥、船舶和石油钻采平台。

在阳极保护中,可以获得良好保护的电位范围很大,常常达到1000mV以上。但是阳极保护过程中保护电流不希望中断,可通过对系统电位持续监测,由此对系统的保护状态作出指示，控制报警系统，并对保护电流进行自动调节。

(2) 指示系统的活化—钝化行为。

电位监测在工业上应用的第二个领域就是通过电位测量，判断生产装置的设备处于活化或是钝化状态。在钝化状态下，腐蚀速率通常很低而可以接受。但在活化状态下，腐蚀速率要大很多，如果体系的极化曲线行为已知，就可以估算出实际的腐蚀速率。

(3) 探测腐蚀的初期过程。

在具有活化—钝化特征的体系中，一般来说，电位处于钝化区或活化区内。如果某体系处于活化与钝化共存状态，而局部腐蚀又不大可能发生，则设备的电位可能刚刚超出钝化区的低限，这通常意味着，此时的条件处于边界状态，钝性的破坏即将发生。例如，假设某介质有轻微的氧化性，那么与氧化还原电极的电位相比，设备电位负移值小于30mV，表明系统仍处于稳定的钝态；负移值大于100mV，表明已处于活化状态；负移值为50~100mV，就是钝性初期破坏的迹象。这一结论已经成功地应用于实践中。在此案例中，把50mV作为界限。据此，可以知道是否需要在温度调节、酸度调节、缓蚀剂添加等方面采取措施。

(4) 探测局部腐蚀。

生产装置的电位监测还可用来判定操作条件是否可能导致局部腐蚀的发生。一般情况下，钝态电位对应于低的腐蚀电流，而活化态电位反映大范围的全面腐蚀正在发生，所以，对应的腐蚀电流也很大。因此，介于活化态和钝态之间的电位所对应的腐蚀电流忽高忽低，极不稳定，这是一种瞬时状态。通过电位探测局部腐蚀的系统，还可用于对应力腐蚀、孔蚀、缝隙腐蚀，或冲刷腐蚀敏感的体系。有些类型的局部腐蚀，如应力腐蚀、孔蚀，都有其敏感的电位区间，如果测量的电位处于这个区间内，就表示这种局部腐蚀可能正在发生；如果电位处于这个区间外，则这种局部腐蚀将不可能发生。

三、电偶法

电偶法是利用电化学方法，用零阻电流表测量浸于同一环境的偶接金属之间流过的电偶电流。根据具体腐蚀的特性可以确定电偶电流与阳极性金属的溶解电流之间的简单数学关系，从而可以得出电位较负的阳极性金属的腐蚀速率。

测量电偶电流的方法和设备很多。例如，经典的测量标准电阻上的电压降法，手动调零平衡的零阻电流表，自动瞬时调零平衡的零阻电流表，使用运算放大器的零阻电流表等。大多数商品恒电位仪也可用作零阻电流表，这时，要使用一个适当的外部电路，令仪器驱使两电极的电位相等，并监测所需要的电流。

如果测量电偶电流并确定了腐蚀电流，那么，阳极性金属的腐蚀损耗 W 就可以根据法拉第定律计算：

$$W = K \cdot I_k \cdot t \tag{7-6}$$

式中　W——金属的质量损失，g；

　　　K——所测金属的电化学当量，g/C；

　　　I_k——腐蚀电流，A；

　　　t——时间，s。

如果腐蚀是均匀的，腐蚀速率可按下式计算：

$$v = \frac{315K \cdot I_k}{d \cdot A} \tag{7-7}$$

式中　v——均匀腐蚀速率，mm/a；

　　　K——电化学当量，g/C；

　　　I_k——腐蚀电流，A；

　　　d——金属密度，g/cm³；

　　　A——阳极金属面积，cm²。

电偶腐蚀探针一般由两支不同金属的电极制成，结构简单。它可以灵敏地显示阳极金属的腐蚀速率、介质组成、流速或温度等环境因素的变化。电偶探针测量不需要外加电流，设备简单；可以测得瞬时腐蚀速率的变化。但是，电偶探针测得的结果一般只能进行相对的定性比较。

电偶探针监测通常是在插入介质中的试片上进行的。因此，所得信息和其他探针进行的测量一样，未必能准确地显示生产装置本身的行为。然而，在一定条件下，也可利用设备装置的部件作为探头组成部分来进行测量，如同电位探针那样，更显示出这种腐蚀监控技术的优点。

四、介质分析法

介质分析法在腐蚀监测中早已得到应用，它包括工艺物料中腐蚀性组分的分析，由于腐蚀进入溶液的金属离子浓度的分析和缓蚀剂的浓度分析等。尽管其中许多应用并不直接监测腐蚀速率或腐蚀状态，但在该系统中，一个确定的测量参数总是与腐蚀过程有着密切的内在联系。例如，对发电站和工业炉燃烧产物所做的化学分析可用于检测不正常燃烧所产生的潜在腐蚀性条件。在某些情况下，一氧化碳监测探针已经作为自动燃烧控制系统的一个部件而使用。为了避免锅炉蒸发期间因形成侵蚀性的化学物质（如过高含氧量）而增大腐蚀性，并且控制所需要的水处理工序，对锅炉给水系统普遍都进行监测。分析频率和复杂程度取决于锅炉功率。但对于现代化的大锅炉，需要进行严格的控制。连续测量被视作一项重要参数。此外，监测冷却水的化学成分是动力厂和加工厂的例行操作，通过水分析可以自动控制水处理过程和排污周期，可以控制注水系统的含氧量和 pH 值。类似的方法在油气工业中可用来减少套管和钻管的腐蚀。

在某种意义上，可以利用这种化学分析的方法，避免已知条件造成不可接受的腐蚀速率，从而达到控制腐蚀的目的。在特定的生产过程中，特别是在加工工业和石油化学工业中，工艺物料的分析实际上是一种监测生产装置腐蚀情况的手段。已经采取了对生产装置的工艺物流进行定期化学分析的方法，以便监视设备运行状况，保证各项技术符合要求。工艺物流中金属含量的任何不适当增加（如铁含量增加）可能表明取样点处铁构件的腐蚀增加。例如，定期监测从气井来的、夹带水中的铁含量，可以估计套管和下孔配件的腐蚀速率，并可据此控制缓蚀剂的添加量。

因此，通过分析工艺介质或废液的成分，可以了解因腐蚀而造成溶解金属含量的变化，对工艺气体进行分析，可以测量由于腐蚀而产生的氢。通常，只要对分析结果进行认真谨慎的解释，这些分析方法都可能成为腐蚀监测的有用的辅助工具。

第四节 无损检测技术

无损检测技术包括超声检测技术、涡流检测技术、热像显示技术、射线照相术和声发射技术五种。

一、超声检测技术

超声检测技术是利用超声波在金属中的响应关系而发展的一种监测孔蚀和裂纹缺陷及厚度的方法。通常有超声脉冲回波法和基于连续波的共振法两种类型。

脉冲回波法（即所谓反射法）是把一种压电晶体发生的声脉冲经传感器探头向待测金属材料发射，这些声脉冲在金属中会受到材料的前面和背面反射，也会受到这两个面之间的缺陷反射，反射波由同一个压电晶体或另一个专供接收用的压电晶体检收，经放大之后，通常在阴极射线示波器上显示，也可用表盘刻度显示、数字显示或长图式记录仪记录有关信号。材料厚度或缺陷位置可以根据时间坐标轴上声波的反射和返回的时间确定（图7-6）。有关缺陷的尺寸可以根据该缺陷信号的波幅得到。

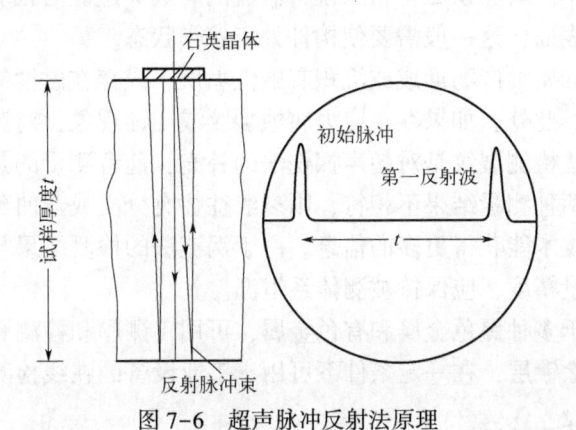

图7-6 超声脉冲反射法原理

共振法是把由一个频率可变的电子振荡器产生的交变电压施加到一个石英晶体上，后者把电能转换成机械振动能，晶体与金属之间的耦合剂保证把这种机械振动能传送到金属中，即声波传递。调节适当的超声频率，当其波长为金属厚度的 $2/h$ 倍时（h 为某个正整数），出现共振，导致在金属中产生驻波（图7-7），并以更大的振幅引起共振。通过探头记录振幅。在测定一系列共振频率的响应之后，从两个连续谐波之间的频率差确定基本共振频率（f），由其声波性质可确定金属厚度。

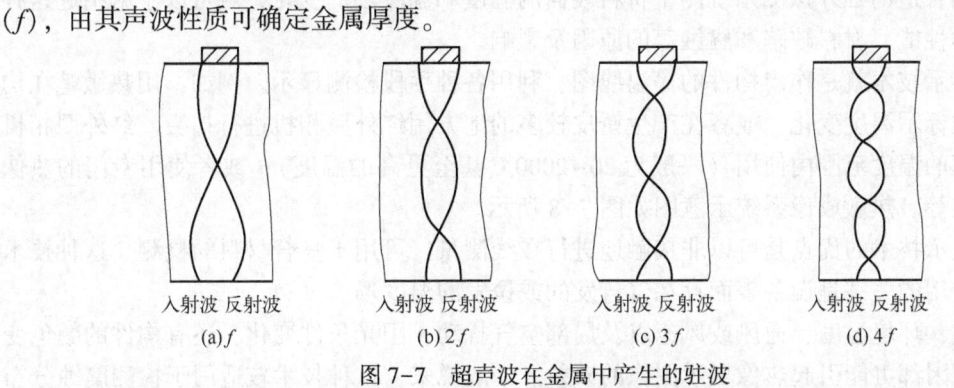

图7-7 超声波在金属中产生的驻波

作为腐蚀监测技术,这种方法已广泛地用于监控工厂设备内的缺陷、腐蚀磨损以及测量设备和管道的壁厚。这种技术的主要优点是,它只须在设备的单侧探测,很少受到设备形状的限制,对材料内缺陷的检测能力较强,探测速度较快,操作安全。但是,它对操作人员的技术和经验要求高,结果中容易带有操作人员的主观因素。其次,探头与受腐蚀的金属表面若耦合不良,将影响探测效果。

二、涡流检测技术

涡流检测技术是利用交流磁场使位于磁场中的金属物体感应出涡流,这个涡流的分布和强弱与激励交流电的频率、被测部位的金属材料、尺寸和形状,以及检测线圈的形状、尺寸和位置有关;此外,还与金属材料或接近表面处的缺陷有关;在裂纹或蚀坑处,涡流受到干扰。因此,通过检测线圈测定由励磁线圈激励起来的金属涡流大小、分布及其变化,就可检测材料的表面缺陷和腐蚀状况,如可能存在的蚀孔、裂纹、晶间腐蚀、选择性腐蚀和全面腐蚀等。

用涡流法测量腐蚀损伤的灵敏度取决于所测金属的电阻率和磁导率,也取决于用来激励探头线圈的交流电频率。对于铁磁材料来说,涡流的有效穿透能力很弱,因而这种技术实际上只能用来检查腐蚀表面,这一般需要使构件处于停车状态。

如果在金属表面的腐蚀产物形成或沉积有磁性垢层,或存在磁性氧化物,也可能给涡流法检测结果带来误差。此外,如果存在应力腐蚀裂纹或孔蚀现象,对测量结果进行解释需要有丰富的经验。涡流法检测裂纹是对超声探伤法的补充,前者测量的是裂纹长度,后者测量的是裂纹深度。如果两种测量结果不相符,则裂纹往往有分支或弯曲延伸。两种技术测量比单独用其中任何一种技术能获得更多的信息。由于涡流法的检测结果与被测金属的电导率密切相关,为了提高测量精度,应保持被测体系恒温。

涡流检测法适用于多种黑色金属和有色金属,可用于测厚和检测腐蚀损伤,探测全面腐蚀和局部腐蚀,检测涂镀层,在一定条件下可用于工业设备的在线检测。

三、热像显示技术

热像显示技术即红外图像法,是一种较新的无损检测和材料力学性能研究的技术。任何物体在绝对零度以上都可以释放出一定量的红外线。材料在受力变形和破坏时,由于存在滑移、生成裂纹等释放能量的过程,会引起材料表面温度和温度场的变化。与腐蚀有关的一些现象,如设备泄漏、耐火材料衬里的破坏、传热设备的结垢等,都可以提供进行红外测量的信息。使用合适的红外探测系统测量材料表面的温度和温度场的变化,就可以了解引起这种变化的力学性能、材料缺陷和腐蚀等的原因及影响。

热像显示技术就是作出构件的等温线图,利用各种手段检测显示。例如,用热敏笔在构件上简单地标示温度变化,或者在产生锈皮较多的地方用红外照相机进行拍摄,红外照相机可以在较宽的温度范围内使用(一般为20~2000℃甚至更高的温度);或者使用专门的热像显示记录仪等。热敏成像系统示意图如图7-8所示。

热像显示技术的优点是可以非接触地进行在线测量,可用于复合材料的检测。这种技术获得成功应用的关键是设备表面存在着自发的或诱发的温度场。

实际上,环境温度、通风或风速以及局部空气扰动,阳光条件变化,还有构件的颜色变化等许多原因都可能引起热像显示图像的误差。一般说来,这种技术较适用于检测腐蚀分布而不是腐蚀的发展速度。

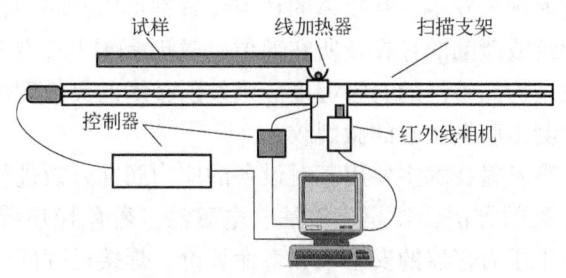

图 7-8 热敏成像系统示意图

四、射线照相术

射线照相术可以用来检测局部腐蚀，借助于标准的"图像特性显示仪"，可以测量壁厚。使用最普遍的是 X 射线，也使用同位素和高能射线，这种技术取决于射线在材料中的穿透性。射线穿过构件作用于照相底片或荧光屏，在底片上产生的图像密度与受检材料的厚度和密度有关。

射线照相技术的优点是，可以得到永久性的记录，结果比较直观，检测技术简单，辐照范围广，且只需一次辐照即可显示；检查时无须去掉设备上的保温层。由于射线照相术需要把射线源放在受检构件一侧，照相底片或荧光屏放在另一侧，所以这种技术通常要求构件的两侧都能触及，因而难以用于在线检测。同时，由于射线对人体的有害作用而使其应用受到限制。在使用该技术时，操作人员和有关应用单位都必须遵守保证健康安全的措施。若在生产过程中使用射线照相术进行腐蚀监测，应仔细选择检测点，并尽可能采用统计的方法，测量速度一般较慢，费用高。

对射线照相术的测量结果进行解释需要有足够的经验，因为这种技术对腐蚀引起的体积损耗十分敏感，因而辨认蚀孔很容易。但是，当裂纹横切射线图像时，就很难查出这种裂纹。

另一种较新的检测腐蚀的射线照相术是中子射线照相术，它可以用于测量大型设备中不易接触部位的腐蚀。中子射线穿透金属的能力很强，但容易被某些含氢材料吸收。当金属表面存在某些氢氧化物的腐蚀产物时，它们就可以在底片上清楚地显示出来。

五、声发射技术

材料和结构在受力变形或断裂过程中将释放声能，某些腐蚀历程如应力腐蚀开裂、腐蚀疲劳开裂、空泡腐蚀、摩擦腐蚀和微振磨损等都伴随声能的释放。声发射技术就是通过监听和记录这种声波来检测材料和结构中缺陷或腐蚀损伤的发生和发展，并确定它们的位置。

利用合适的转换器，可以将这种从设备材料中释放的声能转换成电信号，放大后供表头显示或记录。虽然转换后的电信号幅值很少与腐蚀速率有关，但是这种技术还是能够表明是否发生了腐蚀损伤，并且可以用来说明防止腐蚀的措施是否有效。

声发射技术可以比较精确地确定裂纹开始产生的时间，预测出具有滞后破坏特性的材料在应力下可能出现的破坏。将压电晶体传感器置于待检测构件的选定部位，一旦出现裂纹或裂纹扩展就可以被检测出。采集的信息经电子计算机处理后，就可显示出损伤部位的状态。这种监测系统通常用于大型设备的监测。

声发射技术可以对设备或部件进行在线实时检测和监视报警。不受设备形状和尺寸的限制，只要物体中有声发射现象发生，在物体的任何位置都可以检测到，并可以进行较远距离的检测。它可以确定裂纹或泄漏的存在及所在部位（这时需要几个传感器），但目前还不能鉴定缺陷的性质及其对结构完整性的有害程度。声发射技术的灵敏度也比其他非破坏性检测方法高得多，它可以检测出萌发状态的微裂纹。

在腐蚀监测方面，声发射技术主要用于对设备的应力腐蚀开裂进行监测。它比目前用于研究和检查应力腐蚀开裂的方法，如超声波法、电磁法、着色探伤等迅速和准确得多。此外，声发射技术可以用于压力容器的安全性和寿命评价，焊接过程的质量控制等方面。

声发射现象在金属和非金属等任何固体中都存在，因此，这种监测技术的应用领域非常广泛。但是，声发射只有在材料受到应力的情况下才能发生，它不能提供静态下缺陷的任何情况，仍然需要与其他方法配合使用。

【思考与练习】

1. 腐蚀监测的任务有哪些？
2. 腐蚀监测的要求有哪些？
3. 腐蚀监测方法是如何进行分类的？适用范围是什么？
4. 腐蚀监测的物理方法有哪些？
5. 腐蚀监测的化学方法有哪些？

参 考 文 献

[1] 赵麦群,雷阿丽. 金属的腐蚀与防护 [M]. 北京:国防工业出版社,2002.
[2] 肖纪美,曹楚南. 材料腐蚀学原理 [M]. 北京:化学工业出版社,2002.
[3] 张宝宏,丛文博,杨萍. 金属电化学腐蚀防护 [M]. 北京:化学工业出版社,2005.
[4] 林玉珍,杨德钧. 腐蚀和腐蚀控制原理 [M]. 北京:中国石化出版社,2007.
[5] 李宇春. 现代工业腐蚀与防护 [M]. 北京:化学工业出版社,2018.
[6] 崔之健,史秀敏,李又绿. 油气储运设施腐蚀与防护 [M]. 北京:石油工业出版社,2009.
[7] 徐晓刚. 油气储运设施腐蚀与防护技术 [M]. 北京:化学工业出版社,2020.
[8] 杨启明,李琴,李又绿. 石油化工设备腐蚀与防护 [M]. 北京:石油工业出版社,2010.
[9] 徐晓刚,史立军. 化工腐蚀与防护 [M]. 北京:化学工业出版社,2020.
[10] 钟红梅. 魏义兰. 化工腐蚀与防护 [M]. 北京:化学工业出版社,2022.
[11] 张仁坤,石油化工设备腐蚀与防护 [M]. 北京:海洋出版社,2017.
[12] 马彩梅,薛斌. 化工腐蚀与防护 [M]. 天津:天津大学出版社,2017.
[13] 闫康平,陈匡民. 过程装备腐蚀与防护 [M]. 2版. 北京:化学工业出版社,2009.
[14] 王巍,薛富津,潘小洁. 石油化工设备防腐蚀技术 [M]. 北京:化学工业出版社,2011.
[15] 涂湘缃. 实用防腐蚀工程施工手册 [M]. 北京:化学工业出版社,2002.
[16] 柯伟,杨武. 腐蚀科学技术的应用和失效案例 [M]. 北京:化学工业出版社,2006.
[17] 秦国治,田志明. 防腐蚀技术及应用实例 [M]. 2版. 北京:化学工业出版社,2007.
[18] 寇杰,梁法春,陈婧. 油气管道腐蚀与防护 [M]. 北京:中国石化出版社,2008.
[19] 石仁委,龙媛媛. 油气管道防腐蚀工程 [M]. 北京:中国石化出版社,2008.
[20] 李金桂. 腐蚀控制设计手册 [M]. 北京:化学工业出版社,2006.
[21] 虞兆年. 防腐蚀涂料和涂装 [M]. 北京:化学工业出版社,2002.
[22] 张清学,吕今强. 防腐蚀施工管理及施工技术 [M]. 北京:化学工业出版社,2005.
[23] 吴荫顺. 金属腐蚀研究方法 [M]. 北京:冶金工业出版社,1993.
[24] 纪云岭,张敬武,张丽. 油田腐蚀与防护技术 [M]. 北京:石油工业出版社,2006.
[25] 中国腐蚀与防护学会. 腐蚀试验方法与防腐蚀检测技术 [M]. 北京:化学工业出版社,1996.
[26] 中国腐蚀与防护学会. 金属的局部腐蚀:点腐蚀·缝隙腐蚀·晶间腐蚀·成分选择性腐蚀 [M]. 北京:化学工业出版社,1995.
[27] 中国腐蚀与防护学会. 自然环境的腐蚀与防护:大气·海水·土壤 [M]. 北京:化学工业出版社,1997.
[28] 胡士信. 阴极保护工程手册 [M]. 北京:化学工业出版社,1999.
[29] 吴荫顺,曹备. 阴极保护和阳极保护 [M]. 北京:中国石化出版社,2007.
[30] 李久青,杜翠薇. 腐蚀试验方法及监测技术 [M]. 北京:中国石化出版社,2007.
[31] 翁永基. 材料腐蚀通论:腐蚀科学与工程基础 [M]. 北京:石油工业出版社,2004.